新程序员 008

大模型驱动软件开发

《新程序员》编辑部 编著

北京理工大学出版社
BEIJING INSTITUTE OF TECHNOLOGY PRESS

图书在版编目（CIP）数据

新程序员．008，大模型驱动软件开发 /《新程序员》编辑部编著．-- 北京：北京理工大学出版社，2024. 9.

ISBN 978-7-5763-4060-0

Ⅰ．TP311.1-53

中国国家版本馆 CIP 数据核字第 20243N16W4 号

责任编辑：江　立　　文案编辑：江　立

责任校对：周瑞红　　责任印制：施胜娟

出版发行 / 北京理工大学出版社有限责任公司

社　　址 / 北京市丰台区四合庄路6号

邮　　编 / 100070

电　　话 /（010）68944451（大众售后服务热线）

（010）68912824（大众售后服务热线）

网　　址 / http://www. bitpress. com. cn

版 印 次 / 2024年9月第1版第1次印刷

印　　刷 / 文畅阁印刷有限公司

开　　本 / 787 mm×1092 mm　1/16

印　　张 / 9.5

字　　数 / 239千字

定　　价 / 89.00元

卷首语：
大模型驱动软件开发的一些探索和思考

自从大模型吹响新一轮技术革命的号角后，整个行业各个层次都面临大模型带来的范式转换。我在《新程序员007：大模型时代的开发者》中曾提出，大模型为计算产业带来计算范式、开发范式、交互范式的三大范式改变。本期《新程序员》，我想和大家重点谈谈这一年来对软件开发智能化范式改变的探索与思考。

在2023年4月份的全球软件研发技术大会上，我曾提出五级"自动软件开发"参考框架（如图1所示），借鉴了自动驾驶行业的五级划分方法，将智能化软件开发的水平分为L1~L5级。

自动化级别	定义叙述	Prompt	FineTune	专有数据集训练
L0 无自动化	所有编码活动由程序员全程负责；虽然也有复制/粘贴/库调用，但都是人工实施	无	无	无
L1 辅助代码补全	针对特定代码模式，进行自动代码补全	少量要求	无	无
L2 部分自动编程	以程序员设计为主导前提，针对特定任务、特定上下文，通过一定提示生成细颗粒度的代码（函数级）	一定要求	无	无
L3 通用任务自动编程	针对通用任务，在专业的提示下，由大模型给出细颗粒度的设计（类级）和代码实现（算法+数据结构）	要求较高	少量要求	无
L4 高度自动编程	针对通用和领域专有任务，进行一定的FineTune，并使用专有Agent，通过Prompt Patterns，从设计到编码，实现自动化	很高要求	一定要求	一定要求
L5 完全自动编程	针对各种粒度、各种领域任务，利用专家级FineTune，使用多角色多任务Agent和结构化Prompt下达指令，实现完全自动化	极高要求	极高要求	极高要求

图1 五级"自动软件开发"参考框架

这一参考框架也在这一年多的研发实践、和众多客户合作、与海内外专家研讨的过程中，不断得到完善和丰富。在软件开发智能化的实践和探索中，我也发现业界存在以下几个比较突出的误区。

误区一：只训练结果数据，而不训练过程数据

GitHub Copilot等代码大模型工具出来之后，大家会发现它在日常比较简单的代码实现上表现确实不错，但一旦到真实的企业级项目里表现可能就没有期望的那么好，为什么？目前的大模型主要都以GitHub等开源代码为主在训练。这些代码我称之为结果数据，是经过编译、运行，以及正确性验证的代码。但是它的过程数据基本没有得到训练。这既不是人工神经网络（ANN）学习的方式，也不是大模型这种数字神经网络（DNN）正确的学习方式。

误区二：基于软件系统的静态特征来训练大模型

目前的代码大模型，主要基于软件系统的静态特征来进行训练。但是如果我们看ChatGPT和Sora等在自然语言和视觉上的训练，它们的表现显然效果要好于代码领域，为什么？其实在自然语言和视觉领域的训练，具有相当的动态

性，语言的上下文、前因后果、故事线，视频的时间轴……这些动态信息蕴含了丰富的知识和逻辑，但软件开发领域把动态性的特质数据引入模型训练还是比较少的。

误区三：追求一步到位、一劳永逸的智能

大模型出来之后，可以说通过了图灵测试，在某些方面也超过了普通人类的水平。这很容易给我们一个希望，去追求一步到位、一劳永逸的智能方式。我记得2023年4月在上海举办SDCon 2023全球软件研发技术大会时，很多业界朋友都特别期待说我能不能把需求一股脑地告诉大模型，大模型就能给我生成真正跑起来的项目？经过一年多的发展，我们越来越发现这是不现实的，这个期望长期来看也是不现实的，因为没有一劳永逸、一步到位的智能。

误区四：追求一超多能的超级智能

Scaling Law被业界奉为圭臬之后，很多人都想追求一超多能的超级智能。希望用一个超级模型，把软件开发项目中各种复杂的问题都一股脑地解决，这也是相当不现实的。正如复杂的人类世界不可能靠一个超人来解决，复杂的软件领域也不可能靠一个超级模型来解决。

针对以上几个误区，我想谈一些实践和探索的观点和思考。

大模型出来后，我们一部分人老是觉得应该彻底丢掉上个时代的东西，大模型给我们带来一个全新的世界。我想强调的是**我们在上个时代积累的宝贵经验和智慧，不是被废弃，而是被AI压缩和加速了。**因为这些经验和智慧也是人类知识的一部分。

那么，在大模型时代，有哪些宝贵的经验和智慧可以帮助我们在软件领域做得更好？我们说软件系统有四个复杂的特征，分别是：**复杂性、动态性、协作性、混沌性。**

首先来看复杂性。在软件系统中解决复杂性有两个常用的手段：一是分解，二是抽象。

分解是我们在面向过程编程中一个非常有效的手段。包括后来的分层架构、组件化设计、微服务架构等都源自分解思想。但很快，我们发现光有分解是不够的，必须使用抽象，这就发展出来面向对象、泛型编程、领域驱动设计、概念驱动设计等方法。如果我们看大模型，它在“分解”上做得还是不错的，但在“抽象”上就有点差强人意。

就目前的大模型辅助软件研发的能力来看，它比较擅长类型实现、函数实现、算法实现等“低抽象任务”；但一旦遇到设计模式、架构设计、系统设计等“高抽象任务”，它往往表现得不够好。在这方面，我的建议是要向大模型导入我们在“高抽象任务”方面积累的宝贵的方法论、原则和最佳实践等。它们未必是代码，还包括设计图、设计文档等。从某种程度上说，这也是在提升大模型“系统2”的能力。

系统1和系统2是诺贝尔经济学奖得主丹尼尔·卡尼曼在《思考，快与慢》中提出的人类的两种思考模式。系统1是直觉的、快速的、无意识的，主导我们日常95%的决策。系统2是基于逻辑的、理性的、规划的、缓慢的，需要高度集中注意力，主导我们日常5%的决策。系统2的能力对于大模型在软件开发领域的“抽象能力”至关重要。

第二个部分是软件的动态性。所谓动态性本质是我们的软件系统一直在动态地演化。我们知道软件开发领域最早一直想追求Top-down的瀑布模型，但后来业界发现瀑布模型在很多领域都难以运行。究其根本，是软件开发过程有一个“时间”变量，软件的需求、所处环境、开发组织等无时无刻不在变化。

这种“动态性”在大模型时代会改变吗？我想大概率不会。所以我们也不能追求一步到位的智能软件开发。

演化是智能的本质特点。智能从来都不是一步到位的，智能就是在迭代、反复试错中不断成长的。我认为在大模型时代，敏捷软件开发并不会被丢弃，而是从“组织的敏捷”变为“模型的敏捷”，而且会加速敏捷。在敏捷开发之前，软件开发的周期是以年为单位迭代，比如Windows 95、Windows 98。在敏捷开发之后，软件行业进入以月为单位迭代或者以周为单位迭代。在大模型时代，软件开发将进入以天或者小时为单位进行迭代。

除了提升迭代速度外，我们也需要对更多的软件开发过程数据进行训练，来帮助模型更好地理解软件开发的“动态性”。

从根本上来说，软件开发并非孤立的过程，而是在人类开发者、代码审查者、错误报告者、软件架构师和工具（如编译器、单元测试、代码检查工具和静态分析器等）之间进行的对话。

以训练软件开发过程活动的Google DIDACT为例，DIDACT使用软件开发过程作为训练数据来源，而不仅是最终的完成代码。通过让模型接触开发者在工作中看到的上下文，结合他们的响应行为，模型可以学习软件开发的动态性。它的研发也发现在学习过程数据之后，模型生成软件项目的过程，非常类似人类开发团队，先编写比较粗粒度的接口和框架代码，然后一点一点把它们细化实现，也有反复试错的过程。而不是大家最开始想象的那种从上到下一行一行写，整个项目一气呵成。真实的软件开发不是这样，人类开发团队不是这样，大模型驱动的智能软件开发也不会是这样。

接下来谈谈架构设计领域的协作性。我们知道当软件系统越来越复杂时，组件之间的协作、服务之间的协作，会变成非常重要的课题。早在1967年计算机科学家Melvin Conway就提出了著名的“康威定律”。

康威定律指出“组织的协作沟通架构，决定了我们的系统设计架构”，这在架构设计领域被奉为第一定律。那么在大模型时代，软件内部需不需要协作？显然是需要的，我们仍然需要许许多多的组件或服务进行协作。只是这时候的组件或服务的构建者，不见得是软件团队，而是一个个智能体（Agent）。那么这些智能体之间当然也需要协作。它们的协作也要遵循康威定律。我称之为**“智能康威定律”：智能体的协作沟通架构，决定系统设计架构。**

我们再来谈下软件开发中的工具，来实现在所谓混沌系统中寻求确定性的部分。我们知道现在大模型很多时候做的是一些非确定性的计算（或者叫概率性计算），但这并不意味着我们所有的任务都要用非确定性计算。我们在大模型之前积累了很多确定性计算的工具，它们在大模型时代也不会被丢弃，而是与大模型进行很好的融合。融合方式就是通过Agent来实现工具调用。

简单总结，针对前面提到的软件系统的四大特性：复杂性、动态性、协作性、混沌性，在大模型时代智能软件开发范式下，我们需要特别关注以下四大核心能力建设。

- 抽象能力：怎么训练、怎么提升大模型的抽象能力，也就是系统2的能力，是一个很重要的课题。
- 演化能力：如何支持大模型在整个软件开发过程中缩短我们的迭代周期，它不仅能快速发布高质量的软件，同时也可以快速提升模型能力。

- 协作能力：我们需要仔细设计智能体的协作架构，来支持我们的系统设计架构。
- 工具能力：使用工具来解决混沌系统中的确定性问题。

提升软件开发的智能化水平是一个系统工程，前面讲的这四大核心能力，它背后需要很多基础建设，包括模型方面的建设和数据方面的建设。我列了10个主要的方面：

1. 扩展定律。Scaling Law并没有停止，仍然在发挥着重要作用，这个是我们对基础模型方面继续要期待的。
2. 提高上下文窗口。上下文窗口是大模型的"内存"，它对最大化发挥模型能力有着关键影响。这一块国内外的进展都非常迅速。
3. 长期记忆能力。大型软件项目蕴含的信息量浩瀚纷繁，大模型的长期记忆也很重要，虽然有检索增强生成（RAG）等外部检索技术的快速发展，但基础架构方面的创新也值得期待。
4. 系统2的提升。目前的大模型普遍被认为是一个高中生的水平。如何提升大模型系统2的能力，关系到大模型是否能够成为一个深思熟虑的专家级学者，从而胜任软件开发这样具有较高智慧要求的工作。
5. 降低模型幻觉。降低模型幻觉仍然是业界需要克服的一个问题，但我们也不要期望彻底消除幻觉。某种程度上可以说，幻觉也是智能的一部分，如果没有幻觉，智能也将失去创造力。
6. 研发全流程数字化。如何把研发流程里尽可能多的开发者活动按时间顺序记录下来，比如：文档、设计图、代码、测试代码、运维脚本、会议记录，甚至设计决策中的争论等各种数据，然后变成数字化的语料，喂给我们的大模型。
7. 多模态数据训练。软件开发领域不只是代码和文本，还有很多设计图比如UML、表格，甚至视频等数据。
8. 将模型做"小"。软件开发中很多细分任务都不见得需要所谓的"大模型"，而是在高质量垂类数据训练下的"小模型"，比如Bug修复、开发者测试、Clean Code等。
9. 模型合成数据。通过模型生成代码、设计、注释等，作为语料供给另外的模型进行训练，也是软件开发中一个非常活跃的发展方向。
10. 多智能体协同。针对复杂的软件工程任务，未来一定是众多不同角色、不同模型、不同任务的智能体的群策群力。

软件开发智能化范式转换的大幕才刚刚开启，中间还有很多曲折等待我们去探索，《新程序员》也将与所有开发者及组织一道，全力以赴地投身到软件开发智能化的新范式、新时代中。

李建忠

CSDN高级副总裁

2024年9月

PROGRAMMER
新程序员

策划出品
CSDN

出品人
蒋涛 | 李建忠

总编辑
孟迎霞

执行总编
唐小引

编辑
王启隆 | 屠敏 | 郑丽媛 | 何苗 | 许歌

运营
张红月 | 闫瑞芬 | 武力

读者邮箱：reader@csdn.net
地址：北京市朝阳区酒仙桥路10号恒通国际商务园B8座2层，100015
电话：400-660-0108
微信号：csdnkefu

欢迎扫码订阅《新程序员》

① 卷首语：大模型驱动软件开发的一些探索和思考

② 2024中国开发者调查报告：AIGC有望成为软件开发的标配工具，Java问鼎最受欢迎编程语言
page.1

③ 软件设计的要素：概念驱动的软件设计
page.10

④ 大语言模型与AI的过去、现在和未来
page.17

⑤ Open AGI Forum | Stability AI 机器学习运维负责人Richard Vencu：AI的偏见来自数据集，而数据集的偏见来自人类
page.22

⑥ 《AGI技术50人》专栏 | 智源林咏华：大模型的竞争，核心差距在数据
page.28

⑦ 《AGI技术50人》专栏 | 复旦张奇：大模型只能指望大公司的生态来实现大规模开源
page.35

⑧ 《AGI技术50人》专栏 | 零一万物潘欣：Sora无法让AGI到来，GPT才是关键
page.45

⑨ 《AGI技术50人》专栏 | 面壁智能CTO曾国洋："卷"参数没意义，不提升模型效率，参数越大浪费越多
page.56

⑩ 《Java核心技术》作者Cay Horstmann：AI热会逐渐降温，AGI普及不了多少场景
page.67

⑪ XLang，AI时代的编程语言
page.78

⑫ 代码大模型技术演进与未来趋势
page.84

⑬ 代码大模型与软件工程的产品标品之路
page.89

⑭ 从研发视角聊聊字节跳动的AI IDE
page.92

⑮ 基于CodeFuse进行智能研发的思考与探索
page.101

⑯ 京东的AIGC革新之旅：通过JoyCoder实现研发提效
page.106

CONTENTS 目录

⑰ 基于计图框架的AI辅助开发
page.110

⑱ 从设计到研发全链路AI工程化体系
page.115

⑲ AI Agent开发框架、工具与选型
page.120

⑳ 引入混合检索和重排序改进RAG系统召回效果
page.125

㉑ 大模型技术在企业应用中的实践与优化
page.128

㉒ 大模型（LLM）与小模型（SLM）的互助：模型蒸馏及投机解码
page.134

㉓ 跨平台高性能边端AI推理部署框架的应用与实践
page.139

2024中国开发者调查报告：AIGC有望成为软件开发的标配工具，Java问鼎最受欢迎编程语言

文 | 屠敏

随着技术的不断进步和行业需求的变化，开发者的生存现状也面临前所未有的挑战和机遇。从工作环境到职业发展，从智能工具使用到技能升级，本报告将全面剖析现代开发者所处的生态系统，揭示背后隐藏的现实问题和未来趋势。

充满变革的2024年，智能化浪潮席卷各大科技领域，AI技术呈现前所未有的繁荣景象。有令人称奇的，如百花齐放的AI聊天机器人成为小百科，能答疑解惑、帮助编码，甚至提供创业的种种思路；也有引发焦虑的，如ChatGPT之母、OpenAI CTO Mira Murati曾说，AI自动化取代人类，创意性工作可能消失……

在新技术不断冲击传统行业的时代，奋战在一线的开发者究竟面临怎样的影响和挑战？为了更好地理解这一群体生存现状，CSDN&《新程序员》围绕开发者现状、人工智能和开源进行深度调研，最终形成了一份详尽的《2024中国开发者调查报告》。

这份报告不仅揭示了中国开发者在工作、学习和生活中的真实情况，还深入探讨了生成式AI工具和开源应用的最新进展。报告中的洞察和数据，为广大开发者和企业提供了宝贵的参考，希望帮助大家更好地理解技术趋势和市场需求，从而在激烈的竞争中立于不败之地。

开发者真实画像：程序员对年龄焦虑稍有缓解，六成希望晋升管理岗

据调查报告显示，对于开发者都关心的“青春饭”“年龄”问题，其实整体已有好转。今年30岁以下的从业者依然是主力军（见图1），占比72%。30岁以上从业者几乎与去年持平，但相较前几年，尤其是40岁以上的开发者占比有大幅上升。整体来看，软件行业涵盖了国内近半数开发者，从事后端开发的比例最高。

和2023年相比，一线城市的开发者相较往年有所下降，去年30岁以下的从业者在一线城市的数量占比达到了41%，而今年只有31%。

在开发者的职业发展规划中，44%的受访者表示会一直做技术岗到退休。在这一趋势下，可以预估未来30岁以上开发者人群占比也会随之增加。

随着自己年龄的增长、技能水平的提高，以及眼界的开阔，58%的开发者有成为管理者的愿望。当然，这一岗位能够提供更高的薪资和更好的职业发展机会。43%的受访者表示愿意为此付出努力，计划未来3~5年当上管理者。

近六成开发者过去一年没换过工作，月薪8k~17k的人群占比最高

过去一年间，全球科技行业迎来一波“裁员潮”。这引

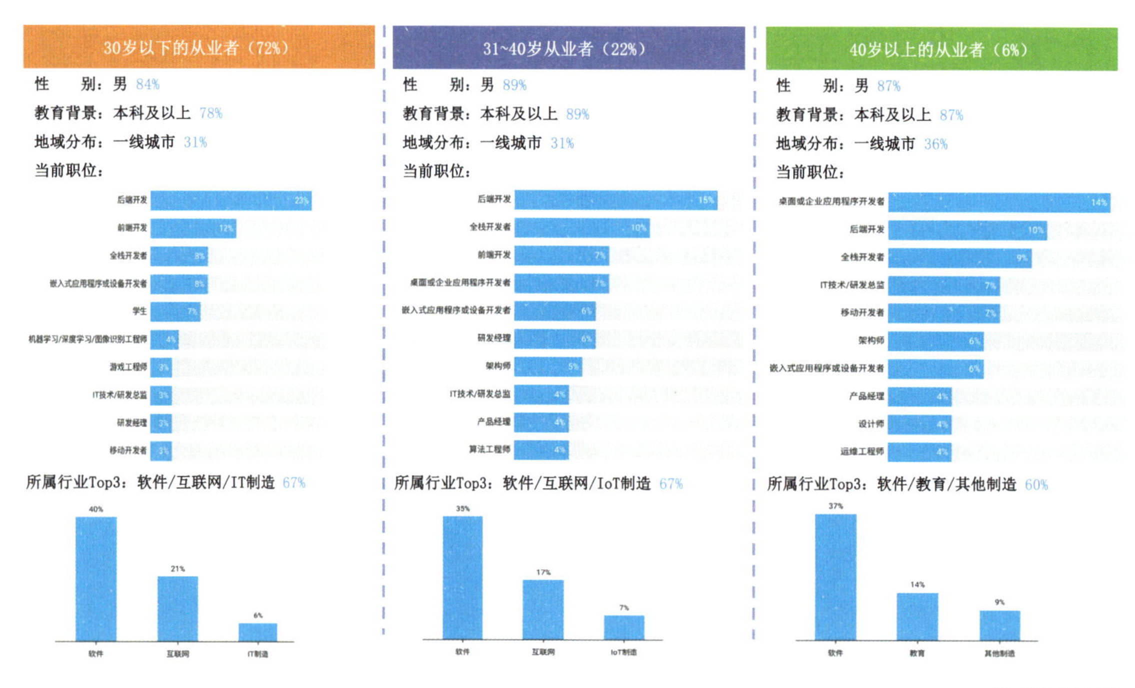

图1 开发者基本特征

发了不少人的警觉，在工作和离职、跳槽之间，选择了相对求稳。数据显示，58%的开发者在过去一年中没有换过工作。换过1次及以上工作的人群占比38%。

论及换工作的原因，60%的受访者称，主要是因为薪资待遇不满意（见图2）。其次，个人发展受限、企业人际关系复杂也是开发者换工作的重要影响因素，分别占比51%和21%。

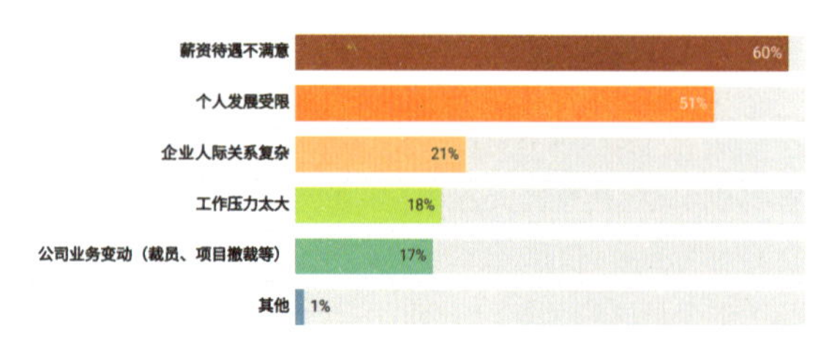

图2 开发者跳槽的原因（调查项为多选）

针对薪资待遇不满意这一问题，有41%的开发者透露，过去一年里工资没有任何变化，还有10%的开发者出现了负增长（见图3）。49%的开发者表示过去一年工资有所上涨，而2023年该数据为51%，2022年该数据为62%。

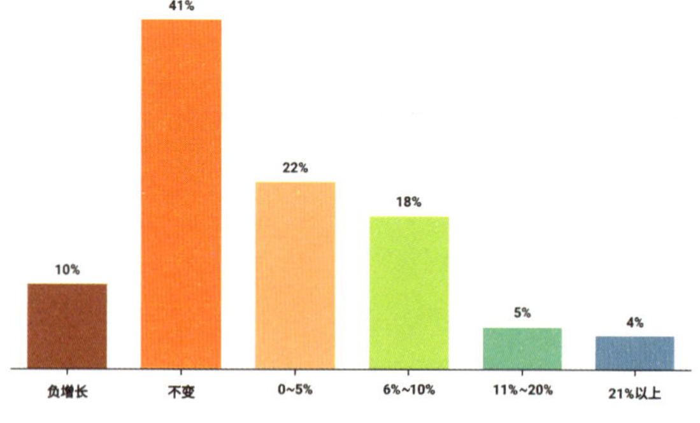

图3 开发者月薪增长情况

数据显示，大部分开发者的薪资水平集中在8001~17000元，占比达到36%（见图4）。薪资水平在5000元以下和5001~8000元的开发者各占15%，这一区间的整体比例与去年基本持平。值得关注的是，月收入高于17000元的开发者比例从去年的27.7%上升至34%。分析其背后的原因，对于岗位技能要求更高的AI行业在一定程度上推动了开发者收入的提升。

此外，影响薪酬的不仅是整体经济环境、所在行业，开发者所处的城市、学历、工作时长等都会导致薪酬的波动。

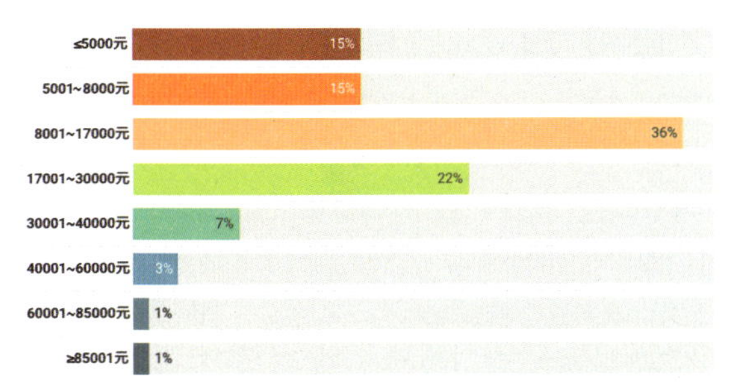

图4 开发者月薪分布情况

调研显示，北京、广东是开发者聚集较多的地域，占全国总数的27%（见图5）。江苏、上海地区的开发者占比数量处于第二梯队，占全国总数的14%。相较去年，这些地区的开发者分布均有所下滑。

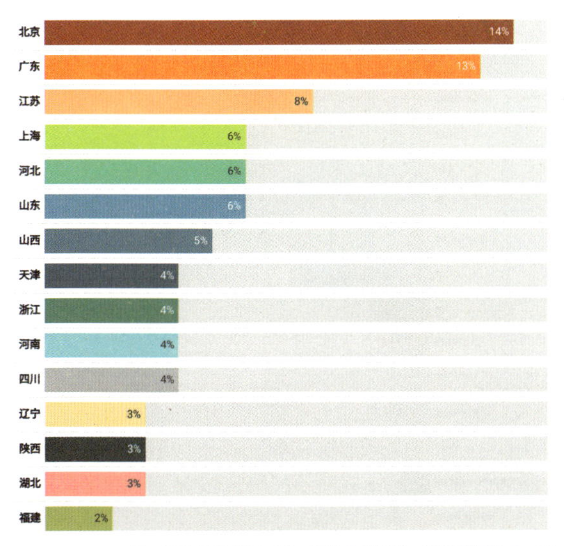

图5 开发者地域分布（省、自治区、直辖市、特别行政区）Top15

在月薪高于1.7万元的开发者中，北京工作的开发者占比20%，虽然较去年有所下降，但仍远超其他地区。广东、河北、江苏地区的这一比例分别为10%、9%和9%。

受教育程度也是影响薪资水平的一个重要因素。从数据来看，学历高的开发者中，高收入群体占比相对较高。学历背景为硕士研究生和博士研究生的开发者中，薪资达到1.7万元以上的远超过五成（见图6）。

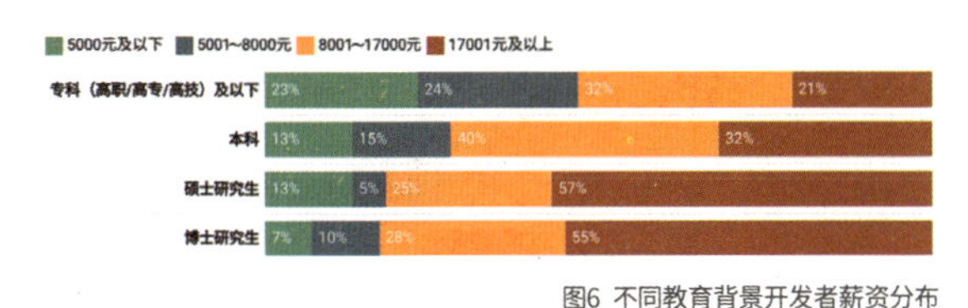

图6 不同教育背景开发者薪资分布

此外，数据显示，在每周工作时长多于72小时但少于84小时的开发者中，收入超过1.7万元的占比最高，为70%（见图7）。而工作时间较为自由的开发者，其薪资在5000元及以下的占比为65%。

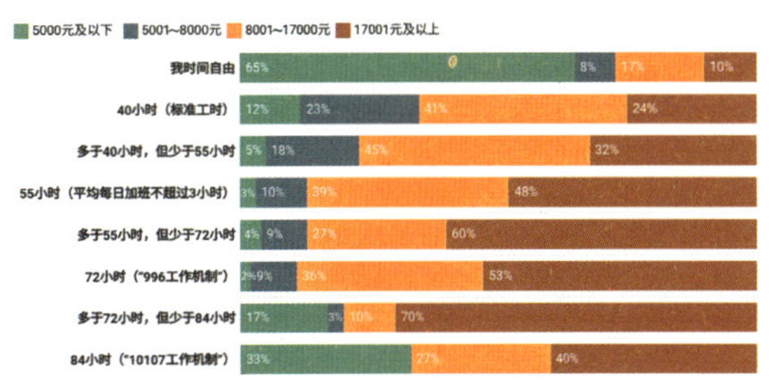

图7 每周不同工作时长开发者薪资分布

与此同时，开发者的工资会随着工龄增加而增长，工作11年及以上的开发者中，超六成的开发者薪资在1.7万元以上（见图8），其中工作20年及以上的受访者中，69%的开发者薪资超过了1.7万元。相较之下，工作1年以内的开发者中，薪资超过1.7万元的仅占15%，37%的开发者获得5000元及以下的薪酬。

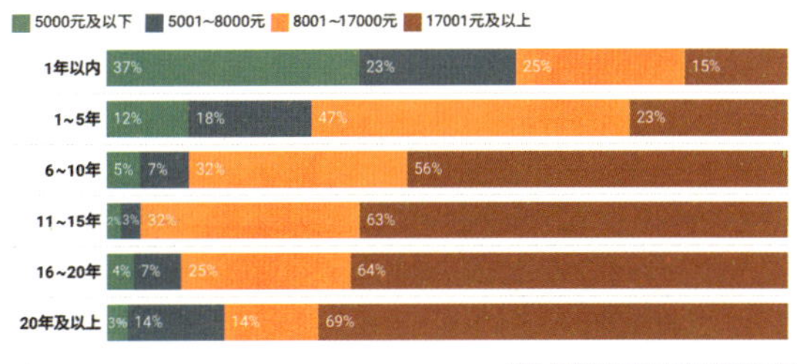

图8 开发者工作年限薪资分布

影响开发者效率的真实原因

日常工作中，有不少程序员反馈，白天的工作效率远不如晚上高；也有人吐槽称，在工作中，主要是白天会有各种各样的事情打断手头工作，从而影响工作效率。

调研数据显示，32%的开发者表示，频繁开会是影响工作效率的“元凶”（见图9），可见越来越多的开发者对开会深恶痛绝。其次，分散注意力的工作环境、缺乏足够的人员来分担工作等因素会导致开发者在完成工作时遇到困难或者效率低下。

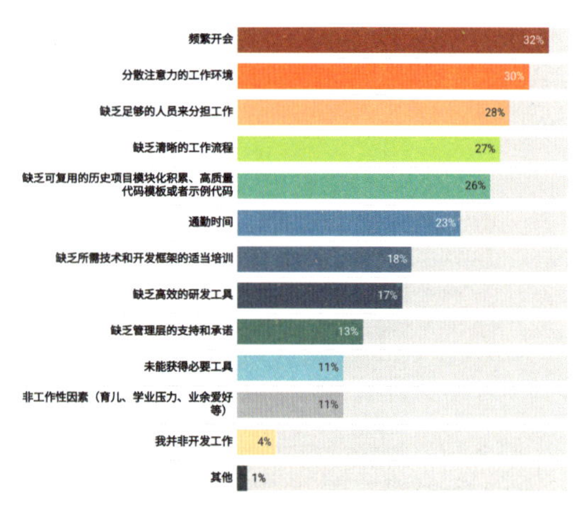

图9 影响工作效率排行

接近八成（79%）的开发者表示，每天花在写代码上的时间不到他们整体工作时间的一半（见图10）。换句话说，大多数开发者在日常工作中，除了编写代码之外，还需要进行其他任务和活动，如设计、测试、沟通、文档编写等。这反映了现代软件开发中，编写代码只是工作的一部分，而不是全部。仅7%的开发者每天有超过70%的时间在写代码。

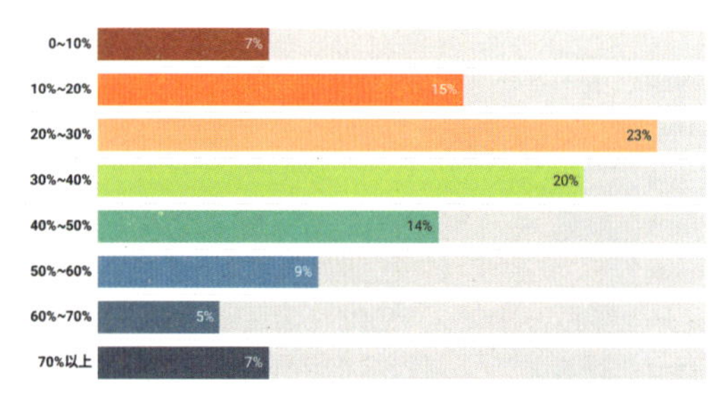

图10 开发者每天写代码的时间

不过，有部分公司还是会将代码行数作为衡量开发者工作量的一种指标。但实际上，数据显示，75%的开发者每天有效代码行数不超过300行（见图11）。一天写101~200行有效代码的开发者群体占比最高，为23%。

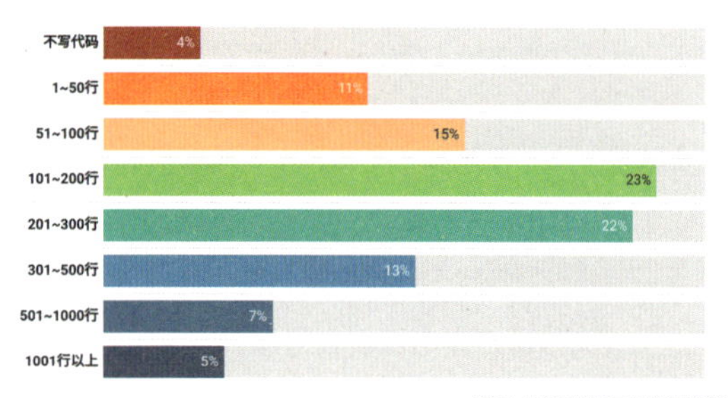

图11 开发者每天写代码行数

工具篇：Java稳居第一、Linux使用率超越macOS

在编程语言的选择上，Java是最受开发者欢迎的语言（见图12），占比40%，这主要归因于其稳定的性能和广泛的生态系统支持。

尽管Python在某些方面不及Java，但它在数据科学和人工智能领域拥有广泛的应用，因此其使用率也相当高，达到了35%，相较于去年31.2%的使用率有所增长。鉴于过去一年AI领域的快速发展，Python的这种增长趋势也在预料之中。

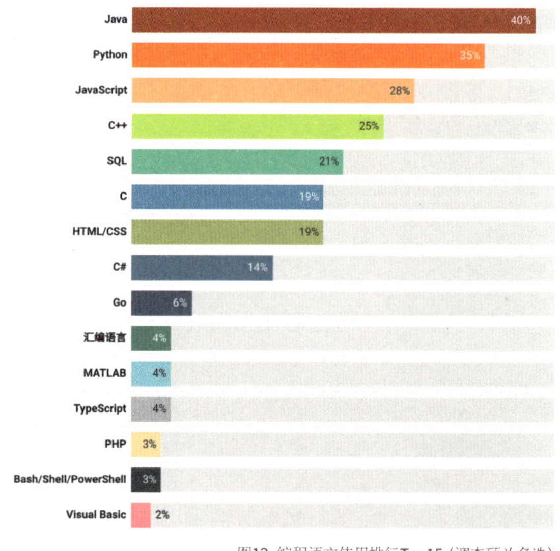

图12 编程语言使用排行Top15（调查项为多选）

在操作系统方面，63%的开发者选择Windows作为日常开发工作的桌面操作系统（见图13）。此外，Linux超越macOS，成为开发者第二大常用的开发环境，占比19%。

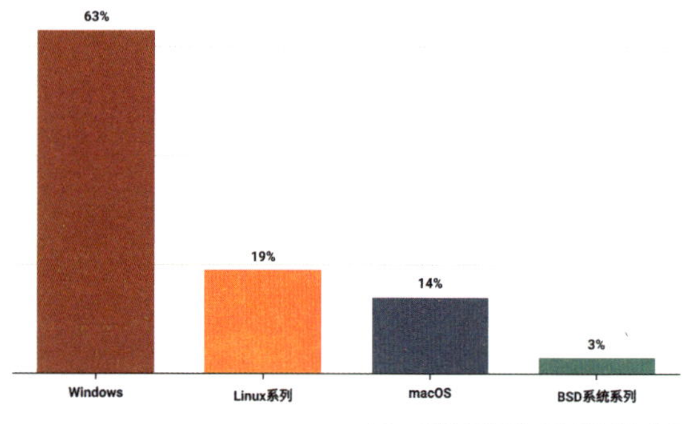

图13 开发者使用的桌面操作系统排行

MySQL是商业数据库中使用率最高的数据库（见图14），占比65%，另外Redis和Oracle的使用率也比较高，分别占比25%和23%。

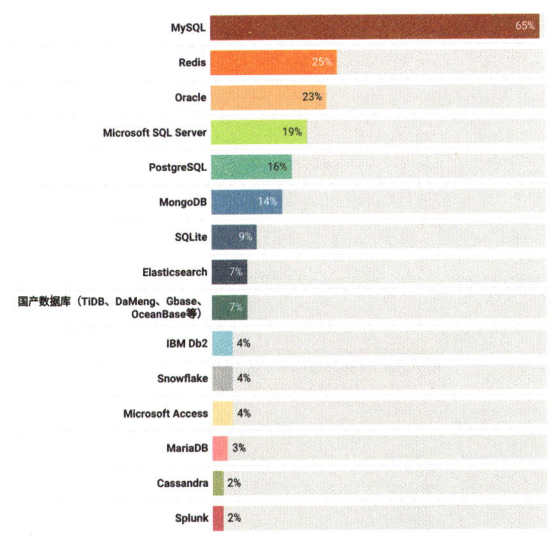

图14 开发者主要使用的数据库

在工具框架方面，Vue.js凭借其易学易用的特点吸引了大量开发者（见图15）。它提供了一种渐进式的方法来构建用户界面，使开发过程更加高效和灵活，以30%的使用率成为最受欢迎的Web框架。Spring Boot和Node.js紧随其后，分别占比20%和18%。

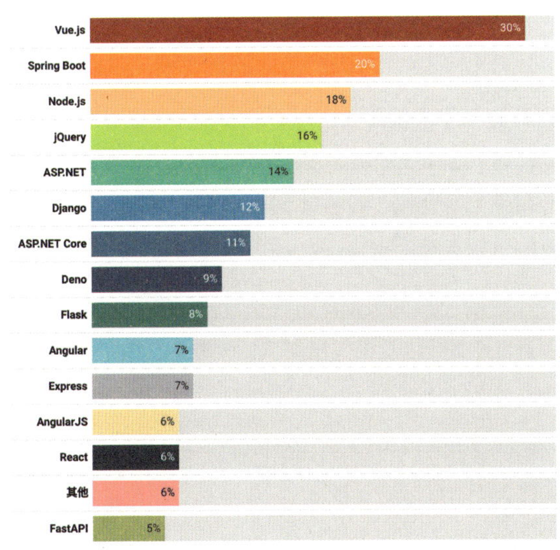

图15 Web框架使用排行

在开发环境方面，IntelliJ IDEA和Visual Studio Code分别以39%和33%的使用率位居前两位（见图16）。这两个IDE都是功能强大的开发环境，适用于多种语言，并且拥有广泛的插件生态系统。它们的成功得益于其丰富的特性集和良好的用户体验，能够满足不同类型的开发需求。

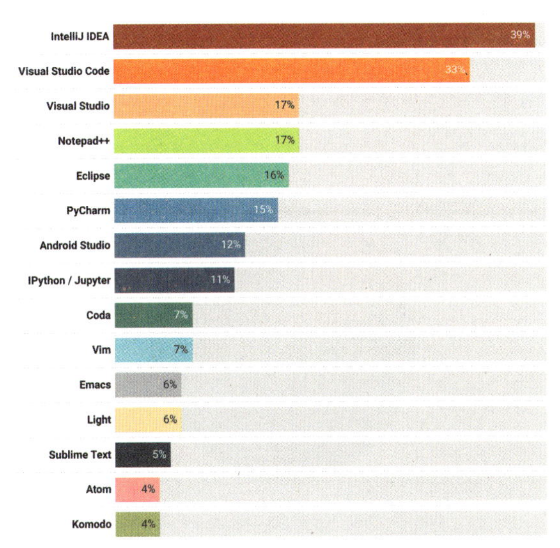

图16 开发环境使用排行（调查项为多选）

国内主要的云平台包括阿里云、华为云、腾讯云和百度云等。在容器云平台的使用上，阿里云处于领先地位（见图17），有29%的开发者使用它。此外，17%的开发者表示他们使用自建的容器云平台。

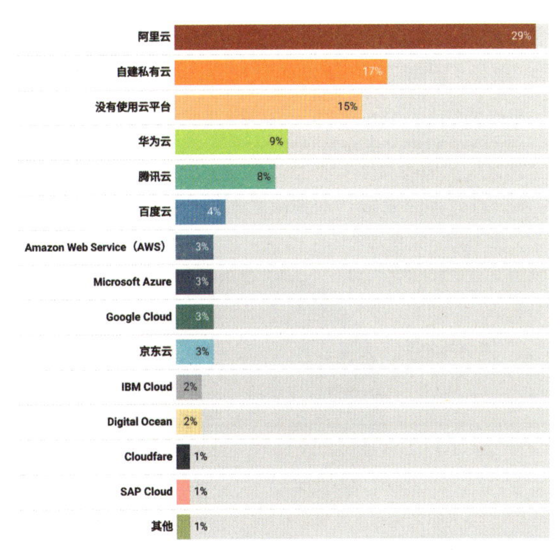

图17 开发者主要使用的云平台排行

过去一年，一些国外公司表达了“下云”的意愿，认为上云的成本过高，甚至考虑自建服务器以降低成本。然而，在国内，超过一半的受访者表示没有经历过“下云”（见图18），其中32%的受访者认为上云能够满足企业的快速部署需求，而28%的受访者则是因为团队规模较小，不适合自建基础设施，只能选择上云。这表明大多数企业在云计算方面倾向于选择公有云或混合云方案，因为这些方案能够提供弹性和敏捷性，并有助于降低IT成本。

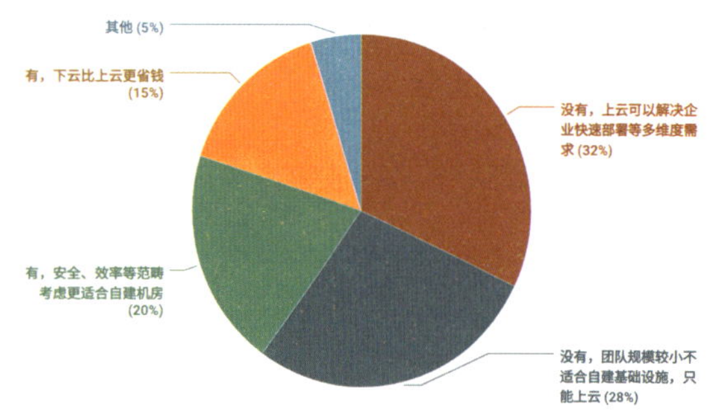

图18 是否有过“下云”（将工作从云端转移到自己的服务器）经历

AI篇：AIGC工具有望成为软件开发中的标配

AI技术已经成为许多开发者工作中不可或缺的一部分。调查发现，69%的开发者表示正在使用AI工具（见图19）。此外，还有25%的开发者虽然目前尚未使用AI工具，但他们计划在未来采用这一技术。这表明AI技术的发展趋势依然强劲，并且越来越多的开发者开始认识到其重要性和潜力，预示着未来AI将在更多领域发挥重要作用，并有望催生更多的创新应用场景。

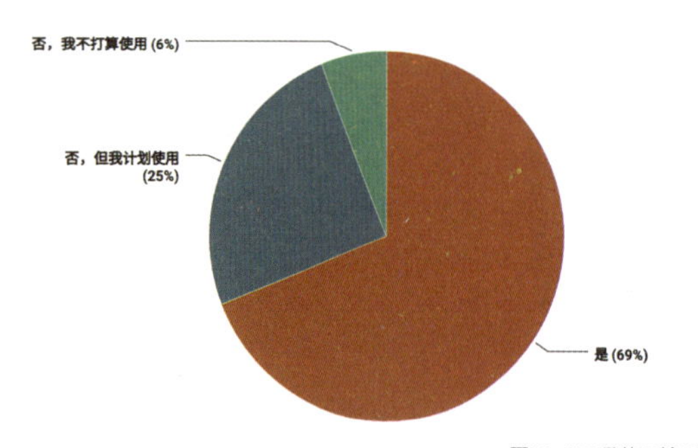

图19 AI工具使用情况

在具体的AI产品方面，例如聊天机器人工具，2021年年底ChatGPT的推出引发了新一轮的人工智能革命。数据显示（见图20），ChatGPT以56%的市场份额遥遥领先于其他竞争对手，这不仅体现了其强大的技术实力，也反映了市场对其的高度认可。紧随其后的是百度文心一言、阿里通义千问以及科大讯飞的讯飞星火，它们分别占据了48%、23%和12%的市场份额。这些产品都是国内知名的大型AI模型聊天机器人，它们在市场上也取得了不错的成绩，显示出国内企业在AI领域的持续进步和创新能力。

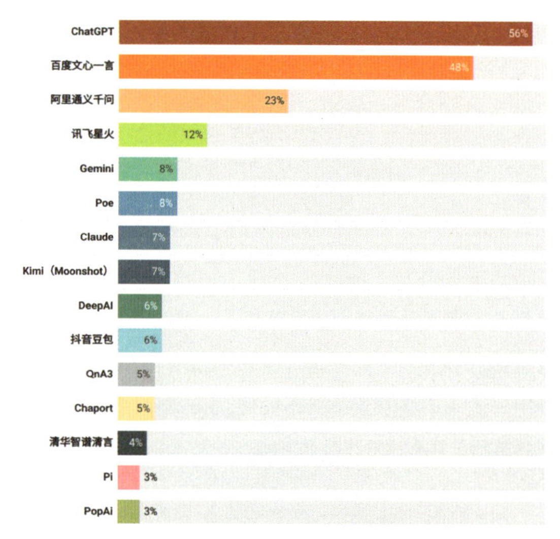

图20 AI聊天机器人使用情况Top15（调查项为多选）

如果说AI聊天机器人构成了一种产品形态，那么赋予它们核心竞争力和强大智能表现的引擎，正是那些背后支撑的AI大模型。调查显示，48%的开发者使用GPT-4及以下版本的大模型（见图21），这反映了GPT系列在开发者心中的重要地位。其次为百度文心大模型、阿里通义千问，以及讯飞星火认知大模型，它们分别占比39%、22%和15%。

这些数据表明，GPT系列在AI大模型领域占据主导地位，而国内的百度文心大模型、阿里通义千问和讯飞星火认知大模型也在逐渐崭露头角，获得了相当一部分开发者的青睐，反映了国内外企业在AI技术上的竞争态势。

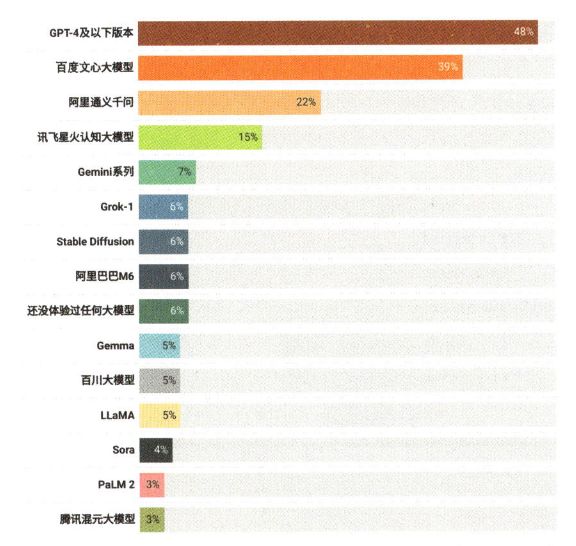

图21 AI大模型使用情况Top15（调查项为多选）

当聚焦到专为开发打造的AI辅助编码工具时，通义灵码因其可以提供高效的代码建议和自动补全等功能（见图22），深受开发者欢迎，使用率位居第一，占比19%。

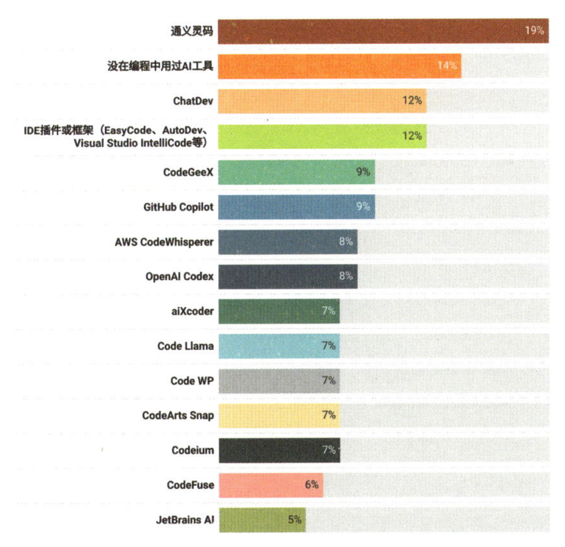

图22 AI编程辅助工具使用情况Top15（调查项为多选）

另一个值得关注的是利用集体智能研究创建的软件开发工具——ChatDev。该工具由扮演不同角色的智能体组成，通过参与设计、编码、测试等功能研讨会来协作开发软件，它受到了12%开发者的喜爱。这种新颖的方法不仅提高了开发过程中的协作效率，还促进了软件开发的最佳实践。

同样地，12%的开发者在使用IDE时，直接借助插件或框架来使用AI辅助编码工具。这种方式能够无缝集成到现有的开发流程中，为开发者提供便捷的辅助功能。另外，仍有14%的开发者表示目前还未在日常开发工作中使用AI工具。这可能是因为他们对新技术的接受程度较低，或是现有的AI工具尚未完全满足他们的需求。

随着技术的不断发展和完善，未来这些工具将更加成熟和普及，有望成为软件开发过程中的标配。就目前而言，生成代码、解释Bug并提供修正、生成代码注释或者代码文档是开发者常用AI辅助编码工具来实现的事情，分别占比41%、29%和28%（见图23）。

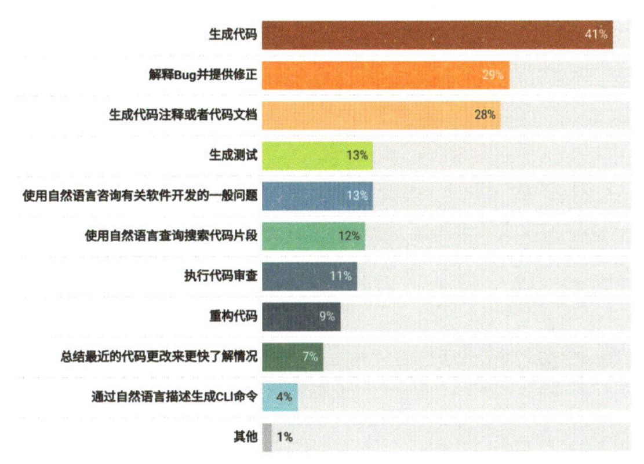

图23 AI编程辅助工具的用途

38%的开发者在实际使用后认为AI编码辅助工具能够帮助他们减少20%~40%的工作量（见图24）。相比之下，仅有4%的开发者反馈说使用这类工具反而增加了他们的工作负担。这一对比凸显了AI辅助工具在提高开发效率方面的广泛认可度。

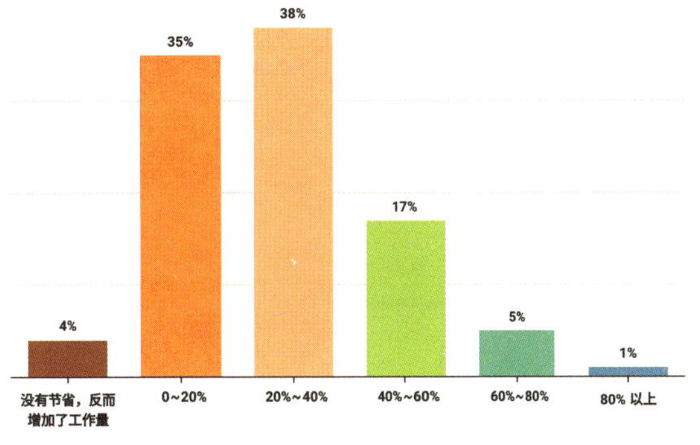

图24 AI编程辅助工具对工作量的影响

数据显示，44%的开发者认为AI编程辅助工具显著提高了代码质量（见图25）。这表明AI在自动化和智能化编程方面具有巨大潜力，能有效减少人为错误并优化代码结构，从而大幅提升代码的性能。

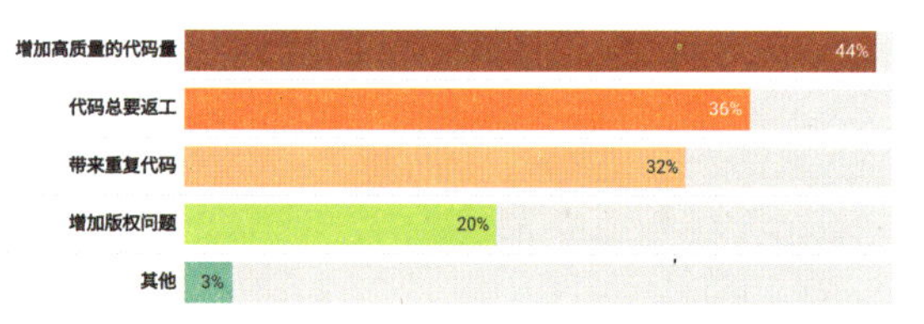

图25 AI编程辅助工具对代码的影响

尽管AI工具能够生成高质量的代码，仍有36%的开发者指出，在某些情况下，生成的代码可能需要进一步的人工修正。此外，32%的开发者反馈出现了重复代码的问题。这些问题可能源于工具本身的局限性或对特定项目需求的理解不足，这也强调了人类工程师在编程过程中不可或缺的角色。

开源篇：AI、大数据是最受开发者关注的领域

开源领域的初级开发者（经验不足1年或1~2年）占比47%（见图26），这些人刚开始涉足开源项目，其动机可能是职业发展需求、个人兴趣或技能提升。开源社区因其低门槛和丰富的资源而对新手非常友好，这促使了大量新手开发者的加入。

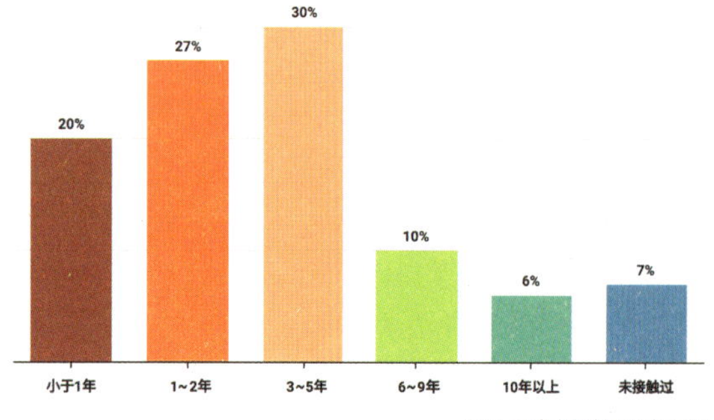

图26 开发者接触开源的年限

另外，三成的开发者已经积累了3~5年的开源经验，他们不仅能独立完成任务，还开始承担起项目管理的责任。这部分开发者对开源社区的贡献更加显著，涵盖了修复漏洞、开发新功能以及改进文档等多个方面。

正如深入调研显示（见图27），超过三成的开发者主要通过贡献代码和文档等方式，积极贡献自己的力量。

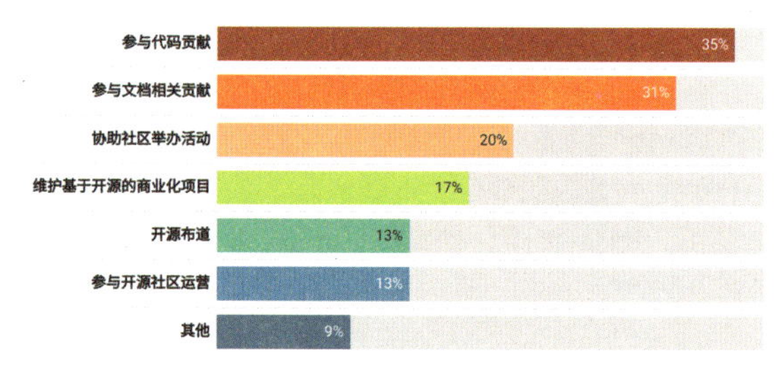

图27 开发者参与开源的方式（调查项为多选）

涉及使用开源软件的原因（见图28），48%的受访者表示，开源软件产品的免费特性能有效降低开发成本，这对于预算有限的个人开发者和中小企业尤为重要。

此外，34%的人选择开源软件是因为它的可二次开发性。由于开源软件的代码是公开的，开发者可以根据自身需求进行修改和扩展。这种灵活性使开源软件非常适合定制化项目，并能迅速适应不断变化的技术环境和业务需求。

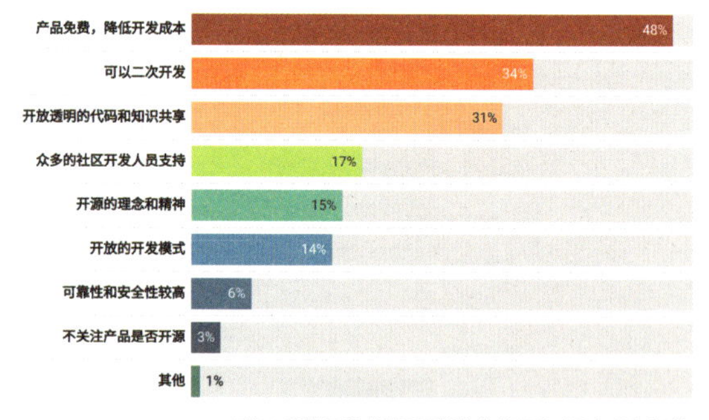

图28 吸引开发者使用开源软件的因素（调查项为多选）

然而，在参与开源工作中，52%的开发者表示未曾从中获得收入（见图29）。仅有8%的开发者透露曾通过开源方式获得过可观的收入。

尽管开源软件因其透明性和广泛的开发者审查而被认为较为安全，但它们并非完全不受安全漏洞的影响。值得注意的是，46%的开发者表示自己在使用开源软件时遇到过安全漏洞（见图30），这些漏洞可能被恶意用户或攻击者利用，从而带来潜在风险和损失。对于使用开

源软件的组织和个人来说，及时更新并审查代码以确保安全性至关重要。同时，考虑采用专业的安全工具来降低潜在风险也是必要的。

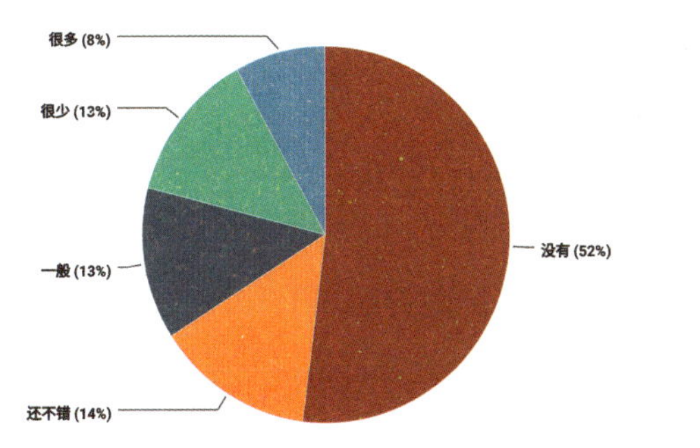

图29 开发者在开源上获得的收入

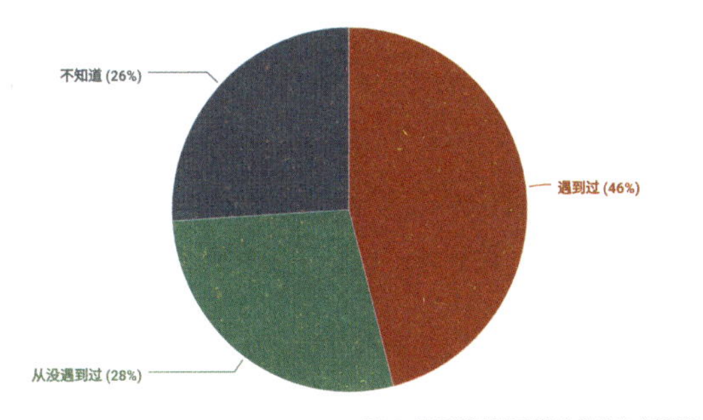

图30 是否遇到过开源软件的安全漏洞

最后，开发者对开源技术领域的关注点主要集中在人工智能（AI）、大数据和云原生技术上（见图31），分别占比47%、28%和24%。这些领域不仅代表着当前技术发展的最前沿，也为开发者提供了广阔的创新空间。随着越来越多的开发者投身这些领域，我们期待会有更多创新应用和技术解决方案得以实现并落地。这些技术的进步将进一步推动数字化转型，并为各行各业带来新的机遇和发展潜力。

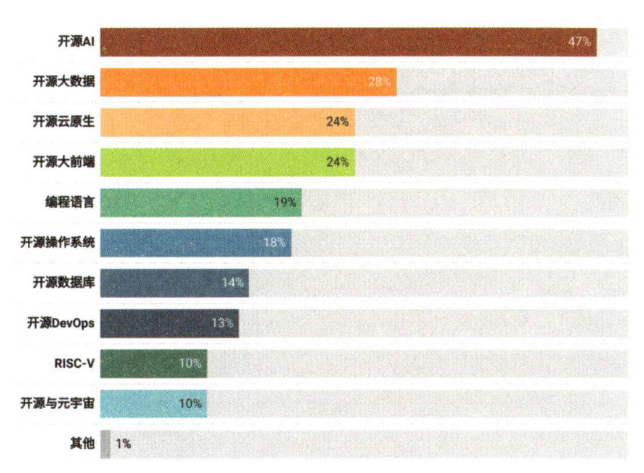

图31 开发者关注的开源技术领域（调查项为多选）

（本次调查数据基于《2024中国开发者现状调查问卷》，数据及图片版权归CSDN所有）

软件设计的要素：概念驱动的软件设计

文 | Daniel Jackson

本文探讨了软件设计的本质和未来趋势。作者通过分析三个爆款产品，提出了基于“概念”的软件设计方法。他认为，真正的创新在于简化应用场景，而非创造全新功能，创新往往不是创造新的东西，而是让原本的事情做起来更加简单。文章还讨论了如何利用概念思维进行编程，并预测随着AI代码生成技术的发展，人类工作将更多地转向概念设计和提示工程，而具体的代码编写则可能交给机器完成。

纵观软件设计的历史，可以见证这几十年来我们取得的巨大成功。

如今，软件具备了可用性，每天有数十亿人在工作和娱乐中使用软件。得益于编程技术、分布式计算、网络服务、数据库等领域的成功，软件具备了可扩展性。而且，由于人工智能技术的蓬勃发展，软件变得越来越智能。

但与此同时，我们也面临着一些巨大的挑战。

由于在用户界面、设计系统、以用户为中心的计算方面取得了诸多进展，提升了软件的可用性，但它仍然过于复杂，用户使用起来负担很重。用户经常需要花费大量时间去理解他们正在使用的软件，而这一点在企业软件中尤为明显。我们的软件或许是可扩展的，但它容易受到针对公司隐私和安全的攻击。而且它也常常存在安全隐患，有引发灾难的风险。还有个大家都担心的问题：尽管软件正在变得更加智能，但也存在更加不可预测和不可靠的风险。

那我们该如何应对这些挑战呢？我的建议是，回归本源。作为工程师，不能仅仅通过发明新技术来解决这些基本的潜在问题，而是需要思考软件的本质是什么。特别是，工程师需要检查软件的功能，并提出问题：软件应该做什么？如何构建这种功能？

除此之外，软件模块化的问题可能比以往任何时候都更加重要。为了实现这点，还需要考虑用户的心智模型，即让用户理解我们正在构建的系统。为了探讨这些问题，我想分享三个所有人都很熟悉的成功产品案例。通过这些故事，再进一步思考：是什么让这些产品如此成功？

案例1：iPod

iPod诞生于2001年，可谓是相当有年头的产品了。那么，iPod的创新之处在哪里呢？显然，它的创新并不在于工业设计。原因是，Dieter Rams曾在1958年设计了世界上第一台口袋收音机，而这台设备显然对iPod外观设计产生了深远的影响——两者几乎长得一模一样。iPod无疑是具有标志性的，但它在设计方面并不新颖。

在技术上，iPod其实也没什么突破。史蒂夫·乔布斯在当年找到了东芝生产的一款异常小巧的5GB硬盘，将其运用在iPod上面，从此缩小了音乐播放器的尺寸，从而取得了成功。此外，苹果公司本就有一份文件传输协议，使上传音乐的速度变得更快。但这些都不是iPod真正必需的。因为数字设备公司（Digital Equipment Corporation, DEC）在iPod问世的几年前就已经生产过一台5GB的个人点唱机，名叫Personal Jukebox。

因此，我认为iPod的成功源于一个更简单的原因。那就是iPod的基本应用场景简化了人们以前必须做的事情。

试想在iPod出现之前，人们使用MP3播放器时必须经历的步骤：下载盗版音乐/转录CD光盘里的音乐——上传至个人的播放设备——开始播放音乐。其中，前两步的用户体验其实很差，因为用户要么只能偷偷下载一些网络上的盗版音乐，要么必须翻录自己收藏的CD光盘，而无论是哪种选择，操作都相当烦琐。然后，他们还得想办法弄清楚如何上传曲目到自己的个人设备，最后才能播放。

iPod的出现，把一个非常简单的使用方式打包成了单一的应用场景。用户从iTunes购买歌曲后，可以立即在电脑上播放，同步到iPod后也可以在上面播放。在这个应用场景中，iTunes作为辅助角色至关重要。事实上，如果观察iPod当年销量的爆炸性增长，会发现这款产品真正主导市场的时刻是在2006年左右。那时，iPod的销量超过了任何其他MP3播放器。而在这一年，苹果已经通过iTunes销售了数亿首歌曲。

所以，iTunes对iPod来说是必不可少的，因为它使这个简单的应用场景成为可能。现在，一个真正有趣的问题是：索尼为什么没能做到这一点？

早在1999年，索尼就拥有成功所需的所有要素。索尼一直被视为全球最大的音乐集团之一，他们当时已经推出了一款出色的数字音频播放器Network Walkman，这是索尼旗下经典产品Walkman的后代。这家公司甚至在日本已经有一间名为Bitmusic的歌曲商店，但索尼无法将旗下的顶级播放器和歌曲商店整合在一起。关于原因，也已经有很多讨论，有人猜测可能是因为索尼使用了专有的压缩方案（ATRAC），还有人猜测是因为索尼将商店限制在日本本土发布，更有甚者认为是数字版权管理（DRM）控制使软件难以使用……

但我认为，最关键的是，索尼没有为自己的产品设计出一个简单的应用场景。和所有的传统公司一样，他们在当时选择为自己的头牌产品Network Walkman配备了一本复杂的说明书，上面布满了密密麻麻的文字，而不是直观地让用户感受到产品的使用方式。

案例2：WhatsApp

第二个案例是WhatsApp。很多人认为WhatsApp的创新在于提供了免费短信服务。但实际上，在此之前已经有免费短信应用了，那就是比WhatsApp更早问世的TextFree。如果回顾WhatsApp的发展历程，我们会发现它从一开始就稳步增长，然后在2011年的某个时点突然出现爆发式增长。那时发生了什么？原来，WhatsApp团队当时发布了一条推文，写道：“群聊功能现已上线。”

但在2011年的时候，其实有许多不同的公司都在争相成为手机上群聊的首选应用程序，比如GroupMe、Beluga和Yobongo。而WhatsApp最终在这场竞争中胜出。群组和群聊为什么如此重要？我认为，这还是与简化应用场景有关，并且还是一个非常简单的创新。

仔细想想，在没有群组的应用场景中，比如说电子邮件，每次你想扩大参与对话的人群时，新成员都必须被明确地添加为对话的接收者。这个过程和下载盗版音乐一样烦琐。而通过群聊，你可以邀请人们，他们可以异步加入对话。这本质上是一种分布式的负担：每个人都以自己的节奏加入聊天，而不是由发起人一次性添加所有成员，让人被迫接受对话。这样，发送消息的人不会因为添加新成员而增加负担，使得群组的扩展变得更加简单和高效。

案例3：Zoom

Zoom的崛起是一个引人入胜的故事，它在疫情初期就取代了Skype，而如果我们去查看那些预测Skype用户增长的统计数据，会发现许多网站都认为Skype的用户数量可以一直稳步增长到今年——事实是，Zoom的出现让这些预测都化为了泡影。至少在美国，除了Zoom

以外，几乎每个视频会议平台基本上都逐渐衰落，而Zoom则呈现爆发式增长。

那么，Zoom的创新之处在哪里？这里有一个插曲：当时的英国首相鲍里斯·约翰逊发了一条广为人知的推文，宣布他在Zoom上将举行世界上首次“数字化内阁会议”。不幸的是，当他展示会议截图时，无意中泄露了自己的Zoom账户。当时Zoom还没有默认的安全控制，所以网友们争相猜测约翰逊的账户密码，只需要猜中密码，就能参加英国政府的内阁会议。

这个事故背后，其实隐藏着一个重要细节，且它恰恰揭示了Zoom成功的真正原因。

iPod的创新之处不在于听音乐，WhatsApp的创新之处不在于聊天，所以Zoom的创新之处也不在于视频通话本身。视频通话技术可以追溯到20世纪60年代，而后来的Skype也在视频通话这方面做得很好。此外，Zoom并没有在设备上实现视频通话的技术创新，因为早在1994年，世界上首款商用网络摄像头QuickCam就已经很便宜了（当时售价100美元）。虽然Zoom确实有很好的视频质量，但它的核心创新也不是视频编码技术，像H.264这样的视频编解码器（用于高效压缩数字视频的标准）早已存在多年。

相反，Zoom的创新在于它巧妙的“一键会议”应用场景。在Zoom之前，如果你使用Skype想邀请一群人开会，会遇到两个麻烦。首先，你需要注册应用程序，而且所有参会者也必须注册。这意味着每个加入会议的人都必须是Skype用户，并且拥有一个账户。其次，发起通话时，你必须逐个将所有参与者添加到通话中。

显然，对于大型会议来说，这非常不便。诚然，Skype确实有一个群组功能，使这个过程稍微简化了一些。但它远不如Zoom的“一键会议”应用场景那么便捷。Zoom的创意是，当你创建会议时，它会生成一个会议链接，你只需跟别人分享这个链接，然后任何人都可以通过这个链接加入会议。这看似是个微小的创新，但实际上影响巨大。

我认为这正是Zoom成功的关键。纵观其他视频会议平台的成功案例，没有一个能真正与Zoom相提并论。而Zoom也并非首创者。事实上，若干年前就有一家名为Join.me的公司在其产品Log Me In中率先提出了会议链接的概念。Zoom借鉴并完善了这个创意。这个创意如此成功，以至于随后被其他所有竞争对手采用。特别是Skype，在2020年4月才开始使用会议链接功能。但到那时，Zoom已经拥有3亿用户，Skype早已远远落后了。这个创意之后还影响了其他平台，例如，Microsoft Teams在几年后也采用了会议链接的概念。

从场景到概念

应用场景定义了产品，是关于如何使用产品的生动描述。

它既是一种社交协议（规定了用户如何互动），同时也是一种API（定义了技术层面的交互）。它揭示了产品将如何满足用户需求，代表了一种典型但并非唯一的使用方式。这种以应用场景为中心的产品思考方式不同于传统的用例方法或多场景产品规划。相反，它强调通过单一的核心应用场景来捕捉产品的设计理念。

于是，我想提出一个更具争议的观点：创新几乎从来不会真正使全新的事物成为可能。回顾你所知道的所有创新发明，问问自己，“它们真的让我能做任何全新的事情吗？”事实上，几乎所有时候，创新所做的是让你更容易完成你已经在做的事情，它是用一个新的应用场景来替代一个存在不便之处的旧应用场景。

接下来，我会将“场景”扩展到我称之为“概念”的想法上。以Zoom为例，它的核心应用是提供会议链接服务，但除此之外，它还支持多种场景，比如在聊天会话中，用户可以在聊天窗口发送文本消息。这些不同的场景交织并存，相互穿插，而每个场景都体现了我所说的“概念”（Concept），即一种独立的功能单元。

概念是单个软件、一类软件以及各类软件的特征。概念可以让开发者比较软件，注意其必要的功能以及知道如何有效地使用这些功能。

因此，你可以将Zoom理解为由这些概念构建而成，包括会议链接、视频频道等。其中一些概念是创新性的，如会议链接；有些是我们非常熟悉的，如在线聊天；还有一些是通用性的概念，几乎在每个应用程序中都能见到，例如用户身份验证，这是最典型的通用性概念之一。

这些概念通过“交互+同步”的方式融合在一起。在使用Zoom时，你不需要特意开启聊天功能；事实上，当你加入或启动会议时，就已经自然而然地进入了聊天模式。这种自然过渡的方式就是概念如何巧妙地结合在一起的体现。

因此，我们可以将应用程序视为概念的集合，并将其简化为最核心的部分。例如，对于Zoom来说，基本的概念可能是会议链接和视频会议。对于像Calendly这样的日程安排软件，核心概念可能是自助预约和通知。而对于iPod来说，则是歌曲管理、音乐商店以及文件同步的概念。这些概念实际上混合在了我所描述的各种场景中，并且可以容易地分解为三个独立的场景，进而理解为三个独立的概念。

当我们设计概念时，我们不仅仅是在考虑场景。例如，对于我提到的聊天概念，设计这种概念首先要明确它的目的，而聊天概念的目的可能是为了在群组中分享简短的消息。一个概念的目的应该是有说服力、以需求为中心、具体和可评估的。概念的目的很少能用比喻解释清楚。

接下来，就可以定义场景，或者说定义一个操作原则（Operational Principle），这一术语源自哲学家迈克尔·波兰尼的思想。操作原则用于展示如何通过操作实现目的，这是理解概念的关键。对于聊天概念来说，场景定义可以是：当两个用户加入聊天后，如果其中一个用户发布消息，另一个用户就能阅读它。

但是，我们可以进一步具体化这些规则，因为概念本质上是一个可以通过API来定义的服务。比方说，列出一系列动作。这些动作实际上是出现在场景中的行为，可以被视为API的组成部分。接着，我们可以思考支持这些动作所需的状态。

例如，对于聊天概念，状态可能包括聊天中的消息集合、每条消息的具体内容、消息发布时间、用户何时加入聊天等。实际上，当你深入研究概念的细节时，你会经常发现一些原本在场景中并未显现出来的重要设计问题。在这个例子中，很多聊天概念的工作方式实际上存在一个显著的设计缺陷，那就是用户通常只能查看他们在加入聊天之后发布的消息。

在Zoom中，这就是一个不小的困扰，因为它意味着如果有人在会议开始时发布了一条聊天消息，比如会议议程，那么任何晚一分钟加入的人就无法看到这条消息。这对于那些想要获取会议初始信息的迟到者来说是非常不方便的。

如何运用概念？

我们现在可以思考另一个问题：有多少概念能使一个应用程序与众不同？就像我描述的那些应用程序，我认为有些应用程序实际上只有一个关键概念。以Zoom为例，我认为它的核心就是会议链接这个概念。而对于WhatsApp来说，它的核心实际上是群聊的概念。

在另一个极端，有些应用程序真正引入了一整套复杂的概念。我认为最能代表这类应用的是你可能称之为生产力应用（Productivity Apps）的那些软件。想想像Photoshop（Adobe公司开发的图像处理软件）这样的应用，以及所有遵循QuarkXPress（一款专业的桌面排版软件）模式的桌面出版应用，现在还包括像Adobe InDesign（Adobe公司的专业排版软件）这样的应用。

这些应用有一套非常精细的概念集合，说实话，这些概念相当难以学习。以Photoshop为例，它不仅仅有像素数组的概念，还有图层、蒙版和通道这些关键概念。正是这些概念使得Photoshop能够击败众多的竞争对手。

概念的组合为创造性设计提供了机会，即使其中的每个概念都是通用性概念。概念不像程序那样，可以用较大的包含较小的。相反，每个概念对用户来说都是平等的，软件或系统就是一组串联运行的概念组合。

但有趣的是，还有一些应用程序实际上没有引入任何新的概念。比如Gmail（谷歌的电子邮件服务）。Gmail基本上只是结合了我们已经知道的两个通用性概念，即电子邮件和搜索。又或者是Arc浏览器，它做了一件非常有趣的事情，将浏览器中的标签概念与书签概念巧妙地结合在一起。

当你心中有这样的概念时，你会从一个不同的角度来思考设计和推理可用性。让我们以Zoom为例。Zoom有一个表情反应按钮，如果点击按钮，会出现一个经典的用户界面。

长久以来，Zoom用户界面基本的底层功能是一成不变的。例如，用户一直可以点击“鼓掌”按钮，为演讲者喝彩；点击“对”和“错”的按钮，表示赞同或反对；然后还有两个按钮，用于示意演讲者放慢或加快说话速度；右侧的“咖啡杯”按钮，则可以表示你想喝杯咖啡缓缓；或者是界面下方的“举手”按钮，点击之后可以像现实会议一样举手示意。

有趣的是，点击这些按钮的反馈效果却有所不同。例如，点击“爱心”按钮，冒出来的爱心表情会在10秒后自动消失——这可能是Zoom设计中的一个遗憾之处。奇怪的是，如果我们点击“举手”按钮，出现的表情并不会在10秒后消失，而是一直停留在界面上。经常使用Zoom的人都知道，人们经常会忘记放下举起的手，这会导致各种混乱。

此外，顶部的这些按钮其实是互斥的，这意味着你不能在“鼓掌”的同时发送“爱心”，这似乎不太合理。更奇怪的是，点击按钮的反馈效果也是互斥的。这意味着如果你先点击“赞同”按钮，再要求演讲者放慢或加快速度，最后去“喝一杯咖啡”，后点击的按钮往往会取消前一个按钮的效果。更奇怪的是，有些按钮会被计数，你点击之后屏幕上会显示“×N”，代表点击了N次，而有些按钮则不会。

因此，Zoom的界面存在很多不一致的设计。如果我们想解决这些不一致的问题，并思考如何以更系统的方式设计Zoom，可以尝试识别其底层概念，并将它们分离成更健壮、更简单、更引人注目的概念。我可能会将Zoom的底层概念分解为以下四种。

- 反应概念：这本质上就像发送一个小的情感反应。那些使用Slack的人会对此很熟悉。
- 投票概念：当有人提出一个问题，我们用赞同或反对来回答。
- 反馈概念：你可以告诉演讲者加快或放慢速度。
- 在线状态概念：将咖啡杯（表示我离开）按钮和举手按钮整合在一起。

如果让我重新设计这些功能，可能会这样做：在屏幕左下角放置一个单选按钮，让用户可以选择几种状态之一。

- 最基础的状态，适用于打开麦克风交流的情况，即“正在发言”。
- “正在观看和聆听”。当用户选择这种状态之后，可以保持视听，但会自动将麦克风静音。
- “离开”。选择这个状态时，让软件直接静音。
- 在用户点击“举手”按钮时，它将表示用户正在请求发言，所以需要先将用户静音。
- 只要主持人同意了用户的“举手”，该用户举手状态就会消失，麦克风会自动打开，用户进入“正在发言”状态。

因此，我相信有可能围绕一个更连贯的在线状态概念，对所有这些不同的动作进行很好的重新设计。同样，我认为反馈按钮可以被组织成一个单独的概念，其用户界面控件甚至可能不需要总是显示，除非演讲者决定他们想接收反馈。这就是使用概念来思考应用程序用户体验的想法。

用概念驱动编程

如今，我们甚至可以运用概念设计的思维进行编程。2023年，有一份关于GitHub Copilot（AI编程辅助工具）的报告指出，当前大约一半的代码是由使用Copilot的开发者自动生成的。至少在Python基准测试上，大模型编码似乎变得非常出色，在许多简单函数上达到了约92%的准确率。

但关键是，这些数字都是针对单个函数的，是一种自动补全形式的代码生成——即要求大模型推导出一个单一的函数。当你考虑整个应用程序时，情况就大不相同了。GitHub的首席执行官Thomas Dohmke就说过：“开发者的关键技能在于‘我需要细化到什么程度才能用AI自动生成代码’。”

我认为，是时候重新思考软件的结构来解决这个问题了。

举例来说，Hacker News（一个著名的科技新闻聚合网站）和许多应用程序一样，它完全由熟悉的功能组成：点赞、评论、发帖、板块，还有“声望值”（karma）系统。

不同的网站或论坛对于这个“声望值”有不同的叫法和用途，比如，在Reddit里这就是一个可以通过良好行为积累的积分点数，而在某些资源网站中可以设置“声望值”的门槛让资源更难被下载。而Hacker News的用户声望值只要达到一定水平，就可以对帖子进行点踩（downvote）。

所以重点在于，Hacker News并没有从0到1开创从未有过的事物，而是在原先的基础上带来一点创造性的变化。这就是Margaret Boden在她的一篇著名论文中所称的“组合性创造力”（Combinatorial Creativity），即将熟悉的元素以新的方式组合在一起。

对于Hacker News来说，它是标准概念的一些变体。例如，一个帖子只能包含标题、ID作为链接，或者一个问题，但不能同时拥有两者。又如，评论在两小时后不能被编辑，两周后就不能对帖子进行评论。这些聪明的小规则确保了网站的时效性和新鲜度。然后是特有的声望值规则，例如，用户需要501点声望值才能踩一条评论，或者30点声望值才能标记一个评论。

在我看来，这其实是构建Web应用程序的新型框架（如图1所示）。

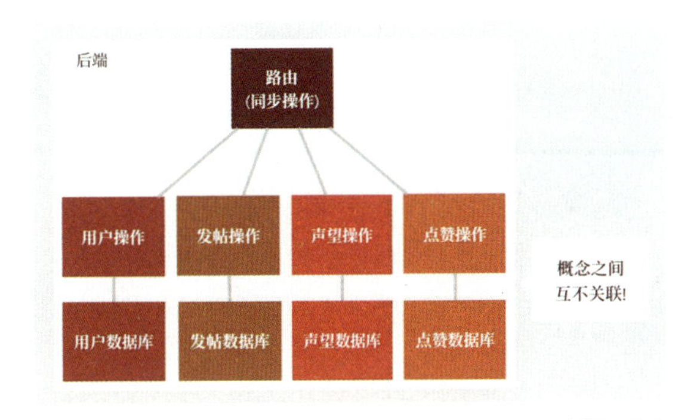

图1 构建Web应用程序的新型框架

每个概念都将是一个小型后端堆栈，包含了概念的行为。这些都是构成应用场景的用户操作的程序。然后是一个数据库来支持概念的状态。

关键点是，所有这些概念之间没有依赖关系，因为概念是完全独立的，并且以独立的方式定义。这真的是概念中的大想法。概念之间的连接只发生在路由中，HTTP端点通过我称之为行为同步的方式连接到概念。这恰好对应于我展示的不同概念的应用场景之间的这些链接。

有了这个想法之后，实际上还可以用它生成代码（如图2所示）。

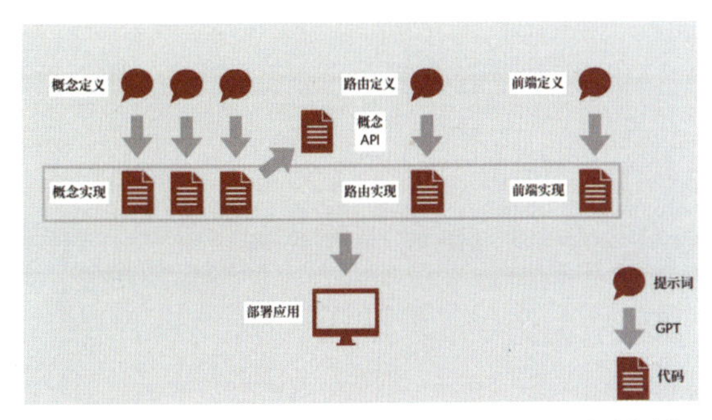

图2 概念生成代码

关键在于，我们采用提示词（Prompt）为每个概念生成代码，完全独立于其他概念。这意味着我们不必担心随着应用程序变大而增长的上下文。而且每个概念都可以独立实现。然后要做的是，为路由编写一个提示，将再次独立地为每个路由生成路由代码。

当然，正如我先前提到的，路由需要做的是调用概念的行为。所以还需要使用大模型从生成的代码中提取每个概念的API。然后路由将使用这些概念API来合成路由代码。最后，对前端故技重施，把它包装起来，进行部署。

代码生成将成为可以交给机器完成的工作

总结来说，我第一个想法是创新简化应用场景。例如，在群聊的概念中，场景的简化体现在发送消息的人不必添加所有收件人。如果我们回顾软件领域的所有创新，你会发现几乎所有的创新都涉及这种应用场景的简化。

其次，虽然我们经常从用户界面的角度思考，但软件设计实际上是从功能开始的，而概念帮助我们构建它。比如说Zoom，我认为会议链接的概念对Zoom的本质和成功真的至关重要。

再比如说网络，我认为URL的概念可能比任何其他概念更能解释它的成功。我相信Tim Berners-Lee（万维网的发明者）也认为URL比其他任何概念都重要。

最后，我想强调三个要点：

- 模块化是关键，正是因为概念是完全独立的，我才能够独立地讨论这些概念。正是因为它们是独立的，我们才能够理解应用程序。
- 提取出熟悉的概念。许多概念是通用的，在我们进行的代码生成中，根路由和同步是需要定制的部分。当你进行概念设计时，一个重大创新是它允许你将熟悉的部分与真正新颖的地方分开。
- 告别敏捷开发。多年来，很多人一直相信代码就是王道，规范其实并不重要，前期的大规模设计是个坏主意。但我认为，既然大模型真的很擅长生成代码，那人类的工作将更多地集中在编写提示、进行设计和塑造概念等方面。代码生成将成为可以交给机器完成的工作。

Daniel Jackson

MIT计算机与AI实验室（CSAIL）副主任和计算机科学教授。由于他在软件方面的研究，他获得了ACM SIGSOFT影响力论文奖和ACMSIGSOFT杰出研究奖，并被授予ACM Fellow称号。他是Alloy建模语言的主要设计者，他曾担任美国国家科学院软件可靠性研究项目的主席，并与美国国家航空航天局（NASA）就空中交通管制、麻省总医院质子治疗以及丰田自动驾驶汽车等软件项目进行过合作。他的代表作品有《软件抽象》《软件设计的要素》。

大语言模型与 AI 的过去、现在和未来

文 | Daniel Povey

Kaldi之父、小米首席语音科学家Daniel Povey将站在整个AI历史长河的发展中看待当下火爆的LLM技术。他认为，AI的发展是个漫长的过程，没有终点。模型更迭迅猛，未来充满未知，但唯一令人担忧的是，人们会越来越依赖那些集中化、复杂且脆弱的系统，这将带来巨大的安全隐患。一个黑客或一个简单的漏洞，可能会导致某个供应商的所有自动驾驶汽车全部停止，有可能直接导致整个国家甚至全球的交通瘫痪。

我想从宏观角度思考我们当前在AI领域的地位。如今像ChatGPT这样的聊天机器人，从产品角度来说确实很有意思。但打造AI依然是一个漫长的旅程，我们还有很长的路要走。到目前为止，我得到了以下两点认识：

- 我们可以通过单纯的预测任务，比如预测下一个词（next-word prediction），让模型学习到很多关于世界的知识。
- 当你扩大规模时（无论是扩大参数还是训练数据的规模），这些模型的性能会更好。

这些经验论都很好，但事实上我不认为它们特别出人意料，我也不认为这意味着我们解决了通用人工智能（AGI）的问题。在过去，每当科幻作家试图想象一个超级智能AI时，他们通常会把我们现在所拥有的技术放大。比如在艾萨克·阿西莫夫的小说中，很多故事都出现了一台叫作Multi-Path的计算机，那是一台巨大的、有许多真空管的计算机，而他的灵感显然是基于ENIAC计算机（世界上第一台通用电子计算机）。重点在于，人们难以想象超出自己现有认知范围的事物，而我不认为AGI就是将现在的智能放大。

我们常认为人类有非常大的大脑，但实际上我们的大脑一直在变小——如果和大约5万年前的克鲁马农人相比，他们的大脑实际上比我们的还大。狩猎采集时期的人类实际上需要记住比我们更多的东西，因为他们会吃很多不同种类的食物，必须熟悉周围的野生环境。也许在那个时候，他们不太依赖语言和向他人询问事情。

到了现代，我们的记忆力远不如古代人，所以才需要搜索技术。我们只知道如何找出答案，知道使用什么搜索词，知道在哪里查找。我认为也许在未来，AI可能会更多地在AI系统之外查找信息。比如说，我们可能不会建立一个有万亿参数的AI，而是建立一个有十亿参数的AI，并给它搜索网络的能力，这么做反而更实际。

就像和孩子们进行长途旅行的时候，他们经常会问：“我们到了吗？”或者“我们快到了吗？”我觉得在这个通往AI的旅程中，很多人也在问：“我们到了吗？这就是通用人工智能了吗？”我认为总的来说，答案基本上都是否定的。

但同时，这也不是一个特别有意义的问题，因为它在某种程度上取决于你如何定义通用人工智能。更有意义的问题应该是，“AI能否系鞋带？”或者“AI能否给老人或者盲人指路？”这些才是具体的应用问题。但“这是通用人工智能吗？”并不是一个真正可以回答的问题。

接下来，我会从多个角度分析，真正该思考的问题究竟是什么。

如何赋予AI意识?

动物以不同的方式表现出智能。菲利普·K·迪克的小说《仿生人会梦见电子羊吗?》探讨了AI是否能有意识。它有一个著名的电影改编版叫《银翼杀手》,是一部经典科幻片。现在我不能真正回答关于意识的问题,但关于AI是否会做梦这个问题还是很有趣的。

实际上,所有的哺乳动物、鸟类和爬行动物都会做梦,科学家们还不完全明白为什么会这样。有趣的是,就连章鱼也会做梦。这是一个趋同进化的例子,因为人类和章鱼各自独立发展出了能支持做梦的复杂大脑,尽管它们的共同祖先只拥有非常简单的脑部结构。

所以出于某种原因,比方说为了产生智能行为,做梦是必要的。我认为这也许与某种生成算法有关,因为当我们做梦时,我们会体验随机的事情,它就像生成负样本这种学习算法一样:每当我们醒来时,往往都可以记住自己梦里的内容,但两小时后,就没有人记得梦里的事情了。梦中似乎有些东西不想进入我们的长期记忆,也许它只是我们长期记忆的一个负样本。

《银翼杀手》这部电影描绘的世界里还有另一个有趣的场景:世界上有一个非常强大的公司叫作泰勒公司,制造着所有的仿生人。AI的兴起可能会导致大公司权力的大量集中。因为,如果制造AI的唯一方法是使用大量数据来训练庞大的模型,那么只有那些拥有足够资金购买大量GPU并能够获取大量训练数据的实体,才有可能制造出AI。而且,在未来,我们的AI算法设计可能会变得极其复杂,以至于几乎没人能完全理解它们。这些算法将如同秘密配方一样,被严格保密在公司的内部。

在这种情况下,要复制公司的AI将非常困难。所以我们可能会看到这些非常强大的公司主导人工智能领域。这对普通人来说不一定是件好事。

再举个例子,电影《雨人》中,有一个由达斯汀·霍夫曼饰演的自闭症患者,他不能在社会中正常生活,但他在某些方面却非常聪明。他可以告诉你任何日期是星期几,还能非常准确地数东西。他的大脑在高效处理某些信息方面表现出色。

但他关注的内容与常人不同。他专注于记忆日期之类的事情。这种情况被称为学者症候群。我们当前的AI并不能真的试图区分它们学习的内容。我们只是输入所有的训练数据,它就学习里面的所有东西,这有点像电影中的雨人。我的预测是,在未来,我们可能会拥有更加主动的学习算法。这些AI能够自行判断哪些信息是有趣的,哪些不是,或者我们可以为它们设定判断标准。这是因为潜在的训练数据量几乎是无限的。

几乎没人讨论数据选择这一话题,一方面是因为这是一个复杂的过程,另一方面则是因为涉及法律问题。大多数公司都不愿意透露他们使用的训练数据,因为一旦公开,可能会引发法律诉讼。

AI最终会破坏它触及的一切

现在很多人对AI感到兴奋,他们认为AI会解决我们所有的问题。有些人甚至认为AI可以给我们带来世界和平或解决所有人类社会问题。我可不这么认为。

我认为AI最终会破坏它触及的一切。拿国际象棋来说吧,我们让AI解决了国际象棋问题,AI可以在国际象棋中击败我们。但实际上这只是毁了国际象棋的乐趣。没有人再想下国际象棋了,因为他们知道AI可以轻易击败我们。

我父亲以前很喜欢下国际象棋,有一次我给他买了一个电子国际象棋棋盘,就是那种可以和你对弈的智能棋盘。我以为那是个不错的礼物。结果他和它对弈,即使在较低难度设置下,电脑也总是赢。

我这才意识到,其实他下棋并不是为了下棋本身。对他来说,下棋更像是一种社交活动。所以与电脑对弈反而失去了国际象棋的所有乐趣。我担心AI可能会对人类生活的许多方面造成这种负面影响。另外,如果我们仅仅将AI视为工具来使用,它并不会改变我们的本质。人类的动机极为复杂，根植于我们的大脑和基因之中。AI不会改变这些本质特征。因此，认为AI可以带来健康、和平与安全的观点在我看来有些过于乐观，因为现在掌控技术的人将来也会掌控AI。即便换了一批人，他们终究还是人。

人们经常讨论的AI未来的另一个方面是全民基本收入（UBI）的概念。这种设想是：随着AI取代我们的许多工作，导致许多人失去工作。然后政府会给每个人发放一份基本收入，让他们能够维持生活。人们不必工作，只需消费，或许就能过上幸福的生活。但在我看来，这并不是AI乌托邦，而更像是一个反乌托邦。如果人们变得无用，他们会意识到自己是多余的，这会摧毁他们生活中的所有意义。

人们从与他人的关系以及通过为他人服务获得意义。即使在一个无须工作的世界里，我们也可能需要创造某种形式的工作，或是找到一种方式让人们感觉自己是必要的，哪怕这只是表面上的。否则，人们会变得非常不快乐，这也可能给社会带来问题。正所谓“闲极生非”，如果没有事情可做，人们很可能就会惹麻烦。

在希腊神话中，有一个关于迈达斯国王的传说，他拥有点石成金的能力。这个故事不仅反映了中世纪人们对国王通过触摸治愈疾病的信仰，还寓意着财富带来的诅咒。迈达斯国王能够通过触摸创造黄金，但这却成了一个诅咒而非祝福，因为他所爱之人、他的食物乃至他的寝具都变成冷冰冰的金属。我担心AI可能会对我们生活的许多方面产生类似的负面“点石成金”效应。

例如，电子邮件在AI广泛应用之前就已经被大量的垃圾邮件和广告邮件所淹没，而今我们的手机短信也开始遭受同样的命运。随着AI技术的发展，这种现象只会愈演愈烈。有时候，你可能会收到一条简单的问候信息，但却完全不知道这是来自诈骗团伙还是AI发送的，他们的目的往往是诱骗你的钱财。

未来，当你接到电话时，可能根本无法分辨是在与真人对话还是与AI交流，因此你可能会选择直接挂断，即便对方是真正的人类。此外，互联网正被AI生成的内容所污染。当我在网上搜索技术信息时，我发现越来越多的搜索结果是由AI生成的。这些内容乍一看似乎很有道理，但很快就会暴露出明显的错误，让人意识到这并非出自人类之手。有时候，它们是对真实文章的复制粘贴，但会在文中插入垃圾链接。

总之，我担忧的是，当AI内容渗透到各个信息渠道时，并没有为这些渠道增添价值，反而让人们开始忽视并逐渐不信任这些渠道。阿根廷作家博尔赫斯曾经讲述过一个关于无限图书馆的故事，这个图书馆包含了所有可能的书籍——不仅仅是人类已经写过的，还包括所有可能的随机字符组合。其中有些书籍可能缺少单词或者含有错误。每本书都有多个副本，但某些副本可能已被篡改。虽然理论上讲，大型图书馆比小型图书馆更有用，但在无限图书馆中，每一本书都可能是被破坏的劣质副本，因此整个系统变得毫无价值。我对互联网的现状感到忧虑。

一旦我们有了生成式AI内容，它就会像这个无限图书馆一样。这对AI训练来说也是一个问题。如果我们仅仅用网络上所有的数据进行训练，那么我们主要训练的就是由低质量的AI生成的数据。我认为这样很容易让AI陷入恶性循环，使其性能变得更差。

四大领域的AI

我对AI在不同领域的影响有一些想法。

许多人担忧AI会使白领工作变得多余，因为AI能够生成文本——这是白领大部分时间在做的事。就我个人而言，我不认为这种情况会发生。因为在大多数情况下，人们撰写文本的工作要么是因为某种法规或许可证的存在，要么他们正在进行一种零和竞争，在这种竞争中，即使他们做得更好，如果所有人都做得更好，该领域的生产力也不会发生变化。

以律师为例，在大多数国家，他们享有特殊的职业地位。即使一位律师通过AI的帮助提升了工作效率，但如果对手律师也同样利用AI提升了效率，那么这种提升对于案件的结果并无实质影响。在这种情况下，如果律师们只是生成更多的文件，那么这将成为新的行业标准，而文件的实际质量并没有得到提升。

广告业则是另一种典型的零和竞争案例。尽管这个行业较少受到法律法规的约束，但它本质上是一种零和游戏。因此，如果广告商借助AI变得更加高效，那么从整体上看，这种效率提升反而会降低广告的效果，因为消费者能够消费的产品总量是有限的。

类似的情况还出现在环境评估审批过程中。首先，这项工作本身就是基于法规要求而存在的；其次，它涉及一个竞争性的过程，因为对环境审查的要求既独特又多变。因此，生成大量文件可能成为新的标准做法。尽管可以利用AI来完成这些任务，但工作的本质并未改变。

相比之下，我认为AI在农业和采矿领域具有巨大的潜力。在这些领域中，使用机器有时非常具有挑战性，因为环境条件复杂且难以预测。尽管目前我们已经在使用各种机械，但仍需要人类的介入来指导它们的操作。然而，借助智能机器，我们可以更有效地解决某些问题，甚至有可能彻底改变农业。例如，我们可能不再依赖化学农药，而是采用更加环保的方法来保护作物。或许我们还能利用AI改善动物的生活条件，让它们生活在更加适宜的环境中。

然而，想实现这一切需要的不是大语言模型，而是那些能够直接与物理世界交互的AI。

关于AI对教育的影响，我感觉并不乐观，主要有以下几个原因。

首先，我们必须认识到教育并非单一的实体，它包含了许多参与者，每个参与者都有各自的目标和动机：家长希望孩子能够获得良好的社会地位，这意味着孩子在考试中的表现要优于同龄人，这种愿望未必与真正的学习相关，而可能更多地体现在应试技巧的培养上；学生则更倾向于追求乐趣和个人兴趣，这与学校的传统教育模式之间存在矛盾；教育机构则希望通过教育内容来塑造学生的价值观和身份认同，这既可以强化也可以淡化民族主义色彩，具体取决于课程的设计者。

学校还承担着一项重要职能，即为孩子们提供日间的活动安排，以便家长可以全心投入到工作中去。可以说，这是学校的一项重要职能。关键在于，许多教育实践实际上是一种零和游戏，技术进步并不能从根本上改变这一本质。我认为AI对教育的长期影响可能不会像我们预期的那样显著。

从“繁华市集”向“水疗中心”转变

前文讨论了一些交流方式的变化趋势，比如电子邮件充斥着垃圾信息等问题。我认为，我们正见证着一种从开放式交流渠道向更加封闭式渠道的转变。电子邮件作为开放式渠道的代表，任何人都可以向你发送信息，而你无法阻止这一点。短信也面临着类似的情况。即使在人工智能兴起之前，这些渠道就已经成为垃圾信息泛滥的重灾区。

因此，人们很可能会转向微信这种由公司控制的渠道，从而将垃圾信息降到最低。同时，政府也会对这些平台加以控制，以符合当地的法规。全球范围内很难有一个统一的平台供所有人使用，因为不同国家和地区对于平台的要求各不相同。这迫使公司在不同市场中作出选择，以确保遵守当地法律。

在消费电子产品领域，我们可以将其分为两种极端类型：“水疗中心”（SPA）和“繁华市集”（Bazaar）。前者提供一种封闭、受控的环境，用户可以在这里享受到平静和安宁；后者则更为开放，任何人都可以联系你，让你置身于繁忙的信息流中。

所有消费设备都处于这两个极端之间的某个位置。苹果的产品倾向于“水疗中心”模式，对应用程序的发布有着严格控制。相比之下，微软的产品则更接近“繁华市集”。在“水疗中心”模式下，存在信任问题，用户可能不愿被绑定在一个过于封闭的生态系统中。这是人们对于苹果产品的主要顾虑之一。

我认为人工智能将进一步推动从“繁华市集”到“水疗中心”的转变，因为人们的注意力正承受着越来越多的外部干扰。长期处于这种状态可能对健康产生负面影响。因此，创造宁静时刻的能力将成为一个重要趋势。在过去没有电子设备的时代，人们过着更为轻松的生活，可以尽情享受不受打扰的时光。

我认为人工智能将替代许多低技能的工作，如运输和零售业。历史上，每当新技术取代人力劳动时，都会引发社会焦虑。例如，在英国工业革命时期，织袜机的发明引发了织工们的强烈抗议，甚至出现了捣毁机器的行动。尽管这些抗议最终未能阻止技术的进步，但从长远看，社会总是能找到新的平衡点。

然而，这一次的情况可能有所不同。人工智能的通用性意味着它有可能取代各种工作。我对人工智能的主要担忧不是失业问题，而是系统的脆弱性。与人类驾驶员相比，如果软件出现问题，可能会导致大量自动驾驶汽车同时停驶，进而影响整个物流和社会运转。这就好比居住在可能发生海啸的地区，虽然大部分时间都是安全的，但偶尔会发生灾难性的事件。政府应该对此类风险进行监管，因为这些风险具有全局性影响。然而，没有哪家公司会因为这种担忧而放弃使用人工智能，因为这已成为一场无法回避的竞争。

总而言之，我们不应认为人工智能的问题已经解决，它还有很长的路要走。它的发展不会仅仅依靠更大的Transformer模型和更多的训练数据，那只是当前的趋势。目前，人们正在做的很多AI工作涉及微调大模型——我并不是说微调有什么问题，也许微调是一种我们将来会继续使用的重要方法。但我觉得有点失望的是，每个人都只是在使用Transformer，而不试图改变任何东西。我担心这种实验可能会导致特定设计的固化。

当然，我们会在近期看到许多具有图像和视频处理能力的多模态人工智能。它们主要的优化目标仍将基于预测。例如对于视频，可以预测画面中的变化。由于数据实际上是近乎无限的，我们将不得不更加审慎地筛选数据，训练算法可能会对某些数据进行降权或舍弃。

对于人工智能是否会改善我们的生活，我保持谨慎的态度。虽然人工智能可能会带来一系列挑战，但我们仍需保持开放的心态，我相信总会有一些积极的变化出现。

Daniel Povey

著名开源语音识别工具 Kaldi 的开发者和主要维护者，被业界称为“Kaldi 之父”。博士毕业于英国剑桥大学，先后就职于 IBM 和微软。2012年加入美国约翰霍普金斯大学，任语言和语音处理中心副教授。2019 年10月加入小米，担任集团语音首席科学家。2022 年12月，凭借在语音识别和声学建模方面的杰出贡献入选IEEE Fellow。

Open AGI Forum

Stability AI 机器学习运维负责人 Richard Vencu：AI 的偏见来自数据集，而数据集的偏见来自人类

文 | 王启隆　许歌

本文深入访谈Richard Vencu这位技术跨界的传奇人物，为我们揭开世界上首个规模最大的多模态数据集LAION-5B的开发故事，与计算机视觉领域迫在眉睫的数据存储问题。对于更深远的业界发展，他观察到未来的AI将由需求驱动，中小型的专用模型与模型的本地化部署是大势所趋。文章首发于GOSIM全球开源创新汇。

受访嘉宾：

Richard Vencu

Stability AI 机器学习运维负责人，LAION工程负责人兼创始人，人工智能工程硕士。2022年，在LAION组织创建了当时世界上最大规模、多模态的公开图像-文本对数据集LAION-5B。随后，加入Stability AI，专攻大规模模型的DevOps（开发运维）和部署，同时为AI研究人员提供高性能计算支持，期间一人建造了全球第六大超级计算机，促使AWS在re:Invent 2023大会上推出了HyperPod。

Richard Vencu，现任Stability AI 机器学习运维负责人、LAION 工程负责人兼创始人，他的人生可谓十分精彩。

已过知天命之年的他是个中国通，极其热爱中国的武术、茶叶、诱人的川菜，甚至曾在黄山的一个少林寺拜师学武。

年少时的他，独立自主，颇有自己的想法。父母期待他成为一名医生，但他表示对电子学更感兴趣。父母想为他考大学找一位导师，他也拒绝，反而建议用这笔钱买一台当时罗马尼亚少有的彩色电视机，自学就够了。最终，大学考上了，彩色电视机也有了。

毕业后，他与人合伙创建了 Radix 公司，从惠普本地经销商发展为罗马尼亚主要的 SAP 供应商之一，后被Ness Technologies 收购。

随后，他和妻子开了一家名为Ivory Dentfix的牙科诊所。从电子工程师到IT系统架构师，从软件到口腔，一位搞技术的门外汉阴差阳错跨界到医疗领域，但也成果斐然——Ivory Dentfix一度成为谷歌罗马尼亚牙科诊所搜索排行榜的第一名。

疫情期间，他花一年时间攻读了人工智能工程硕士学位，又和网友共建了开源组织 LAION。该组织于 2022 年创建了当时全球最大规模的、多模态的图像-文本对数据集。

可能是前半生的老板体验卡让他感到乏味，54岁受雇成为Stability AI机器学习运维负责人，喜提人生第一枚“员工体验卡”。他一人建造了全球第六大超级计算机，最终促使AWS在 re:Invent 2023大会上推出了HyperPod。GOSIM独家对话栏目Open AGI Forum特别邀请到Richard Vencu，共同聆听他的职业生涯。

奇妙的职业经历：从电子工程师到牙科诊所

GOSIM：大家好，欢迎来到Open AGI Forum。我是来自CSDN的Eric Wang。今天我们非常荣幸地邀请到了Stable Diffusion机器学习运维负责人、LAION 工程负责人兼创始人Richard Vencu，他将与我们分享他的职业生涯故事。请先简单介绍一下自己，让我们的观众更了解您。

Richard Vencu：我是Richard Vencu，我今年56岁了。我在计算机行业工作了相当长时间。我最初是一名从事无线电领域的电子工程师。大学之初，我们只有一台Z80计算机。在互联网刚刚起步的时候，我们通过调制解调器——不知道你们这一代是否还知道——连接网络。可以说，我见证了互联网和计算机行业的发展。

GOSIM：请回想一下你职业生涯的开始，是什么启发了你对计算机的兴趣？

Richard Vencu：可能全世界的父母都希望自己的孩子成为医生，我父母同样如此。但在11年级左右，我发现自己对电子学更感兴趣。小时候，我还喜欢用电路、元件等制作警报器之类的东西。所以我告诉父母，我打算学电子学。他们询问我是否需要找一位导师为大学入学考试作准备。我说，不，可以用这笔钱给我买一台彩色电视机。最终，在没有任何外界帮助的情况下，我自学考上了大学，还拥有了一台彩色电视机——当时国内很少。那真的很酷。

GOSIM：你什么时候赚到了人生的第一桶金？

Richard Vencu：大学的最后一年。我去德国旅游的时候，买了一台286-287协处理器个人电脑。我和同学一起创办了一家公司，将大学课程，包括化学方程式等内容输进电脑制作成电子版。我们当时住在罗马尼亚西北部的雅西，但我们穿过边境，到摩尔达维亚的一家印刷厂印刷。就这样，我们赚到了第一笔钱。但一年后，六个人在分配利润时发生了矛盾，于是我离开了。

GOSIM：你在LinkedIn上介绍你的第一份工作是在一家软件公司Radix，你在这家公司工作了12年？

Richard Vencu：我大学毕业时正处罗马尼亚革命后，我们可以创办公司。我也随之投身这股浪潮，和其他人合伙创建了Radix，成为我所在城市惠普的经销商。开始时Radix主要销售电脑、打印机等硬件设施，经过11年的发展转型成为软件公司。2005年左右，Radix已经成为罗马尼亚主要的SAP供应商之一，也负责提供包括电力、天然气、水力等公共事业设施。随着时间的推移，我也拥有了其他几家公司。那确实是一段艰辛的时光。

GOSIM：这段时间恰逢互联网泡沫期，你对此还有什么印象吗？

Richard Vencu：罗马尼亚的互联网泡沫并不严重。可能美国的情况非常糟糕，但距离我们很远，对我们影响不大。

GOSIM：那倒是件好事。那你接下来是加入了Ness Romania吗？

Richard Vencu：是的，我们将Radix出售给了Ness Technologies，但根据合同，我们要继续在Ness Romania工作三年。三年后，我离开休息了一段时间。随后，我结婚了，我的妻子是一名牙科医生。我们存有一定积蓄，外加考虑到她的职业，我们决定自己开办一家牙科诊所。

GOSIM：从电子学专业到和妻子共同经营牙科诊所Ivory Dentfix，真的是非常奇妙的职业跨越。我在网上查阅了相关资料，感觉它更像是数字牙科诊所。你在其中是负责什么的？

Richard Vencu：是的，我们从零开始。我对计算机很在行，负责搭建基础设施和计算机系统等内容，确保诊所技术层面的顺利运转。实际上，我也学习了一些植牙等医学知识。如果我给到了什么建议，我必须首先向患者声明：我不是医生，建议仅供参考。

我们是罗马尼亚最早进行牙科市场营销的诊所。谷歌搜索是罗马尼亚最常用的搜索引擎，我们的诊所在谷歌搜索中排名第一。因此，我们有几年的时间过得相当不错。但总有其他更有钱的人会超越我们，永远保持第一不太可能。

经营了五六年后，为了孩子能就读德国的学校，我们卖掉了诊所，从罗马尼亚首都布加勒斯特搬到了一个名为锡比乌的山城。锡比乌是罗马尼亚与德国关系最密切的城市。锡比乌的交通情况比布加勒斯特好得多，我们不需要在通勤上花费大量时间，可以步行去学校。但疫情期间，我们不得不待在家里。无聊之余，我用了几乎一年的时间在线学习AI工程学硕士课程，并在2021年完成了学业。当时，罗马尼亚在AI领域的发展还是一片空白。我在思考如何运用我的新知识时，发现GitHub上有人在尝试复制Dall-E的项目。当时OpenAI的Dall-E模型刚推出，有人尝试用开源的方式实现它的功能，希望每个人都能访问这种图像生成器。因此，我加入了GitHub社区，随后我在Discord频道认识了现在LAION的同事。

LAION 的雄心壮志：做一款开源“Dall-E”

GOSIM：你在罗马尼亚的锡比乌定居，为什么LAION的总部在德国呢？

Richard Vencu：因为LAION的负责人来自汉堡，所以大部分成员都来自德国，至少有三个是德国人。我来自罗马尼亚，还有一个来自法国。LAION是一个没有资金支持的非营利组织，而非公司。我们没有资金、没有收入，每个人都用自己的空闲时间做贡献。我们还注册了e.V.（eingetragener Verein），在德国这代表一个非营利性的公共组织，以便获取数据和进行正式研究。

起初，我们只是一群人试图共同完成某件事。很快，我们就明白成功的关键在于拥有庞大的数据集。于是有人提议：我们无法爬取整个互联网，但我们可以免费访问Common Crawl数据库中的数据。我们可以识别出带有描述的图像，尝试构建一个高质量的数据集，从而开发出文本转图像的模型。为了能在超向量空间中投影相似度较高的配对图像和文本，我们首先做的就是分析数十亿网页的HTML代码，并提取图像的URL作为文本。因此，我们就得到了图像-文本的配对。随后，我们查看图像，使用当时免费的OpenAI CLIP工具为图像和文本生成向量嵌入。我们计算了两者的相似度，通过视觉检查多个样本，我们决定保留那些相似度超过0.3的配对——主要是面向英语。之后，我们进行了多语言处理，尝试寻找可能略低于0.3的阈值。这就是LAION-5B数据集诞生的过程。

我个人的贡献是设计了一个既高效又迅速的流水线（pipeline）。实际上，我们是从超过500亿个图像-文本对中进行筛选和保留。我们并不知道需要过滤多少，也不知道结果会剩下多少。但最终，我们保留的配对数略高于50亿。

你也许听说过该数据集包含不安全样本的负面新闻。的确如此，我们在第一轮中就采取措施尝试过滤掉问题样本，但由于我们无法细化到检查每一个样本，后来暴露出很多问题样本。2023年12月，我们紧急撤回了数据集，很快我们将发布新的版本。目前已经准备好了，但我们现在还忙于论文和其他相关工作。

GOSIM：新版本是完全安全的吗？

Richard Vencu：不一定，我们无法保证50亿样本中绝对没有遗留任何问题样本。但现在我们建立了一个工作流程，可以不断地清理和维护。由于涉及算法，有些问题样本甚至在我们的掌控之外。有些甚至需要政府机构授权后才能审查。因此，我们也与英国的Internet Watch Foundation和加拿大的C3P进行合作，由他们提供需要删除的问题样本。我们正尽最大努力解决这个问题。

现阶段，LAION-5B 并不是构建图像生成模型最佳的数据集。它包含的信息过于冗杂且质量不高。但在2022年3月份发布时，它很重要——因为它是第一个公开可访问的大型数据集。它证明了扩大规模可以在神经网络训练中取得更好的结果。

我们发布数据集的目的之一其实是为了揭示 OpenAI 等公

司幕后进行的事情。但现在，Google、微软等大型公司都在使用封闭数据集，我们的行为似乎与时代主流不符。

科学必须是可重复的，因此我们不仅公开了数据集，还公开了构建数据集的方法和所有工作的代码。这是十分必要的，可以让社区了解哪些方法有效，哪些无效。可能正因为如此，数据集被不同人用作基准测试。2022年2月我加入了Stability后，就没有过多参与LAION的项目。

攻克视觉数据集仍面临存储难关

GOSIM：能介绍一下你在Stability AI机器开发部门的工作吗？

Richard Vencu：我加入Stability后，基于过去积累的丰富经验，我担任了开发运维工程师，再次负责基础设施工作。我发现了一种在AWS云中构建Stability超级计算机的解决方案。过去两年半，我的工作主要围绕训练集群。

我的职务名称是机器学习运维负责人，但我更多参与的是研究和训练部分。工作部署实际上由另一个团队负责，我参与得不多。因此，我曾经告诉经理，我的头衔有误导性，也许HPC（高性能计算）工程师会更合适，但命名规则是由公司决定的。

GOSIM：开发数据集的经验如何影响你对AI未来变化的理解？

Richard Vencu：这是我首次接触如此大规模的项目。

扩大规模是一个挑战。实际上，我们最初使用的脚本效率很低，我不得不将其改进超过1000倍才有所进展。一开始，我们有一个预测系统来预估项目完成的时间。最初的预测显示，项目将在30年后完成，我说，这不可能，不能这样下去。所以我们努力改进、不断优化，最终成功在8个月内完成了项目。如果我们利用今天积累的经验，可以在3至4个月内完成。

GOSIM：你认为AI在日常生活中的使用比例是多少？

Richard Vencu：2021年，或者说现在，我经常用Visual Studio Code的Copilot，它非常有用。当我纠结于某些语法时，我只需获取代码并在上面进行修改就可以了。我10%的工作可以让AI来实现。

GOSIM：这意味着AI节省了10%的工作时间，但你仍需要与运营的同事进行沟通。当前有什么AI项目或研究方向令你特别兴奋吗？

Richard Vencu：在计算机视觉数据集领域，仍面临一个尚未解决的大问题——存储成本十分昂贵。大家通常会选择S3或S3兼容的对象存储，尽可能降低大型数据集的存储成本，但这种存储方式存在延迟。AWS S3兼容存储不同，它可以承载远超CloudFlare R2的多重带宽。CloudFlare R2出现得晚，速度也慢。在我的基准测试中，可能慢8到10倍。这只是基于我的基准测试，可能不完全准确。但面对相同的基础设施，我无法从CloudFlare R2快速读取数据，大家都倾向于选择AWS S3。

为了克服高延迟的弊端，必须在一个文件中打包多个样本。在下载整个tar文件时，文件的查找时间也将被样本数量分摊——这是数据加载器中的重要环节。机器学习训练中最棘手的部分是拥有快速的数据加载器，必须以比GPU或其他加速器所能处理更快的速度提供数据。计算机视觉训练同样如此，必须从低成本的存储中读取数据，必须使用网络数据集格式。这种格式很好，但当你需要过滤某些样本时（例如，当你需要提取所有包含人类的图像建立一个人体姿势模型或类似的操作时），必须要创建子集。而创建子集就涉及重新组合另一个网络数据集、另一个tar文件。过去两年中，我们在原始数据集之外，消耗了十倍以上的存储空间。存储再次变得极其昂贵。因此，我想找到一个解决方案，可以单独存储每个样本，而不是以tar格式存储。出于成本考虑，仍然使用AWS S3存储，同时将元数据保留在数据库中。在此基础上，可以直接查询和过滤数据库的内容，也可以通过标记特定行转换子集，面对新的数据库，调用子集或者查询和过滤数据库的内容的时间将会大大减少。数据加载器可以基于更快的存储速度和VME中间层提取数据，克服AWS S3存储高延迟的弊端。降低计算机视觉数据集的存储成本仍然是目前亟需解决的问题。也许有人已经通过使用商业产品解决了这个问题，但没有公开。我有一些不错的想法去解决这个问题，但它们不是开源的，这个方向仍然值得探索。

GOSIM：我认为你说得对。我是一名AI新闻工作者，我认为这也是OpenAI目前面临的严峻问题之一。从个人角度而言，你对ChatGPT 3.5的第一印象是什么？你对此感到兴奋还是认为它存在改进空间？

Richard Vencu：事实上，我对大语言模型关注得不多。它们很重要，但我们专注于图像模型。我很看好它的发展，特别是最近发布的Llama 3.1。AI的未来在于应用，你需要与模型之间建立关系，从而真正创造出你需要的东西。假如你想生成一幅图像，也必须通过大语言模型生成好的描述和提示词。同时，要注意保证生成内容的安全性，阻止非法内容的生成。即使不是基于非法内容进行训练，这些内容也很容易生成。这些模型能够进行概念组合，恶意的概念组合方式会输出非法内容，必须加强防范。

AI的偏见来自数据集，数据集的偏见来自人类

GOSIM：去年有一条新闻，一家咖啡店用摄像头扫描员工和顾客的脸部，用AI计算员工的工作和休息时间，判断他们是否偷懒，或者计算顾客在咖啡馆的消费时长。这与Responsible AI相关，你如何看待AI延伸的伦理问题？

Richard Vencu：AI可以用于一切，就像火可以用于一切。我们仍处于AI发展的早期阶段，这很难界定。有一些AI的应用是向好的，也有一些是向坏的，它们之间的界限还是未知的灰色地带。我相信历史会告诉我们答案，也许五年后我们可以更清楚。AI可以被任何目的所应用，但政府必须实施监管责任。人工智能行业需要被监管，否则受到成功、金钱或其他刺激因素影响它会失控。我不否认AI存在被用于不良用途的风险，但应对措施绝不是暂停AI的发展。有人认为，我们应该停止或者剥夺每个人使用AI的能力。相反，我认为民众和国家需要获取尽可能多的信息，这样才有机会抵制AI的不良应用。

GOSIM：AI会自动将医生设定为男性，护士设定为女性。你认为这种偏见来自哪里？是数据造成的还是人类本身就存在偏见？数据集是如何发挥作用的呢？如果在数据集中放入更多的女性医生图像而不是男性医生图像，这种偏见还会出现吗？

Richard Vencu：偏见显然来自数据集，而数据集的偏见来自人类。这是我们想要通过LAION-5B证明的一点。我们没有策划LAION-5B，为了能够计算出有多少这样的样本，我们甚至保留了不适合运行的样本。我们努力删掉了非法内容，但我们保留了一些不违法但存在问题的内容。

一切需要科学解答，需要有人训练一个良好的、能够识别和预测不适宜工作环境内容的模型，以便在后续的数据处理或模型训练中使用。我们必须研究偏见，所以LAION-5B成为未经筛选的Common Crawl的产物，它只是互联网的一个快照。而这种偏见实际上来自互联网，来自多年来每个人发布的内容。必须理解偏见，有必要的话，应采取行动。

医学研究的肺部X光片就不存在性别偏见，男女都一样。所以，你只需专注于此，而不必过分担心偏见问题。在训练一个模型时，研究团队应该意识到这一点，并使用工具以适当的方式区分数据集，使其适用于他们想要训练的模型。

GOSIM：Andrej Karpathy和他的老师李飞飞认为好的数据集是大型、干净和多样化的。你同意吗？你如何看待数据质量和多样性在AI发展中的重要性？

Richard Vencu：当然，他们是正确的。事实证明，自2022年以来，我们确实需要大型数据集。规模法则（Scaling Law）在风险研究中得到了证实。我虽然没有参与这方面的研究，但相信一定有相关的研究。大型数

据集需要清理，需要在一开始就消除问题样本。

如同LAION的工作，清洗和维护数据集是首要任务。我们没有资金去维护，因而我们需要其他人帮助我们检查数据集。这也是它开源的原因之一。开放数据集的清理本应吸引更多贡献者，但现在还不够。最后是多样性。LAION-5B就非常不平衡。华盛顿大学发布了一项名为DataComp的研究，证明了保证数据集的平衡和多样性是有必要的。

GOSIM： 你主要负责LAION-5B数据集，将来会继续LAION的工作吗？

Richard Vencu： 我会更多尝试管理。未来我希望LAION与Linux基金会合作或在其之下运作。在LAION，我们是研究人员，不懂得如何做生意，我们也没有员工，发展运营真的很困难。法律方面的问题对我们来说很棘手，Linux基金会在这方面做得非常好。他们有一个很棒的法律团队，我相信与Linux基金会合作将会非常棒。

我们正处于AI领域繁忙十年的开端

GOSIM： 现在你对AI，尤其是AGI（通用人工智能）的看法是什么？它应该是开放的还是封闭的？应该只有少数几个，还是会有许多AGI？

Richard Vencu： 我相信我们正处于AI领域非常繁忙的十年的开端，这将在某种程度上重塑世界的面貌。开源是至关重要的，我非常感谢Meta的开源。如果没有他们，我们也不会发展得这么好。需求驱动一切，未来将需要许多小型的专用模型和本地运行的中型模型。我个人认为，企业必须在局域网上运行，否则将面临信息泄露的巨大风险，可能导致知识产权的损失。

GOSIM： 从电子工程师到机器学习运维工程师，这些多样化的经历对你目前工作产生了什么影响？我们的大多数观众是中国的工程师、开发者和程序员。你认为他们是否应该像你一样拥有如此多样化的经历？

Richard Vencu： 背景很重要。确实有人评价我的经历十分多元。我看过一个笑话，大意是："之所以我能在30分钟内完成工作，是因为我花费了数十年的时间学习如何在30分钟内完成工作。你应该按照我这些年的学习时间付我薪水，而不仅仅是30分钟。"这是一个真实的笑话。我能以极高的效率完成当前的工作，而且可以说是以极少的资源，都得益于我之前的种种经历。我通常不会休息，直到我找到解决方案。有时我会为了尽快完成项目而熬夜。

GOSIM： 那在你的职业生涯中，你面临的主要挑战是什么，你是如何克服它们的？

Richard Vencu： 我是个内向的人，与人打交道时存在困难，从小如此。阅历也许让我比以前外向了一些，但对我来说与人打交道还是很困难，包括和员工的相处。某种程度上，这促使我独立完成更多事情。我学会了如何管理公司、如何做市场营销、如何编写代码……当我都独立完成一切，我在很多方面最终也成长得更加出色。我认为这是主要的挑战，但它使我在技术方面更加精进。

GOSIM： 最后一个问题，你认为在这个快速发展的AI时代，开发者和研究人员如何保持竞争力和创新？

Richard Vencu： 世界各地都存在着巨大的创新潜力。我必须赞扬中国研究人员，我注意到很多很酷的东西都来自中国。执着于0.5%的提升无利可图且十分无趣，可能两天时间就被其他人追上了。无论是为了更好的应用、吸引资本，还是其他，重复别人的工作无关紧要，创新才是最好的策略。

GOSIM： 请给AI领域的新人一些建议，他们应该专注于哪些关键技能和知识领域？

Richard Vencu： Meta的杨立昆曾说过不要尝试做大语言模型，因为它掌握在大公司手中。我十分认可这一点，谁会仅仅为了所需的数据集花5亿美元呢？更别提训练了。不必对基础数据集或基础模型的基础科学了如指掌，但投入时间了解微调的工作原理是值得的。对大语言模型进行微调，或者对此专门设计一个应用程序是有发展前景的。此外，也可以探索和研究一些暂时还没有人想到的模型。

《AGI 技术 50 人》专栏

智源林咏华：大模型的竞争，核心差距在数据

文 | 唐小引　郑丽媛

在《AGI技术50人》系列访谈中，我们有幸与北京智源人工智能研究院副院长林咏华深入对话，探索中美在AI大模型技术领域的差距与挑战。林咏华，这位技术领域的杰出女性，从儿时对游戏的别样热爱到成为IBM中国研究院首位女性院长，再到智源的总工程师，她的成长历程本身就是一部生动的科技探索史。本文不仅揭示了数据在大模型发展中的核心地位，还深入讨论了多模态大模型的突破、开源与创新的平衡，以及AI技术的未来趋势。林咏华以其独特的视角和深刻的见解，为我们呈现了一个充满挑战与机遇的AI世界。

受访嘉宾：

林咏华

北京智源人工智能研究院副院长兼总工程师，主管大模型研究中心、人工智能系统及基础软件研究、产业生态合作等重要方向。IEEE女工程师亚太区领导组成员，IEEE女工程师协会北京分会的创始人。曾任IBM中国研究院院长，同时也是IBM全球杰出工程师，在IBM内部引领全球人工智能系统的创新。从事近20年的系统架构、云计算、AI系统、计算机视觉等领域的研究。本人有超过50个全球专利，并多次获得ACM/IEEE最佳论文奖。获评2019年《福布斯》中国50位科技领导女性。

2022年年底，ChatGPT的出现骤然搅乱了科技圈。短短几个月的时间，国内多位技术大牛陆续宣布出山创业，全力押注AI大模型，由此开启了人才抢夺大战。中国大模型创业界里有多位关键人物，如唐杰、刘知远、黄民烈、杨植麟等人，他们都有一个共同点——来自智源的“悟道大模型”项目。

在2022年年初，原IBM中国研究院院长、加入智源人工智能研究院担任总工程师的林咏华，恰好经历了这个巨大的浪潮。回想起那阵光景，她说：“能被称作‘大模型的黄埔军校’，我们还是挺骄傲的。”

时间来到经历过百模大战的2024年，时维春节尾声，Google的Gemini 1.5 Pro和OpenAI的Sora先后发布，世界被Sora席卷，风头完全盖过了Gemini 1.5 Pro，而林咏华则同时注意到了它们，“震撼很大”，让她不由得想如何再加快速度和步伐。“美国在大模型上发展的速度实在太快了。当然中国在大模型技术方面在不断追逐和往前走，但人家也在不断拉开跟我们的差距。”

于是，智源也在不断调整战略。一方面不断加快围绕多模态大模型的自主突破的步伐，另一方面通过打造数据、评测、AI系统等开源开放的公共技术基座，帮助整个产业加快大模型的创新。

林咏华，生于广东，与传统印象中“成功技术女性”的形象可能有所不同，林咏华对底层技术的启蒙，最初源于想要快速通关游戏的渴望，学着黑进系统改代码、改游戏运行时的内存。后来，高考那年远离广东，报考了千里之外的西安交通大学，毕业后直接进入IBM研究院，从研究员一路当上了IBM中国研究院成立以来的首位女性院长。与现在很多AI技术人不一样，林咏华的专业是信息与通信工程——主要进行时空二维的数字信号的研究，也会使用到结构简单的神经网络技术。加入

IBM后，她一直从事系统领域的研究。2014年深度学习兴起，她很自然地就把多年的系统研究背景和深度学习结合，不断在AI系统领域深耕。

在以上各种机缘巧合下，造就了如今的林咏华。不论是幼时的电脑游戏，还是后来在IBM研究院和智源从事的AI，林咏华对底层技术的热爱，始终没有改变——唯一改变的，可能是当初那个在黑白显示器前翻阅《电脑报》、探索游戏背后机制的少女，如今有了更大的梦想：想要托起中国AI的技术基座，给予全力向前冲的创新者们最大的底气与支撑。

本期《AGI技术50人》，我们在五道口智源大厦这座标志性的橙房子里，与林咏华进行了一次面对面的深入对话，一起聊她那充满机缘与波折的技术人生，和在大模型波谲云诡求突破的当下，智源行进的路线以及对AGI发展的深入思考。

为了玩游戏，意外启蒙对底层技术的热爱

《新程序员》：之前听您提到过，您母亲买了台286的兼容机对您影响很大，那是您第一次接触编程吗？

林咏华：不是，我最早接触编程应该是小学五六年级的时候，在少年宫。那时我每周只能在有限的时间里，在少年宫里用Apple II学LOGO语言，就是那个小海龟，蛮有趣的。后来还在中华学习机上学习了C语言编程。

《新程序员》：那286是？

林咏华：286是到我初二时，母亲给我买的。那时学校里并没有电脑课，我就一期不落地买那个很厚一沓的《电脑报》来学，从头翻到尾。主要当时286有两个问题，一是内存不够，只有640K的基础内存和384K的扩展内存，二是电脑屏幕是黑白的。所以我就看《电脑报》，学着怎么去虚拟一些更多内存出来、怎么装一些软件、怎么让一台黑白电脑去仿一些真彩。

《新程序员》：基本上只通过《电脑报》，还是说也有买一些其他的技术类书籍？

林咏华：我记忆中是《电脑报》多一些。因为当时年龄小，没想过要系统性地选哪一个语言，书籍类的没太多印象，实际上我都有些忘记那些编程是怎么学的了（笑）。至于《电脑报》，我也不是为了学编程去看的，当时主要是想玩游戏，但机子配置实在太低，所以才去研究怎么hack能把彩色游戏玩起来，让需要更大内存的游戏能够跑起来。

后来能玩游戏之后，我又没耐心把游戏玩完，就学着去改内存，经常把血量改得很高、钱改得很多之类的，像《大航海时代》我就靠不断地hack全部玩通关了。但这也导致我很快就对游戏失去兴趣了。

《新程序员》：可能更多是享受改游戏的过程。

林咏华：对，我其实更享受改游戏的乐趣。这也塑造了我进入IBM后的职业生涯，一直专注于AI系统领域的研究。我后来对这些东西的喜好，其实都源于最初的自己。

《新程序员》：所以说你最开始的编程启蒙，很大程度上来自母亲的支持？

林咏华：是的。当时的286兼容机，要3000块人民币，这是母亲半年的工资。我们家那个时候还是挺困难的，一家四口挤在一个不到20平方米的小房子，平时都得省吃俭用。但妈妈对我和姐姐的培养十分用心，在那个绝大多数人都不知道电脑为何物的年代，愿意为了培养我的兴趣，给我买这样一个“奢侈品”。为了进一步让我能“学以致用”，母亲还在我高中时买了一台能直接打印A3纸的爱普生打印机。你要知道当时才1995年，那么大一台打印机得几千块钱。

那时电脑刚开始普及，我妈妈要去一家酒店当财务主管，于是她考虑是否能用电脑来帮她记账、发放工资等。她对电脑一点都不懂，也不知道这是否可行，异想天开地问我能不能帮她做一套这样的软件，自动生成财

务报表、自动生成工资单。我对尝试做出这样的工具很感兴趣。于是就一边准备着高考，一边自学用FoxBASE（一个数据库管理系统）开发了一套财务管理软件，帮她记账和发工资。买那台爱普生打印机，也是为了能打印当时那种长长的工资条。那是我人生中第一次系统性地实现一套软件。

这段中学的经历，让我比同龄人都更早拥有编程的能力，也培养了我一生的兴趣，就是编程。我真的很喜欢编程，哪怕到了现在，一旦有空，我都会寻找一些新的开源项目去尝试、给自己一些编程实现新想法的机会，我很享受这个过程，甚至会把它作为一段忙碌过后对自己的“犒赏”。

大模型之战，中美差距主要在“数据”

《新程序员》：最近主要在忙什么？

林咏华：从更长远的角度来看，我们在考虑怎样帮助整个产业去做更多技术上的突破，帮助大模型产业在中国更快、更稳、更好地落地。在这一过程中，势必将面临算力、数据、算法和评测等方面的挑战，对此我们都进行了深入的梳理。

目前美国在大模型上发展速度很快。当然中国在大模型技术方面也在不断追逐和往前走，但人家也在不断拉开跟我们的差距。在这之中，我最大的感想是要如何继续保持充足的信心和干劲。尽管人家做得很快，但我们也要想着让自己的步伐更快，去继续拉近跟他们的距离。否则，中美之间的技术差距就有可能会越来越大。

《新程序员》：之前你也提到过关于国内步伐以及与美国的差距，也考虑到了很多问题，有什么解决方案吗？

林咏华：其实每个技术或产品出来，我们都会思考，三驾马车里哪一驾马车又明显拉开差距了？三驾马车，主要是算力、算法和数据，我觉得每一次的冲击都不一样。

以Sora为例，我看到更大的差距是在数据上。首先，从大家的分析以及一些反向工程的讨论来看，Sora对算力要求高，但并没有到高不可攀的程度，它所需要的算力整体在一个合理范围内。其次是算法，包括智源在内的各种不同团队都在分析Sora使用的算法，而我们并不觉得它跟大家拉开了一个等级。智源本身也一直在做多模态大模型，我们在2023年年底发布的Emu2多模态模型中，也已经实现了文生视频，而且是把视频理解、图片理解、文生图、文生视频多种能力实现在同一个模型中。因此，在算法方面可以说中美齐头并进。

然而，这次的Sora我们可以看到一个很明显的数据差距。不论是大家看到的高质量的视频生成，还是长达一分钟、前后一致的视频输出，归根结底本质就是海量的高质量视频数据。我们有没有海量的、如此高质量的、一定长度的视频，可以用于模型学习？不得不说，这是差距比较大的一个部分。

当然很多人会想到，咱们国内有很多短视频平台，互联网平台上也有大量的短视频，不能用吗？我觉得，想要训练一个具备初步模拟世界能力的大模型，并不能全靠这类短视频。Sora能有今天这个效果，能生成这样高质量的视频，其实就是一个大量数据的验证、收集和试错的过程。

《新程序员》：关于数据我们之前听过两个声音。一个是像您提到的整个上下文的长度，杨植麟将其形容为“登月的第一步”；另一个是面壁的曾国洋，他们也将数据驱动作为其核心竞争力的一部分，但他说长期来看数据可能没办法去形成一个很好的壁垒。对此您的看法是什么？

林咏华：总体来说，Sora的出现验证了一件事：如果我们拥有同一水平的算法能力，通过大量的高质量数据，就可以把模型能力推到这样一个台阶上。所以短期内，我相信大家会通过开源或自研，开始去复现Sora的做法，我对此充满期待。但长期的话，我们还是需要有更多的评判。

第一，这些视频还限制在几十秒到一分钟，如果我把这个长度再拉升一个量级，那么它的技术路线是否会完全不一样？这是一个问号。

第二，虽然现在大家认为Sora能模拟世界，但这种模拟真的很初步。我们在每个视频都能发现它有Bug，所以实际上它并不是真正理解了物理世界。从逻辑准确性上，如果我们要求它的准确性达到80%或90%甚至95%，需要用到的方法可能就要有很大改进了，还可能要牵扯到很多派生技术。

《新程序员》：这些年在国内AI圈子里，涌现出了很多优秀人才，他们都在夜以继日地奋斗。但在整个大模型方面，我们仍始终处在一个追赶的状态，要如何破局？

林咏华： 大模型方面的很多科研创新，都需要重资的投入，做一次完整的实验可能动辄要耗费上千万。这就看我们敢不敢把最激进、没被验证过的东西拿去实验，因为有可能最后几千万就打水漂了。这也是为什么相对于那些资源雄厚的企业，我们的步子迈得比较小。

对于OpenAI这样的机构而言，他们进行一次实验的代价可能很小，但对国内的许多科研机构来说就是一项巨大的投入。因此，这决定了我们不得不去保守地采用一些别人验证过的方法，然后在此基础上进行适度的改进。如果试错的成本很低，比如只要1万块钱，那我们完全可以去试一些前人从未有过的天马行空的想法。

《新程序员》：说到人才，这两年应该有不少人才从智源出去了吧？

林咏华： 确实，这两年外面大模型风起云涌。像面壁刘知远、月之暗面杨植麟等很多创始人，最初都来自我们2021年做悟道大模型培养出来的一批学者。我们也挺自豪的，能为国内的大模型团队输送了那么多关键的技术领导者。

《新程序员》：微软亚洲研究院之前也被大家称作“黄埔军校”，沈向洋还在20周年的时候说他已经释然了。那么智源对于人才流失，有纠结过吗？

林咏华： 因为很多事情发生在2022年、2023年，没有给予我们太多纠结的时间。现在能被称作“大模型的黄埔军校”，我们还是挺骄傲的吧。“黄埔军校”这个称呼是两面的，一面是说你培养的人才不错，另一面是说你的人才流失。但从智源本身来看，对比人才流失情况和新人才的加入情况，实际上并没有对我们造成明显影响，反而还加速了我们人才的集聚和增长。

智源正探索多模态大模型的突破和落地

《新程序员》：关于大模型，之前业界普遍追求更大的算力和更大的数据集，但你一直鲜明地提出，不要光追求大规模的参数量，更要追求质量。具体原因是什么？

林咏华： 大家做大模型都追求大，自然有它值得追求的地方，只是我更看重它的质量。我觉得只有当模型质量达到一定水平且通过相关测试，它才有机会真正被应用于产业，形成一个循环迭代的过程，从而才能真正走得远。

目前大模型在实际应用中，存在幻觉或时效性等诸多问题，而企业不会采用质量无法满足需求的技术。但有些问题不能仅靠大模型本身来解决，例如幻觉问题一般是统计概率的输出，无法百分之百准确。因此，我们需要配套一些相关技术，让大模型能更好地应对这些挑战。

通常情况下，解决这些问题的方法有两种。一种是通过增加模型参数量来提高准确率，另一种是利用其他技术来解决剩余的差距。这两种方法没有绝对的对错，而我个人倾向于第二种方法，因为即使将模型参数量增加到很大，最终也只能在一定程度上提高准确率，但各种成本也会成倍增加。

尤其是现在的多模态模型，它不像以前的语言模型，我们只要关注语言这一个模态就行了。在多模态应用中，还需要关注每个模态的质量以及模态之间的配对质量，对数据质量提出了双倍甚至三倍的要求，这也就导致当前多模态模型的质量尚未达到产业应用的标准。

《新程序员》：这是您当前最关心的、要去解决的问题？

林咏华：很多人说，去年是整个产业研发大模型的元年，而我认为今年是大模型落地的元年。不过在这个过程中，要考虑语言模型怎样去提升它的质量、配套不同的技术，还要降低它的落地成本，这意味着要通过一些框架进行优化，来减少它在部署时候的成本。

对于智源，我们肯定要先人一步去考虑很多事情，会格外关注多模态模型的落地，到底该怎么落地，需要怎样的技术去对它进行配套等等。

AGI真正到来之前，确定未来的发展方向

《新程序员》：在AI技术方面，有什么是当前大家没有关注到、但可能会在未来产生重要影响的？

林咏华：从去年开始发生了很多变化，我们能感受到很多企业或团队从狂热者变得趋于理性。他们不再拿着大模型这个锤子找钉子，不再一味追求大模型能力的可能性，而是更明白自己到底想要什么。这对于语言模型来说，是比较重要的一个变化。

至于未来，我们已经从语言模型的阶段发展到了多模态模型，下一步的发展方向是如何将多模态模型应用到真实的物理世界中。作为一名长期从事AI工作的人，我一直期待着能利用大模型来进行复杂的视频场景分析。而为什么说多模态模型很重要，就是因为它能够去理解视频。

当然现阶段来说，Sora、Gemini等对视频的分析仍局限于描述或识别画面中的内容，但我认为未来大模型将能分析更多结构化的信息，做到video to action，这将是一个巨大的突破。

《新程序员》：也就是说，今年是多模态的关键一年，之前Sam Altman也说过这会是核心关键。那么接着后面的2025年甚至未来几年，又会有什么方向吗？

林咏华：我觉得多模态大模型还有许多未解决的问题，包括如何大幅提升模型理解图片和视频中细节的准确率、如何更可控地生成长视频内容。这些关键问题在现有的模型架构上，或许还需要创新才能有明显突破，我猜想的时间是得到明年了。

另一个脱离不了的重要问题是，如何提高大模型的推理效率。按照大模型当前的处理能力和处理时延，会限制它在许多场景中的应用。相比起工业场景，机器人领域所需要的时延相对没有那么严格。但即便如此，如果将一个如此庞大的大模型应用到机器人的脑袋中，它的处理速度可能还是无法满足机器人所需的实时交互。这个问题十分重要，我们可能需要将模型处理提速上百倍甚至千倍。一旦能够实现这一目标，将会带来巨大的经济效应。

《新程序员》：今年以来大模型的开源有许多争议性的问题，比如套壳，身在局中的你，觉得有哪些误区是非常致命、需要避免的？

林咏华：首先我觉得，大模型绝对要站在前人的肩膀上继续往前走。这也是如今大模型能快速发展的原因之一，如果每家企业都从头训练自己的模型，这将是大量的资源消耗和重复造轮子。所以，基于别人开源的模型做进一步迭代，应该是被鼓励而不是指责。当然，既然站在别人的肩膀上往前走，那就清清楚楚地定义好了。

比如像Yi开源大模型，他们在框架设计和算法上借鉴了前人的成果，但是重新训练了模型，从我的角度来看，这并不算是套壳。他们为此还投入了大量算力和重新打造了训练数据。

在我看来，自主创新并不是去一味苛求从底到上全部自主实现，因为你总会碰到某些算法或算子是别人研发的。在符合开源协议的情况下，基于开源项目继续前行是值得鼓励的。这样做不仅能加快产业发展的步伐，还

能避免重复造轮子和资源浪费。因此，我们不仅要鼓励开源，还要鼓励使用开源项目，这样生态系统才能良性循环。

《新程序员》：DeepMind CEO Demis Hassabis曾说，Google之前模型闭源是因为担心恶意行为者使用的风险和可能性，后来Gemma开源是因为它是轻量级的小模型，没有大风险。对于这个说法，你怎么看？

林咏华：去年关于这个问题的讨论就很多，而我认为这符合一定的逻辑性。举个例子，假设我开源了一个20亿参数的模型，又开源了一个千亿参数的模型。即使这两个模型在开源时的智力水平相同，但它们的二次学习能力完全不同，其中千亿参数的模型具有更强的二次学习能力。

因此有些人会担心，如果有人恶意让这些模型学习一些不好或有目的的数据，千亿参数的模型会学得更好。这种担心具有一定逻辑性，并非无稽之谈，但也没有绝对的对错，因为所有的技术都有可能被恶意使用——如果因为某种技术可能被恶意使用或造成危害而拒绝开源，那么几乎所有技术都不能开源。

《新程序员》：你觉得AGI实现的核心标志是什么，以及我们距离AGI还有多远？

林咏华：说实话，我并没有认真想过。我对AGI一个粗浅的想法是，它能去做任何我们想象不到的事情——既然想象不到，所以我也没有特别考虑过这个问题。相比之下，我更愿意思考大模型能如何更快迭代到真实的物理世界或产业里去、处理效率如何更高、可能需要付出的技术或机会在哪里等等。

科技领域的女性发展

《新程序员》：你这些年来尤为关心女性本身，也经常在业余时间去参加相关的女性活动，可以聊聊你的一些实际经历吗？

林咏华：其实在我的成长过程中的确遇到过一些事情，让我感觉到，有时候同样的一个机会，女性想要得到会更不容易。

举个例子，我在大四的时候成绩是年级第二名，有了保研资格，接着我就要去找导师。我选了一个学术很好的严师，查了他办公电话后打了过去，这位老师知道我的来意后，给我的第一句话就是他一般优先招男同学。幸运的是，他还提到，“如果你想来，正好我这边需要完成一个事情，你可以过来先试一试。”

我知道，这位老师可能对女生的动手编程能力没有信心，但这又是做出优秀科研成果所必需的能力。所以我前后花了近两个月的时间，期间还临时自学了C++，按照要求完成了老师给的一个文件处理相关的任务，最终成功被录取。

在过去这么多年的职场发展，我经常会想起这件事情。在我看来，在很多同等的条件下，并不是女性不够优秀，而是给到她们的机会本来就会少很多。这也是触动我后来举办IEEE Women in Engineering等女性活动的主要原因。

《新程序员》：截至目前，已经是女性奋斗百年的历程了，有可能再奋斗个百年大家就能将此作为一件平常事来对待了。

林咏华：希望如此。说起来有一阵子我对智源还挺自豪的，当时智源内部AI系统、AI大模型评测、语言大模型团队的负责人都是女性。这让我有一种感觉，只要你愿意给予一个同样的机会，很多时候女性做得一点都不比男性差。

写代码是多年保持技术敏感性的法宝

《新程序员》：有一个今年AI圈里挺流行的问题，你典型的一天是怎么度过的？

林咏华：7点把孩子送去上学，7：15开车到公司，然后工作到9点，这是我的黄金时间，期间我会尽量多处理一些当天要完成的事情。9点开始我就要开很多的会，基本就一直持续到晚上6点，之后就是我自己的时间。

我一天最享受的时候，就是趁着不开会也不用赶PPT的间隙，去写一些代码、看一些论文。有时在网上看到有些相关的技术开源了，我都会特别高兴地去下载和尝试。我会把这个作为对我自己的一个奖赏，因为我特别喜欢写代码。

《新程序员》：那你上一次写代码是在什么时候？

林咏华：我在假期写了一个Agent。我觉得Agent不是纯粹由语言模型来扮演的，而是需要跟它有一个很好的平衡，否则会对整个安全系统产生很多问题，所以当时就弄了一个Agent。最近，我在尝试由Saining Xie团队开源的Cambrian-1多模态大模型。这个模型很有特点，是在vision encoder这一层，尝试使用多个能力各有特点的encoder进行融合，从而提升多模态大模型的视觉表征能力。但这个模型当初是在TPU上面训练，没有开源基于CUDA的版本。我正在进行移植，尝试在英伟达的GPU上实现训练。

至于平时的话，由于我的时间很难保证，总是会被拉到各种会上，所以很多时候我写代码或者尝试一些新东西，是为了保持高度的技术敏感性，这对在高科技领域做好技术管理和技术判断十分重要，这也是我多年形成的技术习惯。

坦白说，我们汲取最新技术信息的途径，第一是科技媒体的报道，第二是看论文，第三是代码。而我觉得最终还是需要接触代码的，只有完整试过这个东西，你才能知道这篇文章缺了什么或说错了什么。

《新程序员》：我们这代程序员可能受从小写代码的影响较多，很早就开始去接触编程了。但在AI发展下，编程几乎成为一个工具，对于10后来说，他们的编程启蒙应该是一种怎样的形态？

林咏华：以我女儿为例，现在对他们来说，并不需要完整地去学完一门语言才能开始去做某些事，而是看他们自己想做些什么事情，然后哪里不会就学，实在不行就问GPT。

我也经常问我自己，他们这一代还需不需要很完整地去学编程。我的答案是——边走边看。很多时候我都先鼓励他们有自己的想法，确定想做一个什么东西出来、为什么要做这个，我觉得这比怎么做出来可能更重要。

《AGI 技术 50 人》专栏

复旦张奇：大模型只能指望大公司的生态来实现大规模开源

文 | 唐小引　王启隆

从十岁开始学编程的复旦教授张奇回顾了自然语言处理领域从规则方法到统计学习再到深度学习和大模型的技术演变，并分享了实验室在多模态、推理能力等方面的研究方向，以及与企业合作的经验。同时，张奇也讨论了大模型时代面临的挑战，包括开源与闭源的权衡、算力需求等问题。他强调NLP是一门应用导向的学科，研究应该对工业界有所助益，表示自己更关注短期内可实现的具体问题，而非追求遥远的AGI。

受访嘉宾：

张奇

复旦大学计算科学技术学院教授、博士生导师，上海市智能信息处理重点实验室副主任。兼任中国中文信息学会理事、CCF大模型论坛常务委员、CIPS大模型专委会委员。在ACL、EMNLP、COLING、SIGIR、全国信息检索大会等重要国际国内会议多次担任程序委员会主席、领域主席、讲习班主席等。发表论文150余篇，获得美国授权专利4项，著有《自然语言处理导论》《大规模语言模型：从理论到实践》。

2003年，当张奇进入复旦大学攻读研究生学位时，自然语言处理（NLP）领域正经历一场重大变革。彼时的复旦有诸如数据库和多媒体等热门的研究方向，而张奇的导师吴立德教授则推荐他关注自然语言处理领域。尽管当时他对NLP的具体内容并不十分了解，但“让计算机理解人类语言”的这一愿景让人心潮澎湃。

在此之前，中国的NLP研究主要集中在基于规则的方法上，国内有许多优秀的研究人员致力于开发基于规则的学习系统。随着统计机器学习的兴起，整个领域开始面临“危”与“机”的并存。到了2010年，深度学习来了，给张奇留下了深刻的回忆：“这与我们之前的方法有很大不同。以前我们要自己提规则，做句法分析，构造特征，然后在SVM、CRF这个层面工作。但深度学习的出现几乎推翻了所有前面的方法。你不需要做任何特征工程，只需要专注于模型本身。”这场技术革命使得模型能够自动从大规模数据中学习特征，大大简化了NLP任务的处理流程。

2018年，BERT模型的出现又带来了翻天覆地的变化。“连网络结构都不需要改了，你只需要做预训练。”张奇认为，BERT引入了预训练和微调的范式，极大地提高了模型在各种NLP任务上的表现。但是，技术的演进速度仍远超人们的想象。“仅仅四年后，我们发现可能连预训练都不用做了，整体的认知发生了巨大变动。”

回顾NLP领域的发展历程，张奇说：“自然语言处理的整个过程都是在这种快速的一轮轮‘危’与‘机’中不断演进的。”然而，当前大模型时代带来的独特挑战，与前面又有很大不同。站在时代的风口，已经成为复旦大学计算科学技术学院教授、博士生导师的张奇，加入复旦大学NLP实验室担当核心成员，他积极推动产学研结合，致力于解决短期内可实现的具体问题，而非追求遥远的AGI。在开源与闭源模型的争论中，他保持着审慎的态度，认识到大模型时代带来的机遇与挑战。

在《AGI技术50人》对张奇教授的采访中，我们将深入探讨他的技术成长之路，以及他对当前AI发展的思考：从早期的规则方法到统计学习，再到深度学习和大模型，NLP技术经历了怎样的变迁？面对快速发展的AI技术，中国的NLP研究应该如何定位？在大模型时代，NLP研究者们又该如何应对新的机遇与挑战？

十岁就开始做大学生的编程题目

《新程序员》：您最初是如何与计算机结缘的？后来又是如何踏上人工智能领域的旅程？

张奇：其实跟计算机结缘是个非常巧的事情。我是1981年出生，到我三年级左右的时候，经济条件也逐渐好起来了，所有家庭的孩子都在学东西。当时周围的人都在学钢琴之类的，而我爸妈就说，咱们也不能闲着，咱得看看学什么。经过一些测试，我们一家发现，让我学习乐器是没什么指望了。这时候我的叔叔出了个主意："北京的孩子都在学计算机。"

我们完全不知道计算机是什么。我妈妈算了算，觉得学计算机的钱好像跟钢琴差不多，所以最终还是想尝试去北京买一台计算机回来。这大概是在我十岁的时候（1991年），8086机型的计算机，还需要使用360K的大软盘启动。于是，我妈自己一个人去北京扛回了一台计算机，由于她自己对这个新鲜玩意也不懂，所以在火车上还找了很多人帮忙，最终将主机和显示器一起安全带回。于是，我在小学四年级时就开始接触计算机。

《新程序员》：您十岁就开始接触计算机，这和传闻中Sam Altman八岁开始编程的时间差不多，都是相对较早的。

张奇：那时候我们家里也没什么其他选择，于是就开始学习编程。我找到一位大学里的老师，他平时会教授大学生课程。由于没有教过这么小的学生，他直接给了我一套大一新生使用的编程教材。在一个暑假的时间里，他教了我Basic语言的基础知识，并让我完成了大学期末考试的试卷。

《新程序员》：您十岁的时候就已经开始接触大学级别的编程教育了？

张奇：编程主要是学习基本的语法，例如变量的定义、赋值操作、条件语句等。对于十岁的孩子来说，这些内容并不难理解。现在的孩子甚至更早就能接触到编程。从那时起，我逐渐走上了编程的道路，并开始参加各种竞赛。后来我在信息学奥林匹克竞赛中拿到国家级二等奖，被保送到山东大学。

《新程序员》：当时为什么会选择山东大学？

张奇：我是山东人，我们一般会选择风险相对小的路径。再就是山东大学当时提前近一年发出了录取通知书，因此我在高中最后一年就没有投入太多精力好好学习。

《新程序员》：那您跟自然语言处理（NLP）的结缘是始于山东大学还是复旦大学？

张奇：复旦大学。2003年，我考上了复旦大学的研究生，当时需要提前做一些方向选择，因此我就开始在那些热门的方向里面挑选。而我的导师吴立德教授则推荐了自然语言处理，实验室的研究方向主要是文本处理，具体说是大规模文本处理。我当时虽然不懂NLP究竟是做什么的，但对这一领域感到好奇，尤其是当我看到教材上的副标题"让计算机理解人类语言"时，觉得非常有趣。

我从小文科方面的成绩一直不是很好，比如语文和英语。此外在本科期间，我曾负责学校多个网站的开发工作，这导致我没有足够的时间学习概率论。因此，我常与导师开玩笑说，统计学和自然语言处理这两个我不擅长的领域，最终合并在了一起。

“各执己见”的复旦天团

《新程序员》：您现在进入了复旦MOSS团队，关于这个命名曾在去年引起过网络上的热议，与科幻电影《流浪地球》中的人工智能MOSS同名。而后来你们又推出了大模型“眸思”（MouSi）。请问这次改名背后的思考和典故是什么？

张奇：MOSS最初是由实验室的邱锡鹏老师主导的工作，他率先将从预训练语言模型到监督微调（SFT）的整个流程打通。在此之前，人们对于如何实现这一流程还不是很清楚。邱锡鹏老师主导完成了这项工作，并在此基础上，我们开始着手MOSS 2等后续项目。

此外，我们还计划开发多模态模型。MOSS开源时，GPT-4已经展示了强大的多模态理解能力，因此我们考虑如何将多模态理解能力集成到新的模型中。同时，我们还考虑到MOSS名称在国内引起的一些担忧，因此决定更换一个中文名称。这个新名称与MOSS很接近，但加入了“眼睛”的元素，象征着该模型既能看也能思考，成为一个多模态模型。

《新程序员》：最初考虑更名为“眸思”时，是否已经有了多模态的想法？我注意到你们为视障人群做了相关工作，还以为可能会更偏向于垂直应用方向。

张奇：眸思模型是一个通用模型，我们利用它验证了多模态理解的技术。之所以为视障人群服务，是因为模型在训练过程中使用了大量自然界中的图片数据，因此它在识别自然界的物体方面表现良好。拍照后，模型能够轻松描述周围的场景。我们思考这款模型可以用来做什么，如果是针对垂直领域，比如财经领域，模型需要解决的是识别报表、图表等问题，而非简单的物体识别。当然，针对这些领域，我们还需要做额外的工作。另一种应用方向是解决工业场景中的问题，比如识别划痕和安全性等。在考虑这些应用的过程中，我们意识到这款模型能够解释世界并进行语言输出，但与视障人士的需求还有一定距离。因此，我们考虑对该模型进行定制化改造，使其在导航、查找物品或描述周围环境时对视障人士更加友好。

《新程序员》：现在MOSS团队以及复旦大学NLP实验室的角色分工和规模是怎样的？

张奇：复旦大学NLP实验室的团队规模大约是这样：黄萱菁老师、邱锡鹏老师、我（张奇）、周雅倩老师、桂韬老师、魏忠钰老师以及郑骁庆老师，魏老师在大数据学院，桂老师在语言学研究院。实验室学生人数接近两百人。

《新程序员》：这个规模在高校实验室中应该是属于较大的。不知道像清华大学的NLP实验室有没有这样的规模？

张奇：他们的规模没有这么大。因为他们的研究生招生名额较少，尤其是专业硕士（电子信息专业）的名额。复旦大学前几年专业硕士的名额较多，但大致分为三个组，或者说四个组。四个组在很多研究方向上有一些交叉。在“眸思”多模态方面，现在大概有十多个人参与。从底层到顶层，都在同步进行工作。

《新程序员》：多模态方向主要是您在负责吗？

张奇：多模态主要是由桂韬老师负责。我的核心工作集中在模型的解释评测、监督微调（SFT）以及文本处理这部分。而桂老师的工作则集中在多模态和类人对齐上。

《新程序员》：所以这是属于不同团队之间的分工？

张奇：并没有完全划分清楚，不像公司在划分职责时那样泾渭分明。每个人的科研兴趣点不同。例如，我可能不太想做推理，因为我个人不太相信推理的有效性，所以我专注于前面的部分。而桂老师认为类人对齐可以覆盖整个过程，多模态是对文本的重要补充，因为它能提供更多的信息。桂老师将多模态与类人对齐相结合，更加关注这部分内容。但实际上，一个任务或项目往往需要大家共同努力完成。例如，桂老师、我以及黄老师都参与了与荣耀的合作项目，我们各自支撑着项目的不同方面，共同推动项目向前发展。

想真正实现卓越的智能体，模型必须具备推理和规划能力

《新程序员》：ChatGPT问世前后，我们见证了人工智能领域对大模型参数量的狂热追求，期间甚至出现过对小模型的否定。但现在，小模型又重新掀起了热潮。此外，最近的趋势表明，通用模型能够在多数任务上达到较好的表现，但在特定任务上可能需要更加专业的训练。这种不断推翻旧观念的现象，使很多AI开发者感到有些迷茫。

张奇： 确实，我们对此也感到迷茫。这种反复主要由几个关键因素导致。首先是OpenAI当初发表的那篇关于Scaling Law的论文强调了模型大小与能力之间的正相关性，其次是Jason Wei等人提出的“能力涌现”概念。这两篇论文推动了业界对大型模型的追求。起初，人们对这些概念的理解并不深入，表现为只需少量数据就能使模型展现出众多能力。这种现象激发了人们的无限想象。然而，随着研究的进展，我们发现这些现象大多可以通过统计机器学习理论来解释。

在统计机器学习中，模型将语言转换为高维空间中的向量表示，随后通过分类面进行区分。后来，谷歌推出的BERT模型改进了这种表示方法，但分类方法依然相同。在大型模型中，虽然我们尚缺乏完整的解释，但认为其背后的机制类似于“打点”。这意味着模型能够以较少的训练数据实现良好的性能，因为其内部表示非常接近。这使得后续的学习方法可以相对简单。尽管如此，这一领域仍缺乏统一的认识和全面的分析报告。

今年，我希望能够完成这样一份报告，以解释为何少量训练数据足以使模型在多个任务上表现出色。这看起来像是能力涌现，但如果完全不提供训练数据，则模型无法执行任务。这份报告将有助于界定模型能力的边界。

《新程序员》：相对应的问题是，为什么少量的数据或细微的数据改变会导致模型性能急剧下降？例如，您去年分享的那个百亿参数大模型[①]的案例。

张奇： 那个案例其实体现的是对模型内部参数的一种解释或认知。我们认为这些参数肯定记录了某些信息。从表象上看，语义和语言是分离的。在我们的工作中，我们试图证明语义存储在哪里，语言又存储在哪里。最终，我们将这两个区域区分开来，并进一步探索是否可以将语义进一步细分，比如将计算机相关的知识与财经相关的知识分开存储。但我们去年仅实现了语言与语义的分离。

具体而言，我们在模型中发现了一个小区域，它负责语言层面的工作，能够生成语言。语言与语义分离之后，词形变得不再那么重要，因为不同的语言进入模型几层之后就被统一表示了。在输出时，模型会将语义还原为具体的词形。这就是为什么现在的多语言和跨语言任务变得更加简单的原因。在这个过程中，我们还发现了一些有趣的现象，即单个参数的变化能够影响到整个参数序列。虽然只涉及单个参数，但影响的却可能是数百甚至上千个参数。在论文中我们指出，这个单个参数是一个范数（norm），它可以影响到NLP层的一整列参数。

《新程序员》：那到了今年，NLP实验室当前的研究重点以及目前分析报告的进展是怎样的？

张奇： 我们实验室在整个研究领域都有所推进，具体有以下几个主要方向。

一是模型评测方面，当前模型的评测机制采用选择题来评估模型表现，这并不合理。因为基础语言模型主要是进行下一个词的预测（Next Token Prediction, NTP），而选择题的形式并不适合这种任务。我们正在开发一套更细致的评测方法，从模型补全知识的能力及从基础模型到监督微调（Supervised Fine-Tuning, SFT）的表现等多个角度进行考量。在SFT阶段，我们关注模型如何

① 该案例收录自《新程序员007》。文中探讨了大语言模型在训练过程中的多种现象及相关研究成果，包括语言对齐、知识与语言分离、语义和词形的关系、少量数据对模型的影响以及语言核心区等方面。文中表明，少量的数据可能导致大语言模型性能急剧下降，过多的训练轮次也可能使模型性能下滑，甚至只修改一个关键参数，就“毁了”整个百亿参数的大模型。

混合以及混合模式，包括专家混合（Mixture of Experts, MOE）在预训练阶段和SFT阶段的加入方式，以及为何少量数据即可完成某些任务等问题。通过控制这些变量来观察模型的行为。

二是，我们发现大模型通过预训练和指令微调获得能力。Meta的AI研究所的研究表明，通过大量重复同一知识点和使用高知识密度的高质量训练数据，模型可以达到2 bit/参数的知识存储能力。如果每个知识点的曝光次数较少，则这一能力可能会下降至1 bit/参数。我们正在进行相关研究，旨在确定模型能够记住的信息量，这取决于曝光次数和词汇的特异性。例如，“华为的总裁”这个词容易被模型记住，因为它具有独特性；而“荣耀的总裁”则较难记住，因为“荣耀”一词有其他含义，还可以是形容词。我们正在构建一个公式，该公式将包含曝光次数和特异性等因素，用于预测模型记住特定知识的概率。这将有助于指导数据准备的过程，包括数据类型、数量、形式以及质量要求等。OpenAI在GPT-4报告中曾提到过一句话，“我们在训练之前就知道结果”，这意味着他们在一定程度上掌握了模型的认知能力，所以这也是我们当前在SFT预训练阶段的重点工作之一。

三是模型的推理能力，推理能力对于实现通用人工智能（Artificial General Intelligence, AGI）至关重要。去年我们在推理方面并未取得积极成果。今年我们继续推动这一领域的研究，包括工具学习，去年我们未能成功让模型使用未见过的API，因此今年我们正在探索如何提升模型的泛化能力，使其能够有效地使用工具。此外，我们考虑采用强化学习结合SFT中的动态数据变化等方法来提高泛化能力。

最后，我们也在大力推动多个智能体（Agent）之间的进化，探索从弱到强的发展路径。虽然OpenAI的前首席科学家Ilya Sutskever发布的报告也表明他们在这一领域遇到挑战，但我认为这是一个值得研究的领域。许多传统的自然语言处理任务在未来几年内可能将达到很高的水平，剩下的问题可能更多是推理型和认知型的，这些难题短期内难以攻克，但对于研究机构而言，正是我们应当关注的长期目标。

《新程序员》：智能体实际上是2024年人工智能领域的关注焦点。根据我的观察，尽管很多人在从事智能体相关的工作，但在实际应用层面，似乎并没有太多实质性的进展。我的理解是，目前大家可能还处于摸索尝试的阶段。

张奇：确实如此，智能体这个话题激起了人们的无限想象。单个智能体完成任务，并与其他智能体协同工作，理论上可以替代企业里的许多工作。然而，这里存在几个问题。首先，在单智能体场景下，智能体需要调用多种工具来完成任务。关键在于当面对新API时，智能体是否能够理解并泛化使用这些API。目前来看，这一点很难实现，这对单智能体的实际应用构成了限制。

如果我们限定API的数量不变，并且任务集也是固定的，那么可以达到较高的完成度，但这本质上更像是一种RPA（机器人流程自动化）。过去需要程序员编写规则的地方，现在由模型根据输入输出结果调用相应的步骤，这可以看作是对RPA的升级——但这样就不太浪漫了，不够有想象力。

要想真正实现卓越的智能体，模型必须具备推理能力和规划能力。这两点恰恰是当前大模型较为薄弱的部分。因此，在尝试将其落地时会遇到难题：如果仅限于固定任务和API，为什么不直接使用RPA或简单的规则加记忆学习方案呢？但如果要求具备泛化能力，那么目前的实验结果显示，即使是GPT-4也只能实现个位数的成功率，距离实际应用还十分遥远。所以，我认为目前仍处于研究阶段。

纯粹的统计机器学习无法实现因果逻辑

《新程序员》：您曾多次强调推理与AGI之间的关系。考虑到您既拥有学术研究背景，又有产业实践经验，您能

否分享一些初步的想法或启示，帮助我们更好地理解这一领域？

张奇：推理问题相当复杂。例如，Ilya认为，只要模型能够输出正确的结果，就意味着它进行了推理。在他的访谈和论文中，他提出了类似的观点，即模型无须像传统推理机那样明确展示推理步骤。只要模型的下一个token预测（next token prediction）是正确的，那么推理过程就被视为完成。

在大模型出现之前，我们曾开发了一些旨在增强模型稳健性（Robust）的工具集，试图从另一个角度探讨这个问题。当时的许多数据集，如LogiQA，并非专为大模型设计，而是适用于较小规模的模型，如BERT时代的模型。尽管这些模型在特定任务上的表现接近95%甚至更高，但稍作变动，性能就会大幅下降。因此，统计机器学习方法是否能真正解决推理问题一直是我关注的一个根本性问题。要证明这一点相对容易——如果模型能在各种情况下都表现出高完成率并实现知识融合，那么我们可以认为它具备了推理能力。然而，要说服人们相信统计机器学习能够实现推理，则是一个难以解决的问题，这几乎是一个哲学层面上的思考。

从数据角度来看，让模型直接发现推理型的原因和归因结果是非常困难的。以数据挖掘中的经典例子为例：在美国的一些路边超市，尿布与啤酒的联合销量很高，这是一种统计相关性而非因果关系。背后的因果逻辑是，由于夜间外出购物不太安全，购买者往往是男性，他们在买尿布的同时顺便购买啤酒是很自然的行为。模型能否从数据中学会因果关系，这是一个重大的哲学问题，目前尚未达成共识。

《新程序员》：您先前提到，在实验室里经常围绕某个话题展开有争议性的讨论，比如您不想要研究推理，而桂韬老师更相信类人对齐。那么推理问题就是你们最大的争议吗？

张奇：现在我们已经不再讨论这个问题了，因为这类讨论很容易“伤感情”。在2023年的夏天，我们对此讨论较多，但很难说服对方。目前，实验室内部存在两派观点：一部分人坚信大模型具备推理能力，只是我们目前尚未找到方法来提升这一能力；另一部分人则认为实现推理的可能性很小。鉴于此，我们选择在多个方向上进行探索。

这种情况与2020年GPT-3发布后的情况类似：2021年，人们开发了更大规模的模型，参数接近1.8万亿；但到2022年年初，许多人认为这些模型的实际应用价值不大，从而停止了相关研究。推理问题也可能经历类似的过程，虽然我个人认为可能性很小，但不排除未来会出现像ChatGPT这样的突破性进展，使得问题再次变得可行。因此，从研究角度看，我们支持各个方向的尝试，只要有足够的资源支撑。

《新程序员》：既然实验室内部形成了两种观点，那您更倾向于哪一方？从您的回答来看，似乎您秉持着一种中庸的态度。

张奇：我个人倾向于认为纯统计机器学习无法解决因果问题，因此也无法真正解决推理问题。我更倾向于研究大模型中的其他问题，如语义表示、长文本处理以及多语言解释等，这些问题是统计机器学习可以着手解决的确定性部分。至于推理问题，我个人涉猎较少。此外，关于智能体，我的学生在智能体方面的研究比我深入得多，而我自己没有阅读太多关于智能体的论文。

《新程序员》：我还记得去年关于涌现现象曾引起了广泛关注，而现在学术界也不再谈论涌现。我想了解，一方面，在您实验室内部争议最大的情况是什么？另一方面，从学术界的视角来看，有哪些是您认为当前对开发者来说值得关注的话题？特别是对于CSDN的开发者群体，他们更多地关注工程实践方面，比如关于Transformer架构的一些疑问。我想请您就此谈谈您的看法。

张奇：我们并非不讨论推理问题。虽然从技术角度和相关论文的角度其实还会进行讨论，但我们不再争论它是否可行。如果学生选择了这个题目，他们就需要相信这个方向；如果不感兴趣，还有其他很多领域可以选择。我们不再争论其可行性，因为这样没有意义，大家只需去做就好了。

从开发者角度来看，自2017年Transformer模型问世以来，BERT模型在2018年出现，一直到2021年前，出现了大量的架构变体。每一层的每个位置都有大量的研究工作。然而，人们认为Transformer在计算上存在很大浪费，因为自注意力机制的时间复杂度为O（$n^2 \cdot d$），这使得处理长文本变得困难，计算量也非常大。因此，人们试图改进模型架构，使其更适合实际应用。

但对于普通研究人员甚至是小型独角兽公司来说，这可能难以实现。他们每次改变架构都需要重新训练模型，从7B参数起步，到13B、30B、70B参数，甚至更高，这需要巨大的成本。例如，训练一个70B参数的模型，使用3T的tokens数据集，成本可能高达数千万美元。此外，更改架构可能会影响训练逻辑，需要调整训练过程中的许多参数，这些都是经过大量资金投入才能摸索出来的。更改架构后，这些过程都需要重新进行。因此，我认为大多数公司可能都没有资源来做这样的事情。

如果想要进行这样的尝试，我认为应当先从基础原理出发，明确架构改变的目的——即解决了哪些问题，解决了这些问题是否能够改善模型的表现。仅仅减少了时间复杂度，并不意味着整体表现会更好。因为可能会影响到语言模型的整体相关性，使得后续的微调阶段变得不可行。因此，我认为应当从理论和学术层面充分讨论后再进行尝试，因为前期的成本实在是太高了，简单的改动意义不大。

想要大规模开源，只能指望大公司的生态

《新程序员》：我从您身上感受到的是，您与一般的学术研究者有所不同，特别注重成本和商业方面的考量。我记得您最初是与搜狗等业界伙伴合作，现在您还在兼任工业界的工作，并且之前您也提到过与荣耀公司的合作。我想听听您背后的思考是什么？

张奇：我认为自然语言处理（NLP）是一个应用导向非常鲜明的学科。在学校里，最优秀的学科通常是那些既能“顶天”（解决根本性问题），又能“立地”（应用于实际工程项目）的学科。顶天的学科专注于解决基础科学问题，如物理学中的$E=mc^2$，这类问题的解决能够推动一系列相关领域的进步；而立地的学科则致力于开发对国家有用的大型工程系统。相比之下，NLP既非纯粹理论也非纯粹工程，它的工程规模不大，理论突破也较为困难，因为它主要依赖于统计机器学习，而这在数学领域被视为应用数学的一部分。

鉴于此，NLP与工业界的合作应该更为紧密。我一直认为NLP是一门应用学科，我们的研究应该对工业界有所助益。我们所做的研究应该对未来两到五年内的工业界具有指导意义。我们的目标是领先于工业界的需求，并解决因具体项目和应用场景限制而未能深入探索的问题。完成这些研究后，成果应能够迅速应用于企业界。

为此，我们需要与企业界保持紧密联系，了解它们的真实需求，而非仅凭想象构建场景。例如，在半监督微调方面，我一直认为传统的N-way K-shot（一种机器学习方法）并不实用。现实中，我们通常面临的是拥有大量其他领域数据的情况，但在迁移至新领域时仅有少量的数据可用。这才是真正的半监督微调的应用场景，也是Transformer学习应当关注的方向。因此，我们一直引导学生专注这类应用场景。

《新程序员》：之前我注意到荣耀开发了自己的大模型，不知道这与你们的合作是否有联系？

张奇：我们与荣耀建立了一个联合实验室，并输出了一些技术。其中一些技术是我们共同开发的，包括监督微调（SFT）阶段的具体实施方法以及模型规模的选择。

荣耀的场景定义非常明确。他们需要确定在特定终端上达到何种程度的性能，这可以反推出所需模型的大小和实现方式。研究的重点在于如何将模型部署在手机等设备上。此外，荣耀定义了多种应用场景，例如在最

新发布的手机中，任意门功能需要完成导航任务，这意味着需要识别起始时间和结束时间，或者导航中的起点和终点。在这些场景中，期望大模型能够达到高水平的表现。

因此，从预训练模型的设计到上层应用场景的实施，以及如何加入多模态能力等方面，都成为可以进行学术探讨的点。我们负责其中的一部分工作，而更多的工程化实施和技术落地则由荣耀自行完成。我们提供了我们的见解和核心技术。

《新程序员》：与荣耀的合作模式是否具有可复制性？特别是在智能手机之外的领域，比如智能汽车和其他边缘设备，是否存在类似的合作机会？

张奇：从技术角度来看，这种合作模式是可复制的。车载环境和手机环境在硬件条件、软件条件以及应用场景方面都非常相似。两者的需求、要求以及芯片选择也极为相近。然而，从商业角度而言，可能情况会有所不同，因为技术不可能无限次销售。从技术层面来说，荣耀的态度较为开放，我们已经合作发表了一些论文。因此，我认为其他公司可以通过论文了解到我们采用的方法和技术。

《新程序员》：我还想请教您关于开源与闭源模型的问题，最初我甚至没有预料到现在还会存在这样的争议。比如，斯坦福大学的李飞飞团队发布的报告表明，在当前的数据结果上，闭源模型的表现优于开源模型。随后，我们也看到了Llama-3等开源模型的出现。在我与深耕开源AI领域的人士交流时，他们普遍提到了开源AI发展中的一些痛点，包括天然存在的技术阶段碎片化问题、商业模式的模糊以及产品化过程中遇到的挑战。我想听听您对AI模型开源与闭源方面的最新见解和思考。

张奇：我认为在大模型阶段，开源变得更加困难。在大模型出现之前，几乎所有论文都开源了代码和数据，这对技术生态的发展是有利的，尤其是在深度学习兴起之后。早期的代码不太易于复用，但PyTorch的出现使得代码开源变得更加容易。代码变得简洁，无须手动求导，数据和代码的开源成为自然而然的事，每篇论文都会附带代码和数据集。

然而，在大模型时代，很少有人会开源训练阶段的信息。最好的情况也只是开源模型本身，再加上使用模型的教程。至于训练过程和使用的数据集，则鲜有提及。即使是Llama-3这样的开源模型，其训练细节和过程也是保密的，比如Chat版本是如何制作的，以及强化学习与人类反馈（RLHF）部分是如何实现的，这些都未对外公布。

我认为大模型阶段的主要问题之一是：以往的算法论文与商业化落地之间存在巨大差距，你只能做其中的一小部分任务，而这部分任务必须与其他模型和工程组件结合才能构成一个完整的产品或项目。因此，开源其中一个小的技术点对公司和个人的影响有限，同时也能带来一定的声誉和影响力，所以公司愿意开源。

但现在情况不同了，模型距离商业化只有一步之遥。即使架构不够优秀，使用VLLM或其他方法也能解决问题，即使速度较慢，消耗的GPU更多，只要能解决用户问题即可。这就导致大家在开源方面变得非常谨慎，甚至在论文分享方面也变得谨慎，因为实现的关键可能只是一个简单却有效的技巧。在大模型的开源层面，这构成一个巨大的挑战，或许未来只能依靠大公司的生态建设来实现大规模的开源。这是我认为的一个问题。

其次，闭源模型不仅仅是单一模型。当我们与GPT-4进行比较时，GPT-4是否真的只是一个模型在工作？例如，输入一个查询，它是否进行了意图识别？还是说单一模型处理了所有结果？在其基础上，后端又进行了哪些处理？这些都是未知的。我们看到的只是一个模型与整个ChatGPT系统之间的比较。因此，很难得出闭源模型一定优于开源模型的结论。

我认为未来的开源非常重要。如果没有包括百川、智谱、阿里在内的这些开源模型，国内的大模型发展会非常缓慢。这些开源模型促进了大量研究，并进一步推动了领域的发展。但在这个过程中，如何找到合适的商业模式是一个需要仔细思考的问题。从学术界的角度，我们希望有更多的开源内容，但我们自己也存在一些疑虑，比如训练数据可能涉及版权问题。OpenAI的首席技术官曾在接受采访时，被问及Sora是否使用了YouTube数据，她既不敢承认也不敢否认，这就是个很好的例子。

《新程序员》：我感觉您看到了挑战，同时也感到有些无奈，不知道如何解决当前的状况。

张奇：确实如此，我认为这很难解决。正如李飞飞教授所说，学术界已经难以承担高昂的研究经费，该怎么办呢？现在撰写一篇论文往往需要数十万元的计算费用，这不是我们单凭一己之力能够解决的问题。有些事情受到诸多限制，我们只能在现有条件下尽可能地做好自己的工作。我们会尽可能地开源，但有些部分确实存在困难，即便版权问题得以解决，仍然会有一定的顾虑。一旦公开，可能会引发不必要的麻烦。比如，我们为盲人开发的“听见世界”应用，目前还未正式上线，没有完成备案手续，这给用户带来了不便。我们正在走备案流程，在此期间，我们必须遵守相关规定。

《新程序员》：您刚才提到的一个可能的解决方案是大公司构建生态，但回想操作系统时代，Android（安卓）的兴起伴随着让开发者头疼的碎片化问题，当前环境下可能也会遇到类似的问题，但似乎没有什么解决办法。

张奇：的确，我认为越是底层的技术，越适合开源。很多技术都是从开源开始的，比如我们的调度系统、操作系统，以及大模型的基础模型。这些底层技术更适合开源。越往上层，技术越接近具体的场景应用，也就越接近商业应用，开源的难度也随之增加。基础模型和聊天模型距离商业应用还有一定距离，这些部分公司可能会开源一个中等水平的模型，以便进行商业推广。对于大公司而言，这样做有一定的吸引力。但对于高校和小公司来说，难度就相当大了。

AGI的核心在于取代人类的所有脑力劳动

《新程序员》：在自然语言处理（NLP）的发展过程中，我们可以感受到人工智能领域在国内经历了许多摸索和试错。当国外的研究机构，如OpenAI，取得从ChatGPT到Sora等模型的进展时，我们的前期研究工作有时会显得有些徒劳无功，这种情况在过去很常见，但我们似乎仍缺乏有效的方法来避免这种命运。

张奇：我认为这是一个难题，因为试错本身就是一种成本。OpenAI从GPT-3到ChatGPT的过程中，也经历了大量的试错。在GPT-3发布之后，OpenAI一直强调Few-Shot Learning，即利用少量示例数据来解决问题，通过prompt的形式而不改变模型本身（module at service）来解决问题，不进行微调。这一理念一直坚持到2022年InstructGPT的发布，他们加入了不同任务的大量训练数据进行微调，从而取得了显著的效果。这个过程中有两年左右的试错期。InstructGPT的重要性在于指明了从GPT-3到ChatGPT的路径，这是一个耗资巨大的探索过程。从ChatGPT发布之后，到GPT-4，OpenAI就不再发表与此相关的论文了。

因此，在这条路径上进行探索是非常痛苦的，而且需要大量的资金支持。既然公司投入了巨额的资金，他们自然不愿意将最关键的部分公开，这就产生了矛盾。如何解决这个问题，我认为可能需要更高层次的商业智慧和政治智慧来应对。

《新程序员》：您实验室在算力方面目前处于什么样的状态？

张奇：在算力方面，我们采取了几种策略。首先，实验室自购了一些计算设备，在GPT-3出现后，我们通过借贷购买了一些计算资源。这是第一部分。其次，复旦大学拥有CFFF集群，在美国未实施出口管制之前，复旦购置了一个包含1024张A100显卡的集群。这套集群为我们提供了支持，虽然需要付费使用，但相比市场价便宜得多。

《新程序员》：这套集群的成本是多少？

张奇： 使用这套集群的成本相当于市场价格的一半。例如，市场上租用配备A800显卡的八卡集群一个月的价格约为六万元人民币，而在内部使用集群的成本仅为这个价格的一半，大约两三万元。因此，我们能够以较低的价格获取计算资源。此外，对于日常的小型实验，实验室自身拥有的约十几台计算设备组成的集群可以提供支持。对于更具挑战性的项目，我们通常需要与企业合作，利用企业的计算资源来完成。

《新程序员》：我常听业界开发者说他们面临的最大问题是数据和算力不足，那您所说的与企业合作是如何实现的？

张奇： 例如，我们与荣耀合作，共同开发信息提取技术。在这个过程中，我们需要利用荣耀提供的资源进行研究，因为最终输出的技术将在荣耀的产品中应用。在这个合作过程中，我们也会有自己的见解，可以利用自身的资源尝试一些通用模型的混合。但是，对于监督微调（SFT）的数据量和具体实施方案，都是在项目执行过程中逐步明确的。因此，我们非常珍惜与企业合作的机会，因为只有通过这样的合作，我们才能深入了解如何将任务的完成度从70分提升到95分的过程。

《新程序员》：最后关于通用人工智能（Artificial General Intelligence，AGI）的未来之路，我想听听您的答案。因为之前我听到了张钹院士的观点，他在清华大学最近的一次分享中提到，大语言模型是一步，但可能后面还有更多的步骤，比如多模态、智能体和具身智能等。此外，图灵奖得主Yann LeCun认为语言模型可能不是直接通往AGI的路径。基于您广泛阅读和了解的研究及实践，我想听听您的思考是什么样的？

张奇： 他们，包括张钹院士和Yann LeCun，都是站在较高层面思考AGI的问题。坦率地说，我个人并没有深入思考AGI，因为我认为AGI的核心在于取代人类的所有脑力劳动。而要做到这一点，AGI必须具备强大的推理能力，这本身就是非常危险的。一旦AGI能够进行推理，它可能会首先考虑人类是否还有存在的意义，甚至可能认为只需要留下世界上的一部分人从事基本的体力劳动即可。

另外，我认为还有很多现实问题尚未解决。在大模型的角度，或者整个自然语言处理领域，有许多具体的场景和技术难题需要进一步研究。我个人更多是从统计机器学习的角度来思考问题，探讨它可以解决什么问题，解决问题的界限在哪里，以及在解决问题过程中会遇到哪些难点。基于这些问题，我会考虑接下来的研究方向。我个人关注的是短期目标，而不是未来几十年的事情。我认为AGI也许最终会实现，但具体的时间表尚不清楚。

因此，我更多地从具体应用场景出发，考虑如何通过统计机器学习解决实际问题。我会思考解决这些问题的痛点所在，并据此规划研究的方向。我的目标是实现一种模式，使得模型能够在非常少量的训练数据下完成多种任务。例如，如果我们正在做的信息抽取任务，原本需要数万条训练数据，现在可能只需要几十条或几百条数据即可，这就足以解决特定场景的问题，并带来大量的应用价值。

从这个角度看，解决问题的步骤相对明确。解决信息抽取之后，我们可以继续探讨生成和翻译等问题。“信”“达”“雅”是翻译的三个标准，我们可以先解决“信”的问题，但“达”和“雅”可能更为困难。为了应对这些挑战，我们已经开始使用强化学习等方法。然而，当解决某些问题后，我们发现其他方面又会出现新的问题，比如，如何处理只有少量训练数据的小语种翻译。从这个角度继续推进研究，我相信未来五年内都有足够的工作要做，所以我并未过多思考AGI如何实现的问题。

《AGI 技术 50 人》专栏

零一万物潘欣：Sora 无法让 AGI 到来，GPT 才是关键

文 | 唐小引 王启隆

从Google Brain的早期探索，到TensorFlow的诞生，再到PaddlePaddle的重构，潘欣的职业生涯与AI技术的飞速发展紧密交织。本文不仅回顾了潘欣在AI领域的成长轨迹，更深入探讨了他对当前AI技术发展，特别是大模型技术及多模态智能的见解与实践。潘欣以其敏锐的洞察力，分析了AI技术的未来趋势，以及国产AI大模型如何破局。无论你是AI技术的从业者，还是对这一领域充满好奇的读者，本文都将为你打开一扇了解AI前沿技术的窗口，带你领略人工智能世界的无限可能。

受访嘉宾：

潘欣

零一万物联合创始人，前字节跳动AIGC和视觉大模型AI平台负责人。主要关注机器学习平台、推荐系统、算法应用等工作。曾在Google Core Infra从事大数据系统开发。在Google Brain从事深度学习研究和TensorFlow开发。在百度负责PaddlePaddle开发、在腾讯PCG担任部门技术负责人。

2011年，深度学习的概念尚未在全球范围内广泛爆发，Google研究员Jeff Dean和斯坦福大学教授Andrew Ng（吴恩达）看到了这一技术的巨大潜力，计划构建一个基础设施。

此时的Andrew Ng和另一位Google研究员Greg Corrado已经构建了一个大规模深度学习软件系统：DistBelief。三人一拍即合，发起了Google Brain项目，着手训练一个前所未有的大型神经网络。Google让Jeff Dean带领一支团队开始简化和重构DistBelief的代码库，成就了未来的TensorFlow。

TensorFlow的故事正式开始于2015年，这一年是零一万物联合创始人潘欣的职业生涯转折点。潘欣刚完成在Google的数据库服务Core Storage和Knowledge Engine部门的工作（见图1），恰逢Jeff Dean的团队缺少一位擅长工程领域的科学家，潘欣就此幸运地成为Google Brain的第一位“Research Software Engineer”（研究软件工程师），在Samy Bengio手下开始工作。

图1 Google时期的潘欣

Samy Bengio是机器学习“三大教父”中Yoshua Bengio的胞弟，这段时期的Samy为了推动AI伦理学的发展在各处开会，但仍会留出一部分时间给潘欣进行一对一的

指导。Samy还弄到了Ian Goodfellow所著的《深度学习》一书的书稿给潘欣试阅，于是潘欣白天做研究，晚上读《深度学习》的书稿。

由于早期的TensorFlow缺乏模型示例，相关的API文档尚不规范，于是潘欣用了一年时间为TensorFlow构建了一系列关键基础模型，涵盖了语音识别、语言模型、文本摘要、图像分类、对象检测、分割、差分隐私和帧预测等多个领域，打造了TensorFlow GitHub上model zoo的初始版本。2016年，TensorFlow在开发者社区中爆火。为了解决研究人员在性能优化和模型分析方面的痛点，潘欣开发了tf.profiler工具，帮助用户快速分析模型结构、参数、FLOPs、设备放置和运行时属性。

2017年，Research Software Engineer从潘欣一人发展到了十几人，整个Google Brain也摇身一变成为一支百人团队，包括“AI教父”Geoffrey Hinton、Quoc Le、Alex Krizhevsky、Samy Bengio和Ilya Sutskever等如雷贯耳的名字，其中越南大神Quoc Le开辟了自然语言处理技术的新疆土，Alex赢得了ImageNet竞赛冠军，Ilya更是在未来成为ChatGPT的造物主。此刻的他们都是在Google Brain钻研深度学习的研究员，仍未知晓自己会在未来成为AI领域的领军人物。

“Dean的团队是很难被复制的，将来也无法再被复制了。2015年左右，全世界一半的深度学习领域的成果可能都是来自Google Brain的团队，它汇集了领域内大部分的顶级专家，成就了现在一些比较火的创业公司……几乎可以说Google Brain奠定了从深度学习转变至AI的大部分基础。”在回忆中，潘欣非常怀念那段时光，对其滔滔不绝。

同样在这段时期，PyTorch问世了。PyTorch解决了TensorFlow的易用性痛点，为了抗衡这个新框架，潘欣发起了TensorFlow动态图模式的开发。动态图是TensorFlow 2.0版本中的一个重要特性，提供了更自然和直观的编程体验，允许用户以Python原生的方式运行TensorFlow操作。随后潘欣又参与了TensorFlow API的设计和改进工作，特别是在面向对象和面向过程的API设计方面，他提出了复用Keras的Layer接口的建议，并参与了相关讨论和实现。

第二代TensorFlow诞生之后，国外的深度学习框架领域趋近成熟，TensorFlow和PyTorch的竞争日趋白热化，而国内市场则亟需一款能够与之匹敌且具备自主知识产权的优质国产框架。潘欣不愿安于现状，选择离开硅谷，怀揣着“打造一个最好的国产深度学习框架”的信念，从0到1重构了PaddlePaddle——百度的飞桨平台。

此后，他先至腾讯打造深度学习框架“无量”，再入字节跳动负责AIGC和视觉大模型AI平台，每一次转变都是一次全新的尝试。

2023年，潘欣想在ChatGPT爆发后的AI 2.0创业浪潮中寻找一家初创公司，花更多的时间在技术和产品上。当时，李开复博士正在为创新工场孵化的零一万物招兵买马。零一万物是一家专注AI 2.0时代的全球化公司，自成立之初就致力于开发前沿的大模型技术和软件应用，汇聚了一群国际级顶尖人才。李开复博士躬身入局AI行业已有40多年，也希望通过积累多年的技术、产业经验，在AI 2.0时代持续探索大模型和多模态智能的无限可能，打造“以人为本”的通用人工智能（AGI）。

零一万物AGI的信仰内核和潘欣心中的愿望一拍即合。潘欣也顺理成章加入零一万物，开始全新的AI 2.0征程。这是潘欣第一次接受采访，我们面对面和他聊了许多话题：硅谷往事、零一万物、创业浪潮、算力挑战、AGI……当然，还有最重要的那个问题：如何让国产AI大模型破局？

谷歌的大脑聚在一起，掀开了故事的第一页

《新程序员》：你是如何走上人工智能之路的？

潘欣： 那是2010年左右，移动互联网时代，我在北京邮电大学上本科，跟着石川教授研究机器学习，那时候深度学习还没火。AI历经几起几落，以前没什么人会说自

己做AI，都会强调自己是做“机器学习”的。

《新程序员》：初次接触机器学习时都有哪些感受？

潘欣：机器学习的算法很“大开脑洞”，并不是通过固定公式推导得出必然的结果。诸如遗传算法、神经网络、模拟退火等算法都是启发式的，跟传统的算法数据结构差别非常大。后来神经网络逐渐演进成人工智能，我一看见那些早期概念就觉得太有意思了，因为神经网络是通过模拟人的大脑去实现算法。

《新程序员》：你从滑铁卢大学毕业后并没有立即拥抱AI，而是先做了大数据，这中间有哪些思考？

潘欣：AI其实也是建立在大数据的基础上，没有大数据就不会诞生AI。在接触深度学习的那段时间里，我也看到了大数据的潜力。当时有几篇论文很火，比如Jeff Dean（Google AI掌门人）加入Google的第一项主要工作就是开发出了Google的广告系统AdSense，他对于Google News（谷歌新闻）也作出了很大的贡献；之后Dean和他的工作伙伴Sanjay Ghemawat还带领团队接连开发了GFS（Google File System，谷歌文件系统）和MapReduce（大数据领域经典框架）。

那个时代的大数据实践性更强，且整个互联网都处于大规模的上升期，我还记得NoSQL、海量数据是当时的互联网热词。所以，我在机器学习和大数据之间做了个二选一。然后到了2015年，机器学习和AI之间的结合已经有了初步的结果，ImageNet问世。我们现在回过头来审视ImageNet会感觉它的数据量很小，但在当时这已经是比较大的了。这段时期的大数据技术趋近成熟，AI也开始露苗头了，所以我从大数据又回到了机器学习这个研究方向。

《新程序员》：这中间的方向判断都是你独自决定的吗？有没有“高人指点”？

潘欣：我主要是通过平时接触的各种直接或间接信息来做出判断，比如我最关注的就是Jeff Dean。

我会去了解和调研一下Dean在每个时期所研究的东西，并发现他做的很多东西都是领先于时代的。当时我感觉AI比较有前景，恰逢Jeff Dean在内部带头创立Google Brain，拉拢了许多原先在Google做Infra（基础设施）的人，其中也包括我身边的一些原本在Core Infra工作的同事，所以我就想跟着这些同事一起过去。

《新程序员》：你和Dean的渊源是在Infra时期埋下的吗？还有什么故事可以分享？

潘欣：我一路上主要是跟随Dean的路径，后来再到Google大数据组工作时，我接触的Infra基本全是Dean一手带起来的（即分布式计算的“三驾马车”），组里的很多大神都和Dean有联系，我因此能和Dean产生间接的联系，后来才会被带到Google Brain。这可能算是“徒孙”的那种感觉。

《新程序员》：在当时的环境下，你从Dean身上学到了哪些特质？

潘欣：Dean虽然做了很多事情，级别也非常高，但是他一直都在一线执行具体的研究和开发；其次就是Dean对长期技术趋势的判断非常准确——而且是惊人的准确：Dean早期对深度学习框架（2013年）和深度学习硬件（2015年的TPU；如今英伟达如日中天，整个市场只有TPU能赶上一点步伐）的判断、对AI编译器的判断以及如今对MoE（Mixture of Experts，混合专家模型）的判断，都在这个时代得到了验证。

Dean的团队是很难被复制的，将来也无法再被复制了。2015年左右，全世界一半的深度学习领域的成果可能都是来自Google Brain的团队，它汇集了领域内大部分的顶级专家：Geoffrey Hinton（AI教父）、Ian Goodfellow（对抗学习发明者）、Transformer的八位作者，还有现在一些比较火的创业公司……几乎可以说Google Brain奠定了从深度学习转变至AI的大部分基础。

Dean能笼络这些人才，靠的还是他在比较早期的时候（2012年、2013年）作出的非共识性的判断。当时，其实还没有很多公司去大力挖掘这种人才，尤其是Hinton这种学术界的泰斗隐藏在了幕后。此外，“Dean+Google”

这个招牌自带光环，可以得到研究团队的信任，所以说Google Brain只能在那个时间点达到如此惊人的人才密度。

《新程序员》：今天不少AI的技术创新源头依然来自Google，大模型也起于Transformer，但为什么Google自己的产品创新却显乏力，而会落后于OpenAI？

潘欣： 世界科技巨头Google掌握着很多的资源，同时也是很多创新的始发地，大家的期望值太高，所以显得有些落差。实际上，很多大公司不可避免地会出现决策迟缓的问题，落地执行力可能也没有小公司强。

至于微软的成功，在我眼中可能更像是一种投资性的成功。微软研究AI也很多年了，有一定的基础，但实际上微软自己也没有孵化出一个“OpenAI”，只是微软高层里的某个人拍板做了个投资的决定，促使OpenAI最终能够跟微软绑定。所以科技巨头不可避免地会有这种滞后性、迟缓性。当然，更深层次的原因就很复杂，因为大公司需要协调很多人的方向：谁来负责？怎么分工？这些决策都会比小公司要慢很多。

但我觉得这个事情可能还不用这么快下定论，不用急着宣告OpenAI已经打赢Google。举例来说，Dean当时的一些布局到今天其实还是有效的，比如说Google TPU、Google的AI算力数据中心，这些都是Google至今没打出的底牌，具有很大的成本优势。但Google确实也有一些布局过于超前，有些项目没有达到预期的效果，例如TensorFlow，其早期被认为是没有对手的，后来由于一些原因导致PyTorch实现了反超。所以说，Google仍具备厚积薄发的潜力。

跟紧每一波技术浪潮，做自己感兴趣的事

《新程序员》：你的技术路线是框架—平台—模型吗？这中间是怎么转变的？

潘欣： 相比从框架过渡到模型，我的工作更像是在做框架与模型的联合优化。刚进Google Brain的时候，我是在Samy Bengio（Torch框架联合作者）手下做算法，协助研究科学家们重现各类出版物中的模型。那时候，我在公司内部复现的模型最多，涉及了语音识别、图片分类，再到图片检测、分割，还有语言模型。

后来基于一些原因我开始参与到TensorFlow开源框架的贡献中，我逐渐从模型转变到平台。然后是腾讯时期，由于腾讯的推荐业务需求，我负责构建推荐大模型训练所需的框架，同时兼顾研发推荐算法。后来到了字节，我其实同时带了平台和算法的团队，不仅关注模型的训练效率、压缩和移动端推理等具体问题，还负责搭建支持这些模型高效运行的平台环境。所以事实上我很多时候是两件事（框架和模型）一起做。

《新程序员》：在模型研发过程中，过往的经验积累是不是能让后续的工作水到渠成？

潘欣： 其实很多时候框架跟模型不能完全分开来看，它们是相互制约或相互辅助的。例如在我做推荐系统的时候，目标可能是千亿甚至万亿级别的参数规模，传统的深度学习框架如TensorFlow和PyTorch无法直接应对需求，这就需要我们在基础框架层面进行定制化的开发工作。然后框架开发有时候也需要去考虑算法上的事情，比如模型参数的剪枝（Pruning）或对Embedding长度处理是否会影响到模型的效果等等。所以两边（框架和模型）其实都存在显著的交互影响。还有现在流行的MoE也是一样的，需要深入系统层面，精心考量如何有效地对模型进行切分，才能保证性能最佳。

《新程序员》：你同时经历了TensorFlow和PaddlePaddle国内外两大“明星框架”的辉煌时期，为什么没选择在框架这个方向一直做下去？

潘欣： 主要是我这个人可能有时候不太闲得住吧。很多技术存在从“快速发展期”转变到稳步发展的“平台期”这一过程，而框架领域当时出现了PaddlePaddle这样的平台，随后整个深度学习框架领域开始进入了平台

期，我就开始去找更有意思的事情做了。碰巧那时候推荐领域进入了高速发展期，我觉得可以去做，所以这种转型还存在着一些机缘巧合的因素。然后等推荐系统发展到了平台期之后，一些其他研究又开始了快速发展时期，比如计算机视觉（CV）就经历了从GAN到Diffusion的飞跃。总之，我会根据当时的技术演进做一些切换或是转型。

《新程序员》：你在寻求转变的过程中有思考过转变环境带来的好与坏吗？

潘欣：好处就是能不断地接触和学习新的东西，补齐自己的知识碎片。现在AI的大方向好像我都在一线干过。坏处就是风险的确很高。从一个熟悉的环境切换到一个陌生的环境，有可能会不适应，凡事不受自己控制。

《新程序员》：这种不适应感来自哪里？

潘欣：是否能跟团队、上下游进行磨合，互相理解。在公司的既有分工下，能否有自己发挥的空间、同时获得老板的支持。

《新程序员》：我们一般都是在产品大热的时候跟进潮流，很难感知“高速发展期”和“平台期”的具体时间。你是如何判断技术周期的演变的？

潘欣：主要基于过往经验培养出的直觉，此外还会结合一些具体的分析。

比如我当时去做内容推荐系统，首先考察了它的现有技术水平及发展趋势，其次判断了它的应用场景是否具备大规模拓展的可能性。当时腾讯有几亿的用户基数（DAU），推荐系统的优化将显著提升用户体验，所以应用场景还是很大的。然后，推荐技术当时面临从浅层模型向深层模型的技术转型，并且我懂深度学习，能判断出推荐系统肯定还有很大的改进空间。

再就是大模型技术。其实大模型的Scaling Law（大模型性能随参数、数据、计算增长按幂律提升）早在2016年就被发现了，只是当时算力还没有那么好，挖掘不出大模型的潜能。所以，当GPT-3.5出来的时候，尽管外界或许会有质疑声音，但我知道这里面是有“真东西”的。

《新程序员》：这可能类似于CSDN此前提出的“技术社区三倍速定律”，新技术的发展在开发者社区中的接纳速度通常会比在大众中快三倍。目前还有哪些技术仅在产学研界进行讨论，还未被大众所熟知？

潘欣：我觉得大模型的模块化可能是一个趋势，考虑到大模型训练的成本和应用中的可控性，每当需要对模型进行微调时，很可能需要重新进行整体训练，这种方式显然不够高效。现实应用中，大模型在处理1+1=2这种简单任务时如果也要动用全部参数，就会造成资源的浪费。所以探索模型的部分参数激活机制以实现模块化是很重要的。但这个模块化的概念其实跟Jeff Dean提出的Pathways（一种通用的AI框架）有点类似，我觉得这个想法可能会是对的。

《新程序员》：Pathways是他在2021年提出的。既然Jeff Dean这位灵魂人物如今仍在，为什么Google在大模型时代的创新会逐渐乏力？

潘欣：Jeff Dean也是人，不是神。他可以做一些单点的预测或突破，但在协调几千人的大团队时，需要考虑上千名工程师的利益和任务分配，这不是一个人能解决的。

《新程序员》：在这么多年的经历后，有哪些是你认为一直未被解决的难题？

潘欣：还是有一些的。深度学习框架的编译器技术已经发展十年了，但高效硬件适配自动化还没实现，每次有新的芯片出现时，仍需要人工干预以确保代码能良好地移植并在新硬件上高效执行。这就导致大家现在都在用英伟达。

然后就是自动分布式计算框架，我们早在2017年就开始研究并做了很多尝试，但目前大多数情况下，为了达到最优性能，仍然需要具有专业知识的人员针对特定场景手动设计分布式策略。这意味着，理想的完全自动化的分布式计算系统——能够根据任务特点和资源状况自行决定最优分配方式——尚未成熟，这也受限于现有的AI理论水平，所以短期内没法解决。

《新程序员》：从业这么多年，对你影响最大的人是谁？

潘欣： Jeff Dean吧，他对我的影响是偶像性质的。当年带我入门深度学习的人则是Samy Bengio，他给了我一个PDF文件，里面是一本叫《深度学习》（*Deep Learning*）的书。这本书是Ian Goodfellow写的，他是很多早期深度学习书籍的作者。当时这本书还没有写完，然后Samy把Ian Goodfellow的书稿转成PDF发给我了，我看完后还做了几处纠正。遗憾的是我不知道最终版改了哪些内容，没有对比。这事发生在我刚入职的时候，每天下班后我都会看一看那份PDF。

《新程序员》：所以对你影响最大的其实还是Google时期的经历。

潘欣： 对，但是影响我的东西、我做过的项目都很多，所以Google也不会占到很大的比例。我在每个项目都有很大的收获。

《新程序员》：一路上有哪些遗憾的地方？

潘欣： 遗憾的事情肯定有很多，但我一般不会回头反复去想，因为过去的事再去看也没有用了，吸取教训更重要。

把从0到1的精神带回国内填补空缺

《新程序员》：从硅谷回国是一次很大的转变，你当时进行了什么样的思考？

潘欣：在2018年年初时，TensorFlow和PyTorch这样的深度学习框架其实就已经相对清晰了，而比较好的国产深度学习框架却未诞生。当时我看到百度发布了PaddlePaddle，这个平台其实也是基于早期架构打造的，所以我的目的就是回国打造一个最好的国产深度学习框架。因为我在那个时期注意到了AI将来会变得很重要，所以我想如果国内的所有AI都能基于我写的深度学习框架，会是一件挺有意义的事情。当然，这里也有百度的一些想法在里面，所以这是一次双向的选择。

《新程序员》：这次转变有“不适应感”吗？

潘欣： 我当时带领的多模态研发团队相对年轻，经验积累相对会少一些。当时Google Brain的队伍里都是大神，年龄较大且级别都非常高，到今天都已经是泰斗级别的人物了。不过年轻的团队带来的是强大的战斗力，团队从决策到落地的周期很快，执行力很强。

《新程序员》：国内团队相对年轻，会让我想到“程序员的35岁危机”这个问题，你有没有想过这一点？

潘欣： 这个事情跟国内的发展阶段有关系，硅谷的技术发展了很多年，它也经历过国内现在的阶段，人员变动比较频繁。我在的时候可能硅谷已经度过这个阶段了，所以硅谷剩下来的那些人整体年纪还比较大，但国内可能还没有度过这个阶段。其实我感觉很多程序员的工作年龄被稀释了，做得好就有可能转管理层之类，而那种资深程序员就相对比较少一点。

《新程序员》：两个环境的差异主要有哪些？

潘欣： 国内团队的执行力会很强，对于细节的追求也更高一些，工程化、产品化的能力非常强。硅谷则推崇自主创新，希望能够发挥人的主观能动性。但是硅谷没那么高度流程化，很少会严格规定每个人要执行哪些任务。

《新程序员》：你的自我驱动力和创新意识是在硅谷的环境下浸染出来的吗？

潘欣： 对，硅谷文化特别擅长从0到1的创新思维和原型开发，经常孕育出突破性的想法和吸引人的演示版本。相比于国内，硅谷可能在将一个初步的想法或产品原型进行深度优化、精细化打磨和长期迭代以达到极致用户体验方面，并不如国内那么专注或持久。国内的产品开发文化在某种程度上更注重产品的迭代升级，尽管也可能存在过度迭代导致产品过于复杂的情况，但我觉得国内在某些产品的体验上会更好一些。

《新程序员》：这种精神是许多开发者在呼吁的。现在业界流行“对标OpenAI”的声音，所以很多人希望我们跳出跟随者的步伐，有自己的创新力。

潘欣：硅谷擅长从0到1是有很多原因的。第一，硅谷吸引全世界而非仅限于中国的人才，所以人才密度要比国内大很多。第二是硅谷的风险投资环境非常发达，顶级风投愿意投资处于早期阶段但极具潜力和创新性的项目，甚至一些大公司也愿意砸很多钱，在内部去孵化一些很酷的项目，比如Google的无人车和热气球Wi-Fi。国内可能就很少有人愿意为这些高风险的、具有突破性的前沿项目做投资，所以现在我们往往看到创新都是出现在硅谷里的。

《新程序员》：所以这些都是现实的原因，但当前这些问题可能很难发生改变。

潘欣：我感觉从体制上也还是有希望的，比如说国内的投资者数量在逐步增长。实际上国内不缺人才，只要有足够的资金投入和优秀的孵化平台，就能够把这些散落的人聚集起来，形成比较好的人才密度。我觉得清华就是一个例子，现在很多论文就有清华的影子，包括当前Diffusion模型的一些比较新颖的概念都是清华提出来的。

《新程序员》：关于你提到的人才密度问题，业内不乏许多悲观的声音。ChatGPT、Sora、Llama 2……这些发布总能让我们惊呼一夜变天，许多人说“为什么中国那么多优秀人才进入这个行业都做不好”，你的观点是怎样的？

潘欣：我觉得国内还是起步太晚了。OpenAI其实成立的时间还挺早的，而我记得2016年的时候就有Google的同事跳槽到OpenAI了（即前文提及的GAN之父Ian Goodfellow）。OpenAI当时很乱，还在纠结强化学习之类的，Ian待了一年觉得不靠谱，所以又回到了Google。但再反观2016年的国内，又显得OpenAI起步很早了。因此我感觉国内很多所谓的AI人才可能都是在ChatGPT出现之后才被发现的，他们在此之前可能都不是AI领域的。硅谷把从0到1的东西做完之后，国内的人才展现出了极高的学习效率和转化能力，能在较短时间内跟进并取得一定的研究成果和产品。

此外，硅谷也没有停滞不前，他们也在高速发展，这就导致我们总感觉硅谷快人一步。更何况还有一些像英伟达这种长达几十年积累的公司，都是不可能快速复制的。我对此也不太悲观，重要的是坚持学习，并在未来能够调整策略，将更多的资源倾注到具有前瞻性和早期探索性的研究项目上。

《新程序员》：国内的创业公司经不起太多的试错。

潘欣：硅谷依托于美国的金融能力和科研底蕴，有能力筛选并支持那些处于早期阶段、具有潜在价值的创新项目，确保它们获得必要的资金，进而得以顺利推进直至成功。现在国内的问题在于能否给这些人才提供足够宽容和支持的土壤，因为不是每个天才起步都是百万富翁，他们也是需要启动资金的。

在零一万物想打造以人为本的AGI

《新程序员》：从国内大厂到创业公司，你都有哪些思考？

潘欣：从小程序员到中层，从中层再到一两百人团队的管理层，我在大厂能经历的都经历过了。面对现在这场AI 2.0浪潮，我觉得加入像零一万物这样的初创公司会有更多的可能性，而且自由度也会更高一些，能花费更多的时间专注在技术和产品上。大厂的话，自我发挥的空间会有局限性，有时候会出现这种情况：在一个团队待久了，任务和目的变得越来越清晰，分工也彻底固定下来了。

《新程序员》：为什么在众多公司里选择了零一万物？

潘欣：我选择的时候也没什么纠结的。第一个原因就是缘分。有一些Google的前同事向开复老师推荐了我，在零一万物招人的时候说打听到了我的消息，然后我就和开复老师好好聊了一下。开复老师介绍了团队状况，还告诉我“想打造创新的全球AI平台，让AGI普惠各地，人人受益”。在建设AGI的路上，零一万物还会通过数据科学（包括数据数量和数据质量）、训练科学（数据配比、超参数设置、实验平台等）、训练Infra等自研的“训模科学”，从零训练自己的大模型。我听完之后感受到了共鸣，因为我也想打造一个超越人类智慧的AGI，但这个AGI并不会淘汰人类，而是给更多的人带来帮助，与人类能够和谐共处。至于第二个原因就是零一万物的人才密度和高度。

《新程序员》：你提到了李开复博士和你的愿景是一致的，对于人与AI的相处模式，你的思考是什么样的？

潘欣：AGI未来会朝两个可能性发展。一种是被少数人掌控，绝大多数的人可能都不具备开发和改造AGI的能力，并逐渐失去自我价值；一种是人人都能共享并使用AGI，同时每个人也都能参与建设AGI。

《新程序员》：零一万物打造AGI的路上都遇到了哪些挑战？

潘欣：目前还是有一些挑战。和OpenAI、Google等公司比，我们的算力相对较少。但是基于我们业内顶尖的AI Infra技术，我们在算力利用上更加高效和专注。

还有很多人关注的AIGC问题，当前生成视频的天花板无疑是Sora，但在实际使用的过程中，其可控性还需要强化才能应用在更多产品中。从Sora的模型优化目标、模型架构上看，它应该不会成为通往AGI的路径，反而更像是一个高质量视频解码器，基于设定好的剧情生成一段视频。Sora本身不能生成很有意思的剧本或故事。AGI模型优化目标应该是基于天量压缩数据和长上下文信息去进行未来预测，GPT更可能实现这个目标。我更倾向于LLM负责思考，Diffusion负责解码成高质量图像、视频、声音的定位。

《新程序员》：此前Jason Wei自曝他的“996作息表”，在网络上很火。你在“新环境”的一天是怎么样的？

潘欣：8点多起床，然后9点多到公司。我现在有比较多的时间能够去做一些亲身实验的、更偏向技术层面的事情，比如说数据清洗和模型的训练调优。小部分的时间我可能在开会，但相比在大厂的时候开会肯定少很多。到周末，我会花时间去读读论文，平时利用碎片化时间也会读一点。如今很多论文相似性比较大，读多了之后速度就快了，一天可以读个四五篇，如若读得精，则一天能读一两篇。

《新程序员》：到目前为止你整体的状态如何？

潘欣：还可以，每天都在做实事，每天都有产出。

《新程序员》：用几个关键词总结你的情绪？

潘欣：很有意思，有趣并且有收获。

《新程序员》：你在零一万物当前负责的是多模态研发，现在团队有多少人？

潘欣：十个人左右，平均三十岁左右。我主要关注多模态和产品结合的技术和应用问题。大家都有AGI的信仰，有着初创企业敢打敢拼的创新精神，每一天都在突破各自的技术能力边界。另外，“跨界共创”是零一万物的特色之一，不同的团队伙伴可以坐在一起，为一个项目的最好效果共同打拼。

《新程序员》：在多模态方向，具体的目标是什么样的？

潘欣：短期内，一方面我关注的是生产力场景的多模态理解问题，即探究AI如何通用地理解任意长文档、截图、屏幕内容，并进行推理、解答、执行。

举例来说，给AI阅读一份100页的财报，其中有各式各样的饼状图、折线图等视觉元素和布局，形成了复杂的多模态场景，而且可能存在中、英、德等多种语言混杂的情况。那么，怎样才能让AI准确地理解这类信息？这就是我近期希望能在多模态领域解决的问题。

另一方面我也关注基于上下文和多模态条件的可控生成。比如说让AI能够记住特定的人，并能迅速、精确地将其形象整合进生成的图像或视频中。目前技术上已经有了一些进展，比如多模态条件图像合成（Multimodal Conditional Image Synthesis）技术能够快速编码条件并控制模型的生成；此外针对这一需求的部分技术手段已经比较成熟并得到广泛应用，例如通过一张照片就能合成高质量的人像特写或静态肖像。

《新程序员》：那前面提到的问题已经得到初步解决了吗？

潘欣：社区似乎还没有一致性的方案，但是大体的路径在我看来已经比较清晰了。几个关键点：1.原生的多模态预训练；2.更长的多模态上下文（不是text token）；3.MLLM和Diffusion的深度结合。

《新程序员》：大模型的训练和推理在当前都面临哪些挑战？

潘欣：从整个行业上看，大家都面临很多挑战，国内同行共同面临的主要的挑战是速度不够快、成本太高。我觉得这个问题得靠专业分工解决，需要让各自Infra的团队去进行优化，里面有很多技巧。比如模型并行、数据并行、流水线并行，还有针对某些特殊模型结构的分布式设计等等，在不同场景下，优化的角度和方法各不相同，可以从模型精度、输入输出（IO）性能等多个维度进行考量，并且存在多种优化手段，其中既有牺牲一定精度换取速度提升的方法，也有在保证精度前提下的无损优化策略。

《新程序员》：大模型面临的痛点如此之多，目前大家都没能给出很好的解答。

潘欣：这跟人工智能底层技术有一定关系，现在神经网络里面有很多黑盒，并不是可以直接通过公式推导得出结果（多维空间的求解）的东西，因此比起用数学精确推导，人工智能更需要多做实验去探索和论证。而如今实验的成本越来越高，迭代周期延长，试错也变得很慢。

《新程序员》：比尔·盖茨在采访Sam Altman的时候，Altman表示今年是多模态发展的一年，他看到的未来非常遥远。你对多模态的下一步有哪些思考？

潘欣：我觉得他们都是站在高处思考，看到的更多是“美丽的风景”，满眼都是机会与可能性。我现在站在具体应用的位置能看到很多技术问题，并且会更偏向于在比较具体的一些产品问题上去做这件事情。

至于多模态的未来，比较重要的是多模态Pretrain方法。现在多模态训练更像是打补丁，缺少“多模态的next token prediction”。举个例子，比如我们想让模型看懂任意chart（有些真的很难懂），通过后期收集所有复杂类型的chart和标注，然后continue train是很别扭的。按道理pretrain阶段模型就应该见过且压缩互联网所有类型的chart。

《新程序员》：当你的团队面临一个问题时，具体从问题发现到解决方案实施的全过程是怎样的？

潘欣：相对于大公司，初创公司有集中力量办大事的体制优越性，从问题发现到解决方案实施的闭环速度比较快，我一旦碰到技术难点很快就能想办法应对，然后快速地在产品里得到验证。总之正向反馈还是挺好的。

具体举例来说，早期我们让AI去阅读一份字号比较小的文档，一般的方法是让多模态模型的视觉编码器将图片缩小至较低分辨率（如224×224或448×448）再去理解。这种架构用来理解一些benchmark是没问题的，但如果是精确辨识实际场景中数字小数点的情况就不行了，因为分辨率太小，可能5和6这种字形相近的数字就看不清楚。这是目前很多模型都面临的问题。所以，我们快速添加了一个更大分辨率（如1024×1024）的视觉编码器再训练一下，如此一来模型就能看到图片里面很小的细节了。

《新程序员》：这个解决方案是怎么想到的？

潘欣：50%来自学术界已发表的前沿论文，50%是我们做出的改进。其实大部分问题的答案都藏在论文里，现在的问题就是论文太多了，质量很好的论文被藏到众多没有价值的论文里面，良莠不齐。所以要把好论文挖掘出来是比较难的。

《新程序员》：有什么“挖掘”好论文的心得？

潘欣：首先是速读论文，然后尽量找那种出名的机构发布的论文，可信度会高一些。除此之外，我们有时候会分工去读论文，或者和别人做一些沟通讨论，再就是可以看看业界其他大佬的意见。现在AI界的大佬很喜欢用X，所以X上可以看到一些高质量的论文分享。

大模型公司创业潮远未到“AI寒冬”阶段

《新程序员》：近期英伟达市值一路高涨，推理和训练的算力成本已经是公众共同关注的话题。你怎么看？

潘欣：算力资源现在是供需不均衡，这个得依赖算力资源供给侧的多元化，因为在更多参与者的环境下硬件价格才能更快降低。

《新程序员》：国内现在也有一些算力供应商为大模型提供服务，你有看到什么可行的初步方向吗？

潘欣：Transformer架构已成为深度学习领域的主流，可以聚焦于Transformer的具体优化。英伟达也不傻，他们知道自己被很多人盯着，所以也在往专用化方向去发展，利用类似英伟达Tensor Core、Transformer Engine这样的专门为加速矩阵运算和Transformer层设计的硬件单元。

我对此还是比较乐观的，因为这种优化可以叠加。那要是能源、算力和模型都能优化两倍，就会是2×2×2而不是2+2+2，呈现出指数级的增长。只要大家每年在各个方向优化两倍，最终叠加起来可能就是几十倍、上百倍的优化，所以我乐观估计算力成本肯定会降下来，并且是以每年数倍的速度下降。

当然，成本下降之后大家可能又会想做更大参数的模型，所以再多的算力最后也能被消化掉。

《新程序员》：从比特币一直到现在的AI，技术趋势一直在不确定性中演进，但英伟达自始至终都在做算力，最终找到了一条成功的路径。

潘欣：我觉得这里面可能还是有很多偶然的因素。英伟达应该也没有规划AI这条路，更没想到CUDA会成为英伟达在AI GPU里的一大优势。所以说，只要坚定不移地去做有用的技术，说不定哪一天就会有更大的价值。特别是对大公司而言，坚持一件长时间没有收获的事情是格外困难的。

《新程序员》：那对创业公司呢？

潘欣：创业公司也很难，因为创业公司没有强大的现金流。所以很多成功的公司其实在创业阶段都经历过九死一生，例如特斯拉就曾命悬一线，后来熬过了最艰难的阶段成就了今天的马斯克。此外，英伟达早期也是差点破产。

《新程序员》：创业公司在国内一直有很悲观的论调，许多时候其命运总是被大厂收购。针对当前这一轮大模型创业潮，你有哪些想法？

潘欣：我不会花太多时间想这些事情，因为这种都属于短期的成败。关键问题在于，AI未来能不能长期发展？整个赛道会不会做得更宽？且赛道宽度又是什么样子？是否能一直在AI这条赛道上做有意思的事情？包含OpenAI本身也是初创企业的崛起过程，它从0到1再到挑战巨头，背后是掌舵者的坚定和团队的凝聚力，不断创新迭代且坚持下来。所以我觉得，总会有一些初创公司能够在技术创新和商业实践中脱颖而出，获得真正的成功。

《新程序员》：你在框架领域其实经历过许多开源，这一路下来都有过哪些思考？

潘欣：开源肯定是个双刃剑，它好的一面在于快速地促进了信息的交流和复用，节省了全人类的很多资源，避免了重复造轮子。但开源自身也带来一些问题，比如开源工具可以被人们用来造假，假新闻或假消息的数量翻了好几倍，现在还有效果很好的深度伪造技术和语音合成模型，这些都是开源的一大危害。

除此之外开源可能会导致一些强者通吃的局面。比如谷歌开源了某个很好的东西，很多人直接就拿来用了，潜在地扼杀了一些自研的多样性和创造性，也减少了一些工作机会。我觉得要辩证看待这个事情，因为有时候人类发展太快不一定是件好事，现在人类手上不可控的一些高科技已经越来越多了，从核能、生物技术到AI都是双刃剑，所以技术高速发展的时候也会怀念岁月静好。

《新程序员》：很多人工智能学者、专家也想到了这点，联合签署了好几份文件。

潘欣： 他们的出发点是好的，但现在就是停止研究也没用，对吧？开源或是论文发表很容易加速这种研究。我希望的是技术能够造福人类的同时不会对人类带来伤害，这种想法比较乌托邦。

《新程序员》：上一波AI浪潮在2018—2019年，很多人都害怕再经历一次"AI寒冬"，忧虑AGI什么时候会到来，你现在对此有答案吗？

潘欣： 我觉得这一波浪潮会比上一波走得更远一点，它们本质不同。上一波AI浪潮没有任何智能诞生，本质就是训练了一个映射器，其中的典型应用是翻译、人脸识别和语音识别，存在很明确的映射关系。但是今天这波生成式其实已经有智能的感觉了，如果你经常使用GPT-4，就会发现它的通用性虽然没法用数据量化，但我们还是能感受到GPT在像人一样思考。

我感觉以GPT当前的能力，能产生的应用肯定远不止于此，还没到（AI寒冬）那个阶段。这一波浪潮至少在应用层面上还远没有到收敛的阶段，只是因为技术刚出来，大家都还没搞清楚应该做什么应用，怎么去把AI变成价值。当然，未来也可能碰到瓶颈，比如到GPT-5就停滞不前，或者像自动驾驶技术那样总是"还差一点点"，甚至边际收益越来越小。或许AGI到明年就出来了，这些都是有可能的。

《新程序员》：AIGC究竟能做什么应用确实是很多人头疼的问题，你有什么想法可以分享吗？

潘欣： 如果不考虑算力成本的话，AIGC的通用性足以让已有的全部应用被重写一遍。但如果考虑算力成本就很难说了，因为许多东西的增量收益是未知的。

更值得思考的是会出现什么全新的应用。

我认为目前还没有应用爆发是因为关键AI资源被垄断了。想当年移动互联网时代产品不断井喷，是因为整个移动互联网的基础设施十分健全，每个人都可以低成本去开发和定制自己的App。但现在所有人访问GPT-4只能通过OpenAI的接口，微调和定制都有较大限制。而自己研发模型又受到启动资金和技术资源的限制。

《新程序员》：你认为在大模型时代的开发者身上，最重要的特质是什么？

潘欣： 需要懂模型、用模型。

《新程序员》：对于开发者而言，AIGC应用创新是一大难题，因为我们要做出自己认知以外的东西。你认为在当今的现实情况下，开发者应该怎么做？

潘欣： OpenAI只给开发者们开了一道很小的"孔"，创意没有得到完全释放。初级开发者可以充分利用现有的API功能来探索新的应用场景。而对于有一定经验的开发者，他们可以进一步研究开源数据和模型，借助这些资源进行更深层次的创新实践。财力较为雄厚的团队，可以选择投资更多的模型定制研发工作，通过对已有模型进行改良甚至创建全新的模型结构以满足特殊场景需求。所以不同环境下的开发者，采取的开发方法都是不一样的。

《AGI 技术 50 人》专栏

面壁智能 CTO 曾国洋：“卷”参数没意义，不提升模型效率，参数越大浪费越多

文 | 唐小引　王启隆

曾国洋，年仅26岁，8岁学编程、奥赛冠军保送清华，高三去旷视公司实习走上AI之路，误打误撞成为中国首批大模型研究员，接着在25岁这一年成为大模型明星创业公司CTO。他的身上，散发着典型的技术少年天才的聪明劲儿，一切为了好玩儿。让我们一起从曾国洋的思考和摸爬滚打中，看AGI的发展脉络吧！

受访嘉宾：

曾国洋

曾国洋，面壁智能CTO，8岁开始学习编程，高二获全国青少年信息学竞赛金牌（全国50人）、亚太地区信息学竞赛金牌，后保送清华，高三加入旷视公司实习。大一获清华大学挑战杯一等奖、首都大学生挑战杯一等奖，大二加入清华大学NLP实验室，一直从事大模型相关的研发工作，是悟道·文源中文预训练模型团队骨干成员。在计算机系毕业后，担任智源研究院语言大模型加速技术创新中心副主任，拥有丰富人工智能项目开发与管理经验，2021年作为联合发起人创建了OpenBMB开源社区，是模型训练加速和推理加速BMTrain、BMInf的主要作者之一，也是CPM-Ant、CPM-Bee两期大模型的主要完成人之一。

曾国洋，这位1998年出生的大模型明星创业公司的CTO，常被冠以“AI小神童”的称号。和OpenAI CEO Sam Altman一样，也是8岁开始学习编程。他的身上，颇有Linus的“Just for Fun”的意味，“厉害”“酷”“有意思”“蛮有挑战”是他若干选择背后的出发点。

曾国洋年少时，因为大家都觉得编程很厉害，由此自学电脑走上了编程之路，又从Visual Basic转战C/C++、攻克各种算法；因为听说竞赛挺难，就走上了竞赛之路，高二获全国青少年信息学竞赛金牌（全国50人）、亚太地区信息学竞赛金牌，后保送清华。“我对计算机领域里具有挑战性的事物，向来都是挺感兴趣的”，聊起自己的程序人生，曾国洋的眼神里满是兴奋。

高三时，当同龄人还在熬灯夜战挤过独木桥时，曾国洋已经蹬着自行车跑去当时的AI先锋创业公司实习了，这就是后来以群聚一代天才人物闻名的“中国AI四小龙”之一旷视公司。在旷视，曾国洋初尝到了“AI能解决的问题往往仅靠写代码都解决不了”的甜头，自此正式步入AI领域。

后来于大二期间，在舍友的引荐下，他加入清华大学NLP实验室，成为中国最早一批大模型研究者，并担任悟道·文源中文预训练模型团队骨干成员。2021年，曾国洋作为联合发起人创建了OpenBMB开源社区，是模型训练加速和推理加速BMTrain、BMInf的主要作者之一，也是CPM-Ant、CPM-Bee两期大模型的主要完成人之一。2022年，在清华大学计算机系长聘副教授刘知远的集结之下，愿景为“智周万物”的面壁智能在北京成立，曾国洋自此成为这家初创公司的技术1号位。在此之前，曾国洋手里已经拿到了不少Offer，最终却都没有去，核心是

因为觉得创业这件事儿蛮有挑战性，于他而言，再优厚的条件相比AGI征途的召唤都显得无味许多。

从初期卷参数量，到现在瞄准“应用落地场景”，我们俨然进入了大模型的下半场。现实中的技术与理想中的应用究竟还差多少？时至今日，我们距离OpenAI、AGI、技术终点还有多远？《AGI技术50人》和年仅26岁、掌舵初创“黑马”面壁智能技术栈2年的曾国洋面对面地聊了聊。

8岁学编程，Just for Fun的AI之路

《新程序员》：你是如何接触编程从而产生兴趣的？

曾国洋：我从小对计算机就比较感兴趣，接触计算机的时间其实非常早。小时候我的身边，包括我的朋友、老师、父母都潜移默化地告诉我，学计算机、会编程很厉害。那时我就觉得要是很厉害，值得学一学。当时其实也都不太懂，只是大家对计算机特别厉害的人有个“会写代码”的概念。

于是我尝试着去学习，从Visual Basic开始，最早是在网上查阅各种资料，也是懵懵懂懂的状态，看不懂代码写的是什么。直到上中学后开始系统性地接触了C/C++语言编程，越来越多地看一些国内外的资料，尝试写了更多复杂的程序。

《新程序员》：一直保持着编程的习惯吗？

曾国洋：我特别喜欢写代码，上大学后也和同学、学弟一起做过很多项目，包括参加学校举办的智能体大赛、挑战杯等等。

但不同阶段确实不一样，对程序员来说，如果在一线写代码，最主要的时间都在写代码。而我现在的状态是属于开会、开会、开会。

随着公司人越来越多，也是需要越来越多地做一些沟通上的工作。公司初创之时一直到去年年初时，其实也就只有10个人不到，我就还在一线写代码，每天工作特别充实，成就感也很强。

那时候其实也没多少钱，但大家都是在拼命地做模型。去年5月份后，公司人越来越多了，但这个时候我就发现要将这么多人有效地组织起来其实挺难的。现在回过头来看，要训练好大模型，对整个团队协作的要求非常之高。

为了训练大模型，我们会有数据清理、清洗标注、评测团队，训练Infra、运维、算法的团队。除此之外，还有各种各样的团队，这么多团队大家得一起协作起来，才能让大模型稳定良好地训练起来。

《新程序员》：不直接参与写代码，会有些遗憾吗？

曾国洋：还好，当然我有时候也会抽点时间搞点代码到模型上试一试，做些有意思的小事情。既能验证我在大模型上的一些想法，也有可能形成一些有意思的原型，也许就能帮助公司找到更好的落地方向。

还记得我们最开始训练模型的时候，公司内部建了一个“CPM鉴赏群”。当时我们试着用模型去写小说，每天写一段让大家一起欣赏。现在大家看到的模型多数都是经过对齐之后的模型，这限制了模型自由发挥的能力，我们内部的基座模型当时还没有做对齐，在创作方面的能力远比大家现在看到的更强，效果也特别有意思。

我感觉做大模型有点像发现新大陆一样，你知道有一片很大的空间，但不知道它到底能发展成什么样、究竟有多大。值得确信的是，可以感受到它的未来非常有潜力，我们要尽快地在上面占据自己的领地，然后进一步开疆拓土。

《新程序员》：初次接触AI，是在你进入旷视实习之前，还是之后？

曾国洋：去实习时才接触到的。还记得那是2015年，这个时间节点也是恰巧赶上了深度学习引发一波AI热潮的尾巴。我个人对AI非常感兴趣，因为AI能解决的问题往往仅靠写代码都解决不了，这也意味着AI可以用来解决一些很有挑战性的问题。2016年AlphaGo的出现，也

给我们带来非常大的震撼。

《新程序员》：实习期间有做出什么让你成就感很大的事情吗？

曾国洋： 当时我负责做行人的相关检测。其中让我感受最深刻的是我设计了一个程序，能通过室内摄像头监测，把一个人在室内多个摄像头下的活动轨迹绘制出来，这个项目还是比较有意思的。

不过，在尝试做了多个项目之后，给我最大的感受还是，在不同的摄像头配置、不同的场景下，AI的通用性其实并没有那么好。那个时候的我，虽然看到了问题所在，但还没办法做改变，那时候还比较懵懂。

《新程序员》：你觉得对自己影响最大的人是谁？

曾国洋： 其实对我有影响的人还挺多的。第一，我要感谢我的父母，是他们告诉我要去学习编程，最初如果没有人提这个东西的话，我可能也不会意识到还有这么厉害的技术。

第二，对我比较有影响的是我的小学班主任。当时我成绩没那么好，也比较贪玩，喜欢做一些学习以外的事情，后来老师单独找到我并激励了我，从那以后我才开始认真学习。

第三，中学时期的计算机老师引领我走上了竞赛的道路，我对此也特别感激，因为在竞赛这条路上，我接触到了很多优秀的人，也打下了深厚的算法基础。就是在这个时候，我开始阅读各种论文，并深入学习算法，也意识到算法才是真正解决问题的关键。此后，我开始系统地学习算法，了解它们的广泛应用，培养了解决问题的思维方式。

第四个对我影响较大的是在2015年引领我进入AI领域的导师，因为如果我不在那个时候进入，后面就没什么机会了。

说来也巧，刚好在那一年的冬令营上，旷视在招人。也刚好是那一年，我高中的竞赛辅导老师告诉我这个事儿，说我可以去试一下。然后，我就去试了一下，刚好就通过了，一切都是刚刚好。

《新程序员》：你其实会对有挑战的事情很兴奋。综合起来，你到现在最快乐的时光是什么阶段？

曾国洋： 我感觉快乐时光还挺多的，毕竟如果一直做自己喜欢做的事的话，每次有产出的时候都会比较快乐。

当然最快乐的时光还是在做大模型之后，第一次让我感到非常快乐的节点是在训练完CPM-1的时候。那个项目时间非常紧，在做CPM-1时，国内还没有人在做大模型，甚至连虚拟大模型的集群都找不到，因为之前没有这样的需求。所以当时我们连夜拉着清华高性能的同学一起努力，将这些资源整合起来。在不到一个月的时间内，我们从零开始完成了一个大模型的训练。训练完之后，效果非常好，也非常有趣。

当时的模型还没有所谓的对齐技术，只是一些文本续写的模型，但它能够写出很好的小作文，甚至可以将你同学的名字写进去。这是我第一次感到非常快乐的经历，也让我坚信大模型在未来有很大的发展空间，非常渴望去继续研究大模型。

第二次让我感到快乐的时刻是在2022年11月底ChatGPT问世后。起初，我们很多人坐在一起讨论如何追赶，最终得出一个“预估需要一年多的时间，可能在2024年的某个时间点才能赶上”的结论。当时大家对这个认知还挺悲观的，在2023年1月份的春节回来后，我自掏腰包找人标注了200多条像ChatGPT这样的数据，用于我们的模型训练。突然间，模型效果变得非常好，超出了我们的预期，这让我觉得我们离它实际上并没有想象中那么遥远。

创业这两年：从卷参数到效率为先

《新程序员》：不少清华学子本科之后选择了硕博连读，当时你是否考虑过这条路？

曾国洋： 我个人还是比较想做一些偏应用落地的工作。

《新程序员》：创业下来，感受如何？

曾国洋：有挑战性，压力也会比较大，因为创业和上班不一样。上班是只需要完成工作就可以赚取工资，创业则明显不同，不仅需要思考公司如何赚钱，还需要平衡各种各样的开销、招聘、攻克技术方向、与投资人对接等等。这对我来说，挑战还是非常大的，因为它不再单单是一个写代码这么纯粹的事情。

《新程序员》：你们的首个中文大语言模型CPM-1是在哪年发布的？

曾国洋：2020年12月，在智源一个活动的展区里，我们就在一张桌子上放着一台电脑，后面接个显示器，大家围成一圈，每个人在模型上随便试，觉得特别有意思。

那个时候，一方面，我们的推理技术还不够完善，无法大规模地对外提供服务。而如今的大模型推理效率提升了几十倍，甚至上百倍。另一方面，也没有人专注于安全相关的工作，我们不敢匆忙发布。

不过，虽然只是一个简单而粗糙的演示，但确实引起了很多关注。

后来到2021年年初，从我们的悟道项目到华为的盘古项目，越来越多的人开始跟进，在国内掀起了一波大模型的热潮。

最早我们做出来的只是一个2.4B模型，和我们发布的MiniCPM-2B规格差不多，但那时的2.4B模型在V100的GPU上要过好几秒才能出来几个字。把2020年的技术换算过来，还没有现在手机端模型跑得快。

《新程序员》：我看到你将大模型分为类似大杯和超大杯这样的类别，在此之前，不少AI公司都在追求训练更大的模型。

曾国洋：一味地追求模型参数量这条路是走不通的。国内这两年不少人的实践也证明了这一点：2021—2022年，国内很多企业做大模型时开始“卷”参数量，最早我们做到了2.4B参数量，然后行业有人做到千亿、万亿，甚至是十万亿，现在大家都“卷”不动了。越到后面，大家就越容易发现，参数量更大，不代表模型效果更好。

在模型训练中，参数量只是其中的一个变量，还有很多其他变量会影响模型的训练效果。对于面壁智能而言，我们更关心的是效率，这也是我们在发布MiniCPM时一直强调的事情。大模型的效率会很关键。

《新程序员》：怎么想到效率这个事的？

曾国洋：这也是我回看国内初始阶段“卷”参数量，再到ChatGPT发布时大家在猜它到底是个多大的模型时想到的。

GPT-3拥有1750亿参数量，大家都在猜测ChatGPT会不会是个万亿规模的模型产品，但实际得到的消息是——它大概有几十B，比GPT-3更小，但是更小参数模型可以达到更好效果。

这就像起初我们“卷”参数“卷”下来，其实还是没达到ChatGPT的水平。在大模型中，我们不应该一味地追求参数，而应该追求更高的模型效率和更优化的智能训练配置，用更小的参数量达到更好的效果，用更低的成本干成更大的事。

“百模大战”的下半场拉开帷幕

《新程序员》：现在各大厂商几乎都有了自家的大模型，预示着“百模大战”已经进入下半场，即AI原生应用阶段，但不少人都觉得迷茫，有一种“拿着锤子找钉子”的感觉。

曾国洋：我认为要做应用，如果没有一个专门的模型团队来支撑，将会面临相当大的挑战。如果完全依赖外部的模型，你的核心能力将会受到很大限制，因为这些模型是由外部团队控制的，而非由你的团队掌控。

《新程序员》：这意味公司要有一个自己的模型，然后从模型到应用？

曾国洋：这是我的感受。当无法训练模型时，情况就会变得相当痛苦。

我日常会进行一些有趣的探索，比如验证我们现有的模型是否能够满足要求，以及我们与目标之间存在多大差距。如果差距不大，可以进一步推广应用。这种探索不仅能指导模型的进化方向，还能给应用带来新的想法。

《新程序员》：我理解的是做应用的人肯定会比做模型的人更多，很多应用开发者会直接选择第三方模型。另外，自己做模型成本很高，大部分公司没有办法负担成本。

曾国洋：这也是对应用开发者来说比较麻烦的事情。就像在ChatGPT推出之前，许多应用都是基于OpenAI的GPT-3构建的，但随着ChatGPT的推出，很多应用就被淘汰了。

当你的核心能力依赖于第三方模型时，确实会遇到这些问题。现在的技术进步还没有遇到瓶颈期，迭代非常快，这就造成你现在基于一个已有模型做的一些小突破，很有可能被下次技术的迭代覆盖掉了。

《新程序员》：那我们该怎么形成自己的壁垒？

曾国洋：壁垒的种类多种多样，可以分为短期、中期和长期。短期壁垒主要是技术层面上，例如，比别人更快地实现某一步骤，从而在短期内获得更好的效果。中期壁垒可能涉及数据方面的优势，在有短期壁垒和用户基础上，可以通过数据反馈来获得优势。从长期来看，除了技术和数据之外，最终还是需要在产品上建立壁垒，譬如拥有庞大的用户群体和良好的商业模式。

仅靠技术和数据很难构建更持久的壁垒，因为技术会随着人员流动而流失，数据的边际收益则会递减。所以先建立短期壁垒，再建立中期和长期的壁垒。

《新程序员》：当前大家对生成式AI应用更多的是在尝试阶段，还没有爆款应用落地。你对这一块的见解和观察是怎样的？

曾国洋：我认为当前的技术模型正在快速迭代，现在没有并不代表将来没有。有可能是基于现有技术，有人想到了一些可以实现的想法，但目前的模型还无法实现。也可能有些创意是大家还没有想到的，而且技术仍在快速演进，所以尽管现在无法实现，但我相信未来一定会有可能实现。

这种限制可能存在于几个方面。一方面是模型能力的限制，另一方面是成本问题，许多有趣的应用可能成本过高，这也会阻碍创业的进行。

这段时间有一个叫“哄哄模拟器”的项目就很受欢迎，然而，正是因为成本问题，一旦用户量上来，成本有些兜不住，没有办法形成一个正向可持续的商业模式，就会出现问题。

不过，我觉得这一切也是向着更好的方向在发展，现在大部分越来越强的模型，价格越发便宜，成本越来越低。就像几年前我们构建的CPM-1，到现在用同样规模的MiniCPM其实能达到一个以前想都不敢想的效果。

《新程序员》：当前所有的大模型都是用Chat UI的方式，对于做应用而言，你认为大模型会为App形态带来什么样的改变？

曾国洋：提到Chat UI，让我想起来听到过的一个更有意思的想法，叫作AI UI，即AI生成UI。现在所有的UI其实都是程序员预定义好的，但是对话只是纯文本形式，如果能让AI生成UI，譬如订个票，就可以直接让AI生成订票的界面，我觉得这是可以实现的，但是还没人在做。从我的角度来说，AI UI可能是个好的方向。

《新程序员》：这意味着过去程序员是为了实现某个工具，人工去写代码，未来是否有可能程序员就为了AI去写代码？

曾国洋：也不能叫为了AI写代码，我倒没想好具体程序员会干什么，但是我觉得如果能做成那样的话会非常酷。倘若做成了，以后手机操作系统就不需要搭载一堆

App，只需要告诉AI你所需要的东西，它可以直接现场生成一个UI。

《新程序员》：你觉得还需要手机吗？是不是有更好的终端？

曾国洋： 有可能会有更好的终端，但是我还没想好会是什么样子的。只是未来交互往这个方向发展，肯定会非常有意思。

端侧大模型的新机遇与挑战

《新程序员》：端侧模型是否需要硬件厂商加入专用AI芯片，面壁智能模型在这方面是怎么做的？

曾国洋： 我们发布的MiniCPM 2B是能跑在CPU上的模型，可以带来一个之前大模型没有的空间。以前的大模型需要跑在有GPU的设备上，而这样的设备少之又少，也不难想象，大部分的电脑可能都没有可靠的GPU。

现在像MiniCPM这样的模型能在CPU上运行，这意味着几乎所有的手机、电脑都可以直接运行。如果一个模型可以在CPU上运行，那么它就可以嵌入到各种应用程序中。

作为应用程序开发者，你无须关心用户到底有没有GPU设备，只需要把大模型嵌入到应用程序中，使其具备智能能力即可。此外，像MiniCPM这样的模型规模也不是特别大，占据的内存大小约3~4GB便足矣。我认为效率还是相当不错的，它适用各种应用场景，也可以随着应用一起发布。

《新程序员》：这属于让人人都有能力自己训练、运行模型。

曾国洋： 对。MiniCPM的规模相对较小，每个人都有能力微调它，也有能力让它运行起来，甚至将其嵌入到各种应用程序中。

《新程序员》：发布这样模型的目的是什么？

曾国洋： 对于MiniCPM来说，我们关注到大家对于端侧模型其实是持有期待的。我们也希望通过这个开源模型，让大家首先有一个比较好的基础开展工作，其次我们也希望在此技术上进行业务探索。

《新程序员》：我看到其他做端侧大模型的公司，基本上都是因为自己是一个手机厂商，如小米、OPPO、三星等，他们研发大模型是为了直接集成到自家手机的系统层，面壁智能端侧大模型的机会在哪？

曾国洋： 我认为每个人对此的看法可能不太相同。我们发布MiniCPM，一方面是为了证明我们的能力，另一方面也是因为目前在端侧缺乏一个非常强大的开源模型。

通过查阅现在行业的一些评测结果，相信大家也发现，在端侧实现与大模型相同效果并不是那么容易。

此外，我们认为在端侧还有很多工作可以做。初步判断未来1~2年的时间里，我们可以在手机上运行一个与GPT-3.5相当水平的模型，这将带来很多机会和挑战。

《新程序员》：国内不少人正在使用LLaMA等开源模型，吸引更多的人使用面壁智能模型的契机是什么？

曾国洋： 这个涉及商业化方面的考虑，也包括我们为什么要从事这项工作。

对于核心模型而言，作为一个开源方案，能够实现可复用和通用性是非常重要的。因为如果每个应用都使用大模型，而每个人都在手机上运行这些大模型，手机的存储空间将会不够用。因此，如果我们能够有一个被广泛认可且具备良好技术能力的开源模型，实际上可以很好地解决生态系统方面的问题。这样做将有助于推动生态系统的发展，同时也能够满足各个应用的需求。

《新程序员》：在实际做模型时，你为什么尤为关注成本问题？

曾国洋： 一方面是有历史原因，我们是国内较早做大模型的，经过一段时间的实践也可以发现有些堆参数量的模型其实效率并不高。虽然它们能够达到一定的效果，但是与其投入相比，它们的价值并不那么高，不够划算。对于大模型应用而言，我们关注的主要是它们的价值和成本，越高的效率意味着它的价值越高，成本越低，而在价值和成本之间就是它的商业化空间。

另一方面，与其称之为“把成本做低”，不如叫“把效率做高”。对于模型，除了C端用户会关注，当模型的用户量逐渐提升后，B端客户也会关注。这一点至关重要，因为如果不考虑模型规模化，现在的技术可以训练出拥有数万亿参数的模型，但这样规模的模型虽然能够取得良好的效果，然而它的应用成本会特别高，导致没有人能把它用起来，带不来什么价值。

OpenAI在成本、效率方面已经做得非常出色。GPT-3.5之所以现在能有这么大的使用量，一方面是因为它效果好，另一方面也是因为它成本足够低。可以想象，假如GPT-3.5的成本和GPT-4的成本一样的话，估计就没有这么大的使用量了。

《新程序员》：AI发展几经起落，每个阶段都会遇到一些瓶颈。这一波AI是否会遇到与之前相似的问题？

曾国洋：我觉得技术的发展遇到瓶颈是常态。研究过程中，如果技术没有任何瓶颈就可以一往无前，也不太符合现实逻辑，但是遇到瓶颈也不是什么大问题。就当前而言，AI技术还有很多事情可以做，国内外各家模型也在快速迭代，暂时没有什么太大的瓶颈。

Sora只是量变，ChatGPT才是质变

《新程序员》：之前看到OpenAI发布的Sora，你有什么样的感受？

曾国洋：没什么特殊，我觉得很正常。因为我其实之前也看过很多文生图、文生视频相关的工作，Sora最惊艳的点其实在于它能生成一分钟长的视频，但这个在我看来只是带来了“量变”，而ChatGPT的出现带来的其实是“质变”，因为在这之前没有一个这么智能的Agent。

在我看来，Sora之后能带来的质变也许是它真的能够去生成一个没有任何瑕疵的电影，但这个事儿有点难。包括前面我提到过，我试图用大模型去写小说，但为什么最终没有发布呢？原因也在于大模型在进行长篇生成时很容易出现瑕疵。文章的每个细节看上去都非常出色，但串在一起，逻辑却显得不通。

如果你仔细看过Sora官方的示例，也会发现有很多瑕疵。只有把这个问题解决了，Sora才可能带来一次质变。

《新程序员》：许多人认为Sora的实现让我们离通用人工智能更近了一步，你怎么看待？

曾国洋：Sora肯定对某些事情产生了影响，它实际上是一个能够理解一些现实物理规则的模型，这证明了视频数据中包含的信息有助于模型理解现实物理规则。

就实际工作而言，我认为Sora并没有直接推动大模型朝着通用人工智能的方向发展，但从研究角度来看，它确实具有很多价值。

《新程序员》：每当OpenAI推出新的技术或产品时，都会引起一场冲击。之前有些创业团队已经投入了大量资源进行的开发，随着OpenAI的某个新发布可能就会遭到淘汰。对此，我们的下一步应该怎么做？

曾国洋：首先，探索是必不可少，这是研究性工作的本质。大部分进展都是通过探索获得的，而非凭空产生的。

由于研究工作具有阶段性要求，就像楼房一层层建造，版本逐步迭代一样。举例来说，就像苹果为何不直接发布iPhone 10一样。前期的工作是必不可少的，因为它们帮助验证结果，同时也为获得进一步的支持奠定了基础，让你能够继续进入下一个阶段。

《新程序员》：曾经一度，很多厂商将智能音箱等视为智能的入口。如今随着大模型等技术构建起的智能生态系统发展，这与过往有哪些不一样？

曾国洋：对于传统技术来说，通常是基于程序来执行用户指令，这样的方式在智能能力上存在一定的局限性，总会有一些覆盖不到的情况。

相比之下，AI可以实现更多任务、更加智能以及更具个性化。举个例子，当你回家时可能需要打开灯、空调等设备，传统方式需要专门编写相应的适配程序来满足需求，无论是编写代码还是使用低代码平台，都需要开发者进行开发。但是对于AI来说，可以直接通过自然语言处理实现自动化。这便是一大差异点，即智能化的程度不一样。

另一点可以思考的场景是，未来不仅家庭设备智能化，而且外部的各种公共设施也有可能实现智能化。

此外，设备或许只是一方面，Agent的概念其实会更广泛一些。比如说很多应用的功能可以作为一个Agent的形态而存在，它可以连接到一些甚至不在你周围的事物。

《新程序员》：列举一个你能想到的应用场景吧！

曾国洋：假如我们正在开会，我可能想到一个东西，准备演示给你看。在大模型+Agent趋势下，我也许可以通过一个智能终端直接在电视上演示出来，演示的时候不一定需要有特定的App为依托，而是电视可以直接做一个智能Agent，它可以接收一些指令直接进行演示。同时，所演示的内容也可能来自另一个地方，比如我在网盘上存储的一篇文章等。

《新程序员》：苹果发布的Vision Pro依然属于一种头盔式设备形态。按照你所想象的，你认为未来结合大模型、Agent，类似这种设备会成为智能入口吗？

曾国洋：我认为Vision Pro始终是一个设备。我的理解，未来会有一种智能，可以打通不同系统，更加了解用户，更加智能化。按照这种想法，其实万物都可以成为智能的入口，可以是你的手机、手表，甚至是电视。

《新程序员》：大模型和Agent研究的进展取决于哪些方面？

曾国洋：一方面依赖于模型的效率，我们要把模型做得更好。另一方面取决于数据，因为要使模型能够像人一样工作，需要提供特定的数据对其进行训练。

与之前ChatGPT对齐相比，Agent对齐是一个更高难度的数据对齐。ChatGPT只需要理解自然语言命令即可，而Agent需要理解用户指令，能和现实环境交互，在交互中理解现实环境给的反馈。

《新程序员》：在Agent方面，面壁智能有哪些值得分享的新进展？

曾国洋：目前，我们也在研究诸如Function Calling（函数调用）等功能，取得很多阶段性成果。近期我们开始投入很多精力，尝试使用Function Calling来解决各种问题。

《新程序员》：我发现行业很多公司在AI布局上，大家看的方向似乎都聚焦在了多模态、Agent、具身智能。

曾国洋：有可能是这条路确实是大家都很认可的，因为我感觉这条路线应该是成功通向AGI的模式。

《新程序员》：这样的话，其实这条路的竞争很激烈。

曾国洋：也不一定意味着竞争很激烈，因为要把这条路跑通有很多未知的事情。大家目标是一致的，但过程不一定是完全一样的，要走到这条路的终点，一方面要做研究，另一方面对于公司来说必须要活到那个时候。

《新程序员》：核心的差异化体现在路径上？

曾国洋：我觉得路径可能是差异化的一种表现。就像一个通用AGI，也许有人先做的是它的某种能力，有人做的是另一种能力，大家其实都能活下来。但最终也会殊途同归，因为大家最终目标都是一样的，就是我们要做创造者。

《新程序员》：对于面壁智能而言，路径是什么样的？

曾国洋：实际上与大家的认知相差并不太远。目前，我们已经拥有了一种基于文本的智能模型，并且接下来的目标是使其与人类对齐。人类可以支持更多的输入和输出模态，包括视觉和听觉等多种模态。我们也希望我们的模型能够支持各种模态的输入，并产生不同模态的输出。

此外，我们正在努力实现模型自主行动的能力，比如模型能够使用工具甚至能够直接和世界交互。在和世界交互的过程中不断地学习和强化自身。在这个基础上，把模型应用到实际的硬件上，以形成自身的指标，并使其能够自主地进行探索和便捷的交互。在这种探索中，模型将通过增强学习不断提升自身。

最后，一个关键的问题是人类记忆与当前大型模型的机制并不完全一致。如何更好地模拟和应用人类的记忆机制，也是我们面临的挑战之一。

《新程序员》：这可以理解为当前大模型是以GPT为代表，更多承担的是大脑的角色，随着技术逐步发展，然后长出了手脚，最终形成了具身智能。

曾国洋：对！再到计算智能和环境交互，自主探索、自主强化，最终变成一个通用的“人”。

《新程序员》：这是你想的AGI的终极未来吗？

曾国洋：这是一个大概的路径，大家想的也不会差太多。

《新程序员》：之前很多人说人工智能一定要做成跟人一样，你怎么看？

曾国洋：做成跟人一样，其实这个问题我也想过。它会有一定好处，现在所有生活中的各种设施，都是以人为接口的，比如我们有手机，是因为人有手；有电视，是因为人有眼睛；电视上有开关，其实是因为我们手能触碰到开关。

生活中各种东西都是与人对齐的，所以做一个和人一样的智能，它能更好地利用人类已有的基础设施建设，同时也能更好地和人做交互。

Transformer不是未来模型架构的最终形态

《新程序员》：时下，你关注的核心命题是什么？今年最大的目标是什么？

曾国洋：今年，我们计划在多模态方面进一步发展。目前我们的模型主要是基于文本的，但我们的目标是为其添加更多模态的能力，希望将模型的能力提升到甚至超越人类思维的水平，并更好地落地到更多场景上，让大家用起来，我们也能获得更多的反馈，才能了解用户需求，知道模型的哪些方面做得不好。

《新程序员》：多模态要解决的最大难题或面临的最大挑战是什么？

曾国洋：其实最大的挑战是确保效果，效果好是我们的目标。在如何提升效果方面，主要的挑战在数据。

在技术方面，我认为我们已经相当成熟了。就文本而言，我们已经有了多年的积累，数据相对充足。但是在涉及多图、多文本等多模态数据方面，我们却面临着数据匮乏的情况。这种数据的数量总体来说要少得多，而且标注好的数据更是少之又少。在这种情况下，让模型更好地理解并在多模态场景下执行人类的指令，实现多模态工作，变得更加困难。

《新程序员》：依托数据驱动的背后，面壁智能的数据核心竞争力是在哪些方面？

曾国洋：我们会有很多巧妙的方法。毕竟模型也训练了很久，对于数据如何收集，哪些是好数据，以及如何凭空造出一些数据，都是比较有研究的。做大模型很重要的一方面就是数据能力，我们肯定有更多自己的东西。

《新程序员》：在技术演进周期中，OpenAI在ChatGPT之前也对包括强化学习等技术进行了大量探索。人工智能的爆发并非一夕之间发生的，实际上在很早之前就有很多人投入研究了。面向当下引发热议的AI技术，你认为有哪些是非常关键但可能被忽视的方面？

曾国洋：我觉得可能是未来的模型架构。虽然有一些人已经开始关注，但似乎还没“出圈”。在学术界，有很多新的研究工作，大家也会关注到，但Transformer似乎不会是未来模型架构的最终形态，因为它与人类思维机制还存在一些差异。

对于人类而言，思考模式不像Attention那样在一个长的上下文中查看之前产生的特定Token。因此在这种情况下，模型架构还有许多可以改进的地方。

《新程序员》：当前，多数人都在使用Transformer架构来构建模型。倘若这种方式发生变化，肯定会引起一场新的重大变革。

曾国洋：确实。现在其实已经有不少新的架构提出来，如RWKV（Receptance Weighted Key Value，通过引入线性注意力机制，实现了类似于RNN的序列处理能力和Transformer的并行训练能力）、RetNet（一种非Attention机制的文本处理方式）。

过去，非Attention结构的模型在扩展时存在一个主要问题，即效率不及Transformer。简单理解，这种结构的模型随着参数的增长，它的效果会有一个增长曲线，非Attention结构模型的增长曲线不如Transformer陡峭。

之前，大家对这类模型的关注较少，但现在越来越多的研究已经让这些模型的效果与Transformer不相上下，甚至有些还能做得更好。对于这类新模型，未来我们也会更多地关注其是否能展现出更像人类记忆和思考的逻辑。

时下，Transformer难以实现许多人类所具有的能力，比如工作记忆，当人类在做同一件事之后，会越做越熟练，然而在Transformer中很难表达这种能力。又比如说空间记忆，当人类第一次去一个地方时，可能会迷路，但经常去之后，你能在空间上熟知如何找到更近的路。对于这种记忆，Transformer很难去处理，自然也就存在一定的缺陷与不足。

《新程序员》：很多技术人认为，技术的终点就是GPT实现自我进化的时候。

曾国洋：我认为自我进化可能很快就会实现，但即使达到自我进化，它的能力也会受到功能边界的限制。

比如，当AI能够自我进化，但无法输出控制信号时，它的能力就受到了限制。它可能在文本领域表现越来越出色，但是在控制机械臂等实际操作方面就无能为力。因此，尽管进化可能会让AI达到更高的高度，但在功能完善上仍面临许多挑战。

我认为今年AI领域可能会在文本自我进化方面取得一些进展。因为像OpenAI这样的主流模型已经比较成熟，在这个基础上，如果我们让模型自主探索、总结经验并进行自我学习，就有可能实现自我进化。

《新程序员》：你认为技术的终点会在哪？

曾国洋：我之前还想过，也许未来要强到一定程度之后，就可以让AI来帮我们做研究。

随着技术进化越来越快，终点在哪里，我也不知道。这个技术也许对人类来说是有终点的，但对真正的科学来说，不知道终点在哪。

之前很多人讨论AI技术会呈现什么样的发展曲线，其实它不是简单的一个指数型曲线。我认为它会先快速上升，达到一定程度后会有边界收益递减的情况，进而会达到一个临界点，之后又变成指数上升，这个临界点其实就是技术的终点。当AI能够完成人类研究的工作时，它就能够真正实现自我进化。

《新程序员》：除了成功的经验外，我也经常看到你分享一些失败的经验。大模型训练失败也时有发生，对此你有什么样的解决方案？

曾国洋：相当于程序员执行回滚操作一样。我之所以经常分享失败的经验，是因为在实验性研究中，失败的经验往往比成功的经验更重要。

最初，公司的一些算法同事习惯只记录成功的经历，但在我批评后开始记录失败的实验。实际上，当实验失败时，我们需要花费一些成本去分析，找出问题所在，这有助于更好地理解模型。当你对模型有了深入理解后，无论你如何操作，都会取得成功，因为你已经对其了如指掌。当模型的表现与预期不符时，你才会遭遇失败，这时才是提升的机会所在。

《新程序员》：当你失败时，就直接进行版本回滚吗？

曾国洋：方法有很多，也需要根据失败原因来看，但回滚操作必须基于一个良好的版本，然后绕开失败的部分进行修正，这是必然的。

大家最常遇到的训练失败，比如loss不收敛，而造成这种情况的原因有很多，如超参数选择不合理，以及模型数值稳定性的问题。举个例子，在训练数据中存在一些固定的模式，在数据中出现“a”后面一定是“b”的情况，模型会倾向于学习将参数值增大以提高预测准确率。然而，当参数值增大到一定程度时，数值稳定性可能会受到影响，导致模型崩溃。

此外，数据中可能包含一些脏数据，这些数据往往是一大堆重复的或者不符合通常数据分布的数据。这些脏数据可能会对模型造成冲击，引发一系列问题。

《新程序员》：去年很多人投入了大模型创业浪潮中，走着走着后面也会有一些收购案件，导致大模型行业整体格局发生一定的变化，对此，你怎么看？

曾国洋：我认为大模型能做的事其实特别多。它与之前出现的诸如Web 3、元宇宙等技术有所不同，大模型不是针对某一个领域的技术，它是一项通用的技术，能服务所有领域且商业化空间特别广泛。

我对于它的发展持乐观的态度，因为大模型能做出特别多的应用。所以，在大模型的领域应该会有不少公司能够活下来，不会形成只有一家或几家存活下来的局面。

《新程序员》：你觉得面壁智能活下来的概率有几成？

曾国洋：我很有信心。

《新程序员》：你的信心来自哪里？

曾国洋：一方面来自我们现有的团队，大家对大模型、最终的AGI使命都非常认可，也对大模型的工作非常投入，我们也逐渐取得了很多有效的阶段性的产出。

另一方面其实也是在人员上，大海（李大海，面壁智能CEO、知乎前CTO）加入之后，我们不仅在学术上有比较强的能力，在商业经营相关的方向也吸纳了一大批比较专业的同事，他们有丰富的上市公司经验，我还是很有信心的。

《Java 核心技术》作者 Cay Horstmann：AI 热会逐渐降温，AGI 普及不了多少场景

文 | 王启隆

我们和Java经典著作作者Cay Horstmann进行了一场深度访谈，走进他四十年的职业生涯、与Java的结缘历程、在软件开发和教育领域的经历，以及他对AI技术和编程语言发展的看法。Horstmann坚信Java的未来，他认为这门语言高度保持向后兼容性，可能不是AI时代最需创新的语言，而未来的语言设计还需适应程序员使用辅助工具的趋势。

受访嘉宾：

Cay Horstmann

《Java核心技术（第12版）》两卷本（CoreJava, Volumes I and II, Twelfth Edition）的主要作者，他还为专业编程人员和计算机科学专业的学生撰写了十多本书。他是美国圣何塞州立大学计算机专业的科学荣誉退休教授，也是一名Java Champion.

已过花甲之年的Cay Horstmann是Java经典著作《Java核心技术》和《Java核心技术：速学版》的作者，帮助了无数Java开发者启蒙进阶。截止到今天，Cay在软件领域已经工作了40多年，但他本人与Java的结缘方式却非比寻常，始于Java萌芽时。

1995年，Cay的朋友Gary Cornell给他打了个电话："我们要写一本关于Java的书。"

那时，Java还未正式发布。所以Cay回答他："除了媒体上的报道，我对Java一无所知。"他知道Gary的情况也一样，"而且，你对Java也一无所知。"

Gary却说："但我已经拿到了一份出版合同。"

原来，James Gosling（Java之父）不愿通过Sun Microsystems Press这家出版社发行书籍，双方陷入了僵局。Gary得知此消息后，便告知出版社的编辑，他恰好知道合适的人选来执笔此书。

于是，Cay和Gary在那个圣诞节期间疯狂地学习Java，他们用了三个月的时间来完成这部著作。幸运的是，Cay当时还没从教授岗位下来，能依据研究许可获取Java的源代码——这件事远早于开源时代，当时的Java源代码仅向研究者开放。正因为他们能接触到源代码，清楚Java的实际功能，才发现最初版本的Java并不完全符合官方文档所述，甚至存在许多漏洞。

他们出版了首部真实揭示JDK运作机制的书籍：《Java核心技术》（*Core Java*），随即大获成功。随着Java突飞猛进地发展，两人不断更新内容，一直出到了现在的第13版。针对已经有基础的程序员，Cay还出版了《Java核心技术：速学版》（*Core Java for the Impatient*），让有其他编程语言经验的开发者可以迅速上手Java应用开发。

Cay对于计算机的热爱源于青少年时期。那是德国一个宁静小镇的高中里，学校本身并无特别之处，唯独有一位特立独行的物理老师。这位老师虽然不热衷于日常授课，却对发掘并培养学生的创新思维充满激情。在第二次世界大战结束后的某个时刻（远早于Cay入校之前），老师便发起了一项别开生面的课外活动：利用战争遗留的军用物资，让学生们动手将之变废为宝，制作成那个年代颇受欢迎的收音机、电唱机等电子设备。

待到Cay入学之后，这项课外活动早已成为历史悠久的课堂传统，当时的世界也正值数字革命的起步阶段。Cay在课堂上亲眼见证一个比他大两岁的孩子用剩余的继电器造了一台电脑。

就像二战时德国人造的继电器电脑一样，那家伙把大约一千个继电器串联在一起，真是令人惊叹……每当执行任务的时候，它就会发出咔嗒声，你光是听就能分辨出它当前是在解码指令还是执行指令，一切都让人感到无比激动。

那时，孩子们可以购买到诸如“与门”“或门”“非门”等基本逻辑门芯片并进行组合。Cay跟着班上的学长们学习集成电路的原理，捣鼓发明。他后来还完成了一个科学项目，那是一个逻辑系统——一个没有采用布尔逻辑，而是包含0、1、2三种状态的逻辑系统——他构建了类似的装置，并凭借该项目在全国科学展览会上荣获佳绩。

Cay伴随着这些技术成长，他们班甚至还用80系列的微处理器自制了一台计算机，虽然操作系统是从别处获取的，但计算机上的所有软件都是他们自行开发的。

高中毕业之后，他的首份工作便是编写汇编语言程序。高中的这段经历事实上没有让Cay爱上电子工程，因为在大多数同学都是电子工程师的环境中，只有他对焊接总是很不在行，常常会烧坏电路。

那时候他明白了一件事：“对我来说，偏向理论思考的部分才是更适合的。”

1997年，互联网泡沫的第三年。Cay前脚刚离开一家公司，便有一个朋友找到他：“我想筹集资金办一家公司，你想来当技术副总裁吗？”

Cay此时面临两个选择：回学校当教授，或是继续创业。他这么说服自己：“如果以后我的孙子们问我，‘你在互联网革命期间都做了什么？’那我当然想告诉他们，我参与其中。”

联想到当今正在进行的“AI泡沫”，各界人士为了不错过所谓的“下一个大事件”，纷纷涌入AI领域，推高了初创企业的估值。Cay对时代的变化适应得很快，但他对AI的态度非常冷静。在采访中，Cay还为所有踌躇不定的创业者给出了建议：

我能完全理解年轻人现在的感受：如果你们也有同样的机会在初创公司或某个企业中从事AI相关的工作，那我会建议你放手去搏。这是激动人心的时刻，身处其中总是充满乐趣。

但要现实一点——互联网泡沫并非对每个人都有好结局，很多人损失惨重。

我在互联网泡沫期间并没有致富，但我学到了很多。所以要明白，每一项新技术发展都有其积极面和被过度炒作的一面。但我认为，能亲身参与其中并近距离观察，总比袖手旁观要好。

我一直喜欢硅谷的一点是，即使你参与的项目最终没有成功，也没关系。没有人会因你的创业失败而放弃雇用你。相反，很多人会认为这是件好事，因为他们现在有机会雇用一个经历过失败的人，且那次失败是由别人买单的。

“Java 不会是那个最需要创新的语言”

《新程序员》：你对Copilot的第一印象是什么？使用后的第一感受怎么样？

Cay Horstmann：说实话，我还没有到每天都用它的地步。我只在涉及一些我不太熟悉的领域时会去用Copilot。

我已经做了30年的Java编程，所以Copilot反而会让我的速度慢下来；但当我用Python做一些事情时，例如一些我不太熟悉的Python库，我才会接受建议并考虑它。

我认为Copilot最终会像今天的自动补全功能一样，成为开发者的日常工具之一，它们能够辅助工作而不是取代人类。所以，它至少还算是一个伟大的工具。

另外我也会用Copilot写提案或类似的文档，很多开发者都头疼这些任务。虽然我是一个作家，我知道如何写作，但我仍然觉得动笔很困难。AI能提供一个初步的框架或启发思路，尽管初稿质量可能不高，但它能打破僵局让我继续写下去。

总之，我完全支持这些AI工具，只是人们现在高估了它们的能力。作为工程师，我们很清楚如何开发和评估这样的东西。你们可以去尝试、练习、了解这些AI工具的能力，但不要过度兴奋，认为世界明天会发生翻天覆地的变化。

《新程序员》：AI时代的程序员要做出什么改变吗？

Cay Horstmann：如今大家的注意力都被人工智能所吸引，所以资源事实上被稀释了。我的观点是，未来几年内人工智能的热潮将会逐渐降温。因此，我并不建议完全只专注人工智能。这是一个有趣的领域，但我认为未来并不像某些人想象的那样完全取决于人工智能，传统的编程软件开发、软件架构将继续保持其重要性。

《新程序员》：很多人都担心自己会被AI淘汰。

Cay Horstmann：很多人都问过我这个问题。我认为答案显然是“不”，因为AI工具独立生成的内容建议很多都是没法直接采用的。它们顶多是参考建议罢了。

退一步讲，以一种或许带点美国视角的方式来说，大约二十年前我们见证了外包业务的兴起。彼时，众人担忧美国程序员是否会因外包而被淘汰，结果显而易见，编程在美国仍是一份极佳的职业。而且，外包团队展现出的能力事实上远超当前人工智能所能达到的水平。他们通常聪明、有才华且充满动力，能实际编写出高效代码，这是任何AI助手难以企及的。因此，我们不能仅凭AI助手的存在就断言程序员将被淘汰，毕竟之前这波智慧而充满动力的人群浪潮也未曾让程序员这一职业消失。

人工智能并不意味着人类失业了，反倒是以往需要死记硬背或迅速查找的信息（比如基础算法）现在可以依赖自动补全功能了。这完全是一件好事，提升了工作效率的同时释放了思维，让我们去学习迄今为止我们没有时间学习的其他事物。

《新程序员》：Kent Beck曾在不情愿地尝试了Copilot之后惊奇地发现：AI虽然将他90%的编程技能全部取代，但也把剩下10%的技能放大了一百乃至一千倍。你同意他的看法吗？

Cay Horstmann：一千倍可能有点夸张，但确实是对的。这种情况在过去的许多年里随着技术的发展一直存在。我刚开始工作时，是用打字机写东西。后来出现了文字处理软件，我甚至自己编写了一个文字处理软件并成功出售获利。

技术的进步让我们能够专注如何增加更多的价值。这一点在人工智能上无疑是正确的。所以我认为这个观点基本上是正确的。

《新程序员》：你经历过最大的技术变迁或范式转换是什么？是当前的人工智能革命吗？

Cay Horstmann：事实上，最重要的转变——这一转变在今天看来或许并不引人注目——是Java中的垃圾回收技术。

在此之前的情况非常糟糕，因为当你使用C++时，大量开发时间都会耗费在追踪和修正指针错误上。而转投Java后，这一问题就彻底消失了。仅凭一门语言解决了一个既烦琐又不愉快的问题，极大提升了生产力。如今，这一切甚至已经变得理所当然。

除此之外，内存管理也曾是个大难题，现在已基本消失。我上次处理内存问题时，还是在用Objective C进行某个项目，那同样令人头疼。这是一个重要的技术转型。

还有一个我能想到的重大变革是云计算。如今，如果我需要数据库，就可以直接在云端获取，虽然需要支付一定费用，但我无须聘请数据库开发人员，也无须配备数据库管理员等。所以，我认为云计算的影响是巨大的。

至于AI将如何影响开发者，我尚不确定。AI确实在某些领域表现出色，但也有很多领域与AI无关。因此，我不认为通用智能会像人们普遍设想的那样普及到众多场景中。例如，你的编译器不太可能内置AI功能；任何需要精确计算最优解的任务，都不会简单地依赖AI来完成——这是非常普遍的需求，却不是AI所擅长的。我也不认为你会愿意让飞机依靠AI来驾驶，这不仅仅是安全性问题，而是涉及人身安全的情况下，我们总希望理解它的答案是如何得出的。

AI擅长生成供人类后续审查的内容，但在自主运行方面并不特别出色。以目前AI的发展水平来看，我难以预见它在这方面能有多少突破。我不是说永远不可能，但至少现在我们拥有的东西距离通用智能还很遥远。因此，我认为AI虽然很有趣，但它所带来的东西并不构成一种根本性的范式转变。

《新程序员》：Java该如何适应人工智能并支持技术进步？未来或许还会出现为下一代环境而设计的编程语言，以Java的性质，有可能会与之竞争吗？

Cay Horstmann：我们可以观察一下当前程序员的编程方式。他们会频繁使用如GitHub Copilot之类的辅助工具，所以未来语言的设计需要适应这种趋势。这是一个引人深思的问题，目前我觉得尚无定论，因为人工智能还在新兴阶段。但显然，这种语言设计思路具有明显优势。

如果我们回顾较为早期的发展，人们过去常常使用像vi或Emacs这样的文本编辑器。而现在，一切都通过集成开发环境（IDE）来完成。IDE不仅通过自动补全等功能简化了编码过程，还使库的探索与应用更为高效，以至于我们难以想象重返缺乏这些辅助功能的纯文本编辑时代。事实上，我认为未来每个IDE都将内置某种编码辅助功能。今天，自动补全早已成为现代IDE不可或缺的一部分，VS Code与IntelliJ IDEA上的用户几乎无法想象缺少这项功能的IDE。所以在未来，基础的代码辅助也一样会演变为标配，甚至变得越来越好。我还不清楚这将如何具体实现，但IDE是一个非常适合实现这一功能的地方，因为IDE本来就是一直在演化的，它们会伴随新特性的叠加，变得愈发复杂，直至催生出追求简约的新一代IDE。VS Code的兴起便是对此前过度复杂的IDE的一次反拨。我认为这种创造性的破坏和工具的迭代将会持续发生。

这无疑是一个精彩的问题，尽管我无法确切告诉你答案，但可以预见，未来确实会像你说的一样，新型语言涌现并充分利用人工智能技术。至于Java，这是一种高度保持向后兼容性的语言，它甚至可以在未经修改的情况下运行我在29年前编写的程序。所以Java可能不是那个需要创新的语言，因为它的强项就是向后兼容性。这也意味着，如果我想构建一些十年后仍能工作而不需要我改变所有东西的语言，那么我会随时选择Java。

“这是开发者顺应时代变化的基本技巧”

《新程序员》：为什么会在写完《Java核心技术》之后还推出“速学版”？

Cay Horstmann：《Java核心技术》这本书是30年前设计的经典之作，原版超过了2000页，是一本很厚的书。那时并非所有人都熟悉面向对象设计，它也是针对那些可能对数据结构或并发编程不太了解的初学者编写的。并发编程在当时是一个非常新颖的概念。

随时间推移，我逐渐意识到，许多读者已具备其他编程语言的深厚功底，比如现在有很多学生是从Python开始学编程的，他们也就无须重复学习基础内容。此外，《Java核心技术》力求面面俱到，详尽介绍大多数人可能感兴趣的API知识，而并非所有读者对这种内容都有需求。

《新程序员》：你这么多年的工作内容其实都和教育有关。你认为现代教育最大的变化在哪？

Cay Horstmann: 三十年前我们传播知识的手段还是书籍，但现在人们获取知识的渠道已经极为丰富。我最近在研究怎么让算法和数据结构相关的教学不那么晦涩，因为教科书上的算法通常只有几张图表辅助说明，理解起来并不直观。这意味着，读者如果要想真正掌握，还需要亲自动手实践，比如在纸上演算、做练习题、尝试自证算法正确性、亲自编码实现，这个过程往往缺乏老师明确的指引。而且有不少读书自学Java的人在现实中很忙，没法投入足够的时间。

作为作者，我以往对此束手无策，但这个时代却有能力做得更多。我可以随着读者阅读进程，穿插提问，引导他们动手操作。我能够在书里设计互动环节，提出更有意义的问题：以二叉树章节为例，我定义了叶节点的概念后，接着展示了一个随机生成的树，要求读者点击所有叶节点。这一过程仅需几秒，但完成之后，作为作者的我便能确认，读者已掌握了这一概念；同时，读者自身也会意识到这一点，从而获得更大的学习动力，更有信心继续探索。学习编程，最好的方法就是动手实战。

我以前还在大学教授过一门大型课程，每班数百名学生，基本都是初学者。当时的课程结构安排为每学期四次大作业，但对刚接触编程的学生而言，他们实际上很难独立完成如此规模的作业。因此，他们经常求助于同学，共同完成作业——其实就是抄作业。所以，学习效果不是很好，聪明的学生承担了大部分工作，其他人因为抄袭答案导致收获甚微。到了下学期，我发现很多学生经过一学期的计算机科学学习，竟然连简单的循环都不会编写。

后来，我彻底改革了教学模式，不再布置大型作业，转而采用大量小型任务。改良后的课程中共包含了一百多个练习，当学生们亲自编写过一百次循环后，第一百零一次便来得轻而易举。这种持续的实践练习比假设学生自己会去学习要有效得多。

二十年前，这种做法难以在书中实现，但如今却成为可能。我现在可以在书中嵌入示例代码，要求读者修改循环、解释循环功能，或是编写类似的循环。因此，我设想的教育方式比过去更加动态，而不是静态地在页面上展示材料并希望读者会有所行动。现在真的可以让读者积极参与进来，让读者感受到进步。当读者在阅读后能自信地说：“我了解如何应用这个知识点了，因为我刚刚实践过”，这样的学习才有动力，这才是更为沉浸式、更富成效的学习方式。

因此，我强烈建议大家，如果有此类互动学习材料——虽然这是一项较新的发展—— 一定要积极寻找并利用。反之，如果你没有这样的资源，不要只是机械地观看视频，而是应该主动思考，结合所学内容，动手做一些实践性的工作。毕竟，犯错是学习的一部分，我自己也是通过实践中的失败，不断尝试直至成功。

我最近还和出版社沟通过，询问他们为什么不能在《Java核心技术》内部也实现这样的互动学习。遗憾的是，出版社当前尚不具备这样的技术支持。这听起来有些匪夷所思：他们为什么能提供基于网络的EPUB格式书籍，却不能在其中融入练习环节呢？但出版社总是告诉我，他们正在研发中，预计还需一至三年。

考虑到《Java核心技术》的中文版目前仍以纸质形式出版，让我更加期待变革的到来，并在后续版本实现更强的互动性。请对此保持期待。我们会为此建立专门的网站，让用户登录后即可阅读并完成练习——这其实并非难事，只是出版商尚未深入思考罢了。

《新程序员》：除了广泛的教育改革，你在Java的教学方法上具体有过哪些调整吗？现在的软件开发非常多元化，是不是要在教学的时候让学生为其他编程语言也做好准备？

Cay Horstmann: 其实很简单，虽然Java语言一直在持续演进，但这种进化是循序渐进的，所以我们能预见到即将发生的变化，将其融入教材并非难事。我始终坚持一个原则：假设所有的读者都希望通过书籍学习当下最实用、最先进的知识。因此，我会剔除过时的内容，用最新技术和最佳实践取而代之，以满足读者的学习需求。毕竟，这是读者对书籍的基本期待。

我不倾向于在书里追溯Java历史沿革，详述从前是怎样的，之后又如何变迁，因为现代读者往往不太关注这些背景，他们更关心当前的最佳实践是什么。我可能会在注释中这么写：“某些旧技术可能在某些老旧资料中仍可见，但建议忽略这些，采用更新的方法”，然后再写一行注释解释我这么做的理由。

现在另一个不同之处是，读者只想学习他们需要的内容。因此，我正在努力调整书籍的结构，让在线阅读的读者不必从头读起，可以随时从感兴趣的部分开始阅读。这意味着我会减少章节间的相互依赖，并为未阅读前面内容的读者提供必要的回顾链接。毕竟，这也是我自己在需要学习新知识时的常用做法——通过搜索引擎寻找信息，或是访问如O'Reilly这样的网站，浏览多家出版社的书籍资源，迅速切入主题，快速理解我想要的知识。

早先的几本书中，我曾设计了一条贯穿多章节的长案例，但现在我已经不再采用这种方法了。我认为，对于那些希望从任意章节开始阅读的读者来说，这是一种不便。再说，未来的教学趋势在于交互性。技术日新月异，可能突然间就需要转向移动开发，或面临全新的编程语言和技术栈。所以从教学角度看，借用我在大学教授的经验，大学的责任并非教授你多种语言，而是教会你如何学习，因为作为开发者，终身学习将成为常态。因此，我的目标是最高效地培养这种能力。实现这一目标的方法是，确保你能精通至少一种语言。

过去，Java常作为通用的教学语言，而现在Python或许会取而代之。不论何种语言，我认为，经过四年的大学教育，学生应当至少深入掌握一种语言，对这门语言的语法、构建系统、工具链了如指掌，并通过这一过程快速掌握其他语言。

我常在大学课程（如软件工程课）中设置一种课题，就是让学生将做到一半的项目采用另一种语言完成。这不仅是项目的一部分，也是适应新语言、新工具的一个过程。我会明确这一学习路径：如何从已知过渡到未知，这也是大学应当传授的技能之一——学习如何学习。因此，我还特意引入了一些极具挑战性的语言教学，如Scheme、Haskell，这些语言具有思维拓展性，不同于学生熟悉的常规语言。我甚至会使用Scala，但仅限于其函数式编程部分，禁止变量的修改，这种方式能让学生学会适应完全不同的编程范式。在我看来，教育体系的职责在于让学生掌握一项技能的同时，也要掌握快速学习其他技能的方法。

《新程序员》：时代一直在变化，但也有很多恋旧的人。我记得James Gosling曾经还特别呼吁过，希望大家弃用JDK 8。

Cay Horstmann： 我看过最新的数据，JDK 8已经是过往的历史了。

曾经，从JDK 8过渡的难点在于模块系统和JDK 9的引入。然而，一旦用户从8跨越至9之后的任意版本，无论是11还是17，继续升级到最新JDK就显得轻松许多。因此，任何从8升级到11的用户，实质上已经踏上了一条平滑的升级路径，他们现在可以直接过渡到17或21版，且一切将顺畅运行。

这与以往情形相似：更换JDK版本或许需要花些时间处理细小问题，随后即可顺利运行。8升至9之所以引起过争议，是因为当时引入了模块化，它导致了许多兼容性问题，使得人们质疑升级的必要性。然而，时至今日，这些难题早就被克服了。促使开发者升级JDK的明确理由有以下两个方面。

第一，安全性。运行如此陈旧且含有大量已知安全漏洞的软件不是一件很理智的行为，更不必提那些潜在未知的风险。

第二，许可成本考量。若想沿用JDK 8，必须承担高昂费用，因为合法的途径是采用Oracle JDK，且年费逐年攀升。因此，若你仍在使用JDK 8，不妨仔细计算一下成本。实际上，短期内从8直接升级到17是完全可行的，我甚至建议开发者总是跟进最新的长期支持版本。比方说目前而言，你应该切换到21版。我预计JDK 8的遗留问题不会持续太久，坚守旧版实在没什么必要。

《新程序员》：有些开发者是因为公司的需求导致必须留在Java 8，但无论如何，“新版任你发，我用Java 8”已经成为一个梗了，你怎么看待这种现象？

Cay Horstmann： 坦白讲，我无法理解有人能理直气壮地声称Java 8在某些方面优于新版本。我曾经维护过一个基于8版的代码库，每当涉及文件操作时都令我非常头疼，因为自8版之后，Java在文件处理方面已经有了许多微小却重要的改进。

从程序员的角度出发，新版本也总是更加优越。Java本身并未退步，它只是不断增添了可选的新特性，而与此同时，bug数量也在不断减少。因此，我看不到坚守旧版本的任何益处。每个新版本总有某些方面表现更佳，比如字符处理随着Unicode标准的进步也在演进。如果使用的是只支持Unicode旧标准的版本，就会遇到局限。

所以你提的这个问题我也曾思考过：是否应该编写一本指南，帮助用户直接从8版无缝过渡到最新版？因为有些人可能只是单纯对升级感到不安或缺乏信心。也有可能是《Java核心技术》这类书籍默认读者对Java并不熟悉，因此缺乏直接针对从8到最新版快速过渡的指导资料。又或许是需要一个新的官方项目，专门引导用户从8版迁移，并提供具体步骤。

总之，对于那些仍停留在8版的开发者，我强烈建议阅读在线的《Java核心技术》内容，我在里面介绍了Java所有的最新特性，有一些很不错的小更新。比如模式匹配（Pattern Matching），我现在觉得它极为实用。起初我还觉得它有些复杂，但如今这个功能变得日益成熟。我还接触了不少全新的正则表达式特性，正在被广泛应用。

《新程序员》：随着谷歌（Google）宣布Kotlin成为Android开发的首选语言之后，Java在移动应用开发领域的统治地位有何影响？你对Java开发者转向Kotlin有何看法？

Cay Horstmann： 这个问题问得非常好。曾经有一段时间，Java的发展确实很缓慢，然后Scala、Kotlin、Clojure等语言出现了，它们都是基于JVM（Java虚拟机）开发的。JVM是个出色的技术，但这些后起之秀发展得更快，其中Scala尤为如此。如今Java拥有了许多让Scala作为日常编程语言更友好的特性，例如引入了lambda表达式和流处理。因此，转向新语言的需求没有那么迫切了。但是，Scala在类型系统上的探索确实激动人心，这是我在Java或Kotlin中永远无法体验到的。

至于Kotlin，通常情况下转向Kotlin的理由并不那么充分，尽管它更加人性化、更加一致，但也带来了足够的差异性。比如在虚拟线程的处理上，Kotlin为了保持竞争力，在未来可能需要反向而行；相比之下，Java则采取了更为长远的策略，现今似乎找到了更佳的解决方案，坚守Java的开发者也因此得到了回馈。Brian Goetz（Oracle架构师）就曾经说过，Java享有“后发制人”的优势，能够借鉴并优化已被验证有效的实践。

但你说得对——移动开发领域的情况确实不太一样了。虽然使用Java进行移动开发仍是可行之选，但新兴资料和教程几乎都以Kotlin为主。如此看来，如果有人想投身Android开发，Kotlin几乎是必经之路，就像iOS开发绕不开Swift一样。

就我个人而言，我对层出不穷的专用编程语言持保留态度，它们相较于通用语言仅实现了细微改进。现实便是如此。我认为，精通一门语言，并在必要时能快速掌握和运用一门新语言，是一种必要的能力。即便我个人不涉足Android开发，但如果需要，我也会选择Kotlin来完成任务。对于一位优秀的Java开发者来说，学习Kotlin并非难事。

《新程序员》：假设现在有个学生站在你的面前，问你“我是否应该学Java？”，你会怎么回答他？

Cay Horstmann： 我的第一个建议是，你应该跟从你的社区。

如果问我这个问题的人在大学里，而大学使用C++，那就学习C++，因为那是周围其他人都在学习的语言。而且他们很可能已经根据这一点优化了整个课程结构。

但如果提问者是自学者，那我实际上会向他推荐Java。这样做的原因有三点：首先，关于Java的优秀资料很多；其次，Java是一种非常好的语言；再次，Java在编译时会进行类型检查，而对于学习者来说，我认为能够尽早看到自己所犯的错误是非常有用的。

当然，Python的优势在于，它的优质学习资源也非常丰富，如果提问者想接触数据科学或人工智能这类酷炫领域，Python相比Java会稍微容易一些。但Python的缺点是，你在编码过程中一旦出错，往往是在程序崩溃时才发现那个错误，然后你将面临一段痛苦的调试时光。而在Java中，“一次编译，随处运行”（Compile once, run anywhere）。

《新程序员》：现在也有不少人是通过开源社区的项目学习的，许多开发者可以在同一个开源项目里共同进步，积累经验。

Cay Horstmann：没错，说得很好。我认为参与某些开源项目是拓宽视野和展示自己能力的绝佳方式。通常，你其实没法在申请新工作的时候真正展示你在先前工作中编写的代码，但你可以展示你在开源项目中的贡献。

我的建议是，如果开发者对某个项目感兴趣，那就直接参与进去，弄清楚项目运营者的需求是什么——这通常相当明显，因为这些讨论往往已经是公开的。然后，就可以考虑自己能贡献什么。一般可以从简单的Debug开始，以便赢得社区的信任。

开源这种美妙的事情在40年前是不存在的，它极大地改变了编程的方式，让每个人都有参与的机会。如今全世界有那么多项目迫切需要额外的帮助，甚至Java也发生了翻天覆地的变化。Java刚起步的时候还没有开源，现在一切都公开了，鼓励大家参与讨论和开发。可能在实现层面不会期望新手为Java这样极其复杂的项目做出贡献，但它确实非常开放，我认为这对人们参与其中至关重要。

除了参与开源项目，还有人可能想启动自己的开源项目，接下来就需要一步步构建社区、寻找贡献者。事实上，如果真的有人正在看这篇采访，并且想做点开源项目——可以直接来找我的开源项目。我最近在做一个匿名且对作者友好的自动阅卷系统，特别适合用于简单编程作业的自动评判。

《新程序员》：听起来很可靠。你参与了这么多年的项目，有经历过哪些刻骨铭心的失败吗？

Cay Horstmann：我经历过的最大挫败是在很多年以前，我的公司在尝试将业务从DOS系统迁移至Windows系统时遭遇失败。这听起来挺荒谬的。根本原因在于，我们努力实现的功能无法借助Windows的公共API完成。

我们当时本应该与其他面临类似困境的企业携手合作，因为成功转型的那些公司都是对Windows进行了逆向工程。但问题实质上出在内部的沟通不畅，以及我们或许过于自信，认为既然以往能成功应对其他挑战，这次也必然不在话下。

有时我们确实会遇到这样的状况：项目设定的目标超出了现有工具的能力范围。

除此之外，我还想到了另一件事。我们曾在一个项目中急于成为Java EE（Java平台企业版）的先行使用者，而实际上，我们的项目根本不存在Java EE旨在解决的那些问题。结果，我们不仅面对着一个尚不成熟的项目，还采用了一项并不完全适配项目需求的技术。我后来还目睹过一些数据量并不庞大的团队犯了和我一样的错误，他们选用MongoDB而非更符合需求、更为现代化的SQL数据库。

所以，选择错误的技术路径并因此陷入困境，其实是很常见的一件事。关键在于事后要自省：什么才是最合适的技术？我们该如何恰当地运用它？

“优秀程序员的标准过了50年也没改变过”

《新程序员》：你的第一门编程语言是什么？

Cay Horstmann：我的第一门编程语言比Java早了大约20年。那个年代我们自己组装电脑，所以别无选择，只能用汇编语言编程。

我的第一门高级语言要么是ALGOL，要么是Fortran，我也记不清了。上大学后，我们从Pascal开始学起。Fortran并不有趣，但ALGOL和Pascal都是结构严谨的语言，我认为它们很适合编程初学者。

《新程序员》：我记得那个年代有很多COBOL程序员。

Cay Horstmann：对，在我很年轻的时候，COBOL一直是个不错的职业方向，但我从未对其产生兴趣，所以也没去学。

《新程序员》：学习一门新编程语言时，应该保持什么样的心态？

Cay Horstmann：让我举个例子。如果我要学习Rust，我会先自问“Rust的独特之处在哪里？为什么人们要创造这门新语言？”毕竟，引入数百种编程语言会带来巨大的成本，所以一定有发明新语言的原因。我会深入探索新语言的特性和不同之处，找出它们存在的独特理由。

当然，我们不能简单地说“更好”，比如，Rust并不是“更好”的语言，它只是试图优化了某些方面的问题，例如内存管理——编译器会严格监控内存使用情况，使得编程高效而不必依赖垃圾回收。因此，我会集中精力学习这一点。

此外，我还会通过构想一个项目来学习，这个项目必须凸显这种特性的重要性，而放在Rust这个例子上那就是一个需要大量内存分配的项目。在学习过程中，我会尝试构建一个小应用，从而明确自己哪些地方不懂，然后逐一攻克。关键在于，我将专注于那些使其与众不同的特性。

当我初次接触Scala时，就采取了这种方法。我当时并不关心它与其他语言的相似之处，因为那并不吸引人。我好奇的是Scala的独特之处，比如类型系统。我会努力理解那些在Java中难以实现，但在Scala中得以施展的功能，并集中精力研究。

《新程序员》：该怎么判断自己是否精通了一门编程语言？

Cay Horstmann：问题在于，我们真的需要精通每一门语言吗？熟练掌握一门语言是好事，它能为你提供一个基准。但如今，我们不得不面对多种编程语言。因此，我不确定是否有必要把每门语言都学得极其透彻。

我追求的是在这些语言上的熟练运用，了解每种语言中的常用习惯用法。同时，我也想了解每门语言的独特之处。即便一开始不能掌握所有细节也没关系，随着实践的深入，自然会逐步掌握。事实是，如果不实践，就很难达到100%的掌握程度。因此，我建议先快速提高生产力，同时学习相关的工具，不要在特定生态环境下的工具使用上感到困扰。

我建议，首先允许自己表现得“笨拙”，但至少能动手做事，意识到自己渴望提升，然后逐步达到熟练。最终随着时间的积累，你会成为专家。

《新程序员》：你为什么会读数学博士，而不是计算机科学？

Cay Horstmann：我曾以为计算机科学只会是我的业余爱好。我大学主修数学，同时一直坚持学习计算机科学，因为我担心在数学领域最终会找不到工作——我最后也确实没能在数学领域找到工作，所以计算机科学作为我的备选发挥了作用。

但是，我在大学期间一直都有计算机科学的兼职工作。我做过各种各样的编程项目。上研究生时，我拥有一家软件公司，销售我编写的数学排版软件。那实际上相当成功。后来我获得了数学博士学位，但就业市场并不理想，最终我找到了一份教授计算机科学的工作。

《新程序员》：学习数学对成为一名程序员是必要的吗？

Cay Horstmann：至少不会有坏处。有些人会说，“成为程序员必须精通各类数学理论”。我对此的看法是，虽然了解离散数学是有益的，但是在2024年掌握微积分知识并不是成为一名优秀程序员的核心要求。

所以，我建议如果有人想学习数学，绝对应该学习离散数学，尤其是要学会证明方法。能够进行证明就如同能够编写程序一样重要，但遗憾的是，市面上缺乏高效指导如何正确进行证明的资源。相比之下，你可以在很多在线平台学习编程，所以年轻人很容易学会编程，却没法通过同样简单的方式自学掌握数学精髓。

现在也有可汗学院这样的平台，他们能教会你运用公式，但这仅能触及数学的皮毛。所以我觉得，如果能填补这一块儿的空白，无疑是一大进步。另一方面，如果一个人想学习编程，也没必要因为不会数学而感到自责。你可以先学习基础编程来培养一些直觉，然后再深入学习离散数学的时候就会觉得更容易，因为你清楚你想用它来做什么。

《新程序员》：如果让你现在站在CEO的角度思考，你今年会招聘什么样的程序员？现代程序员应该具备哪些品质？

Cay Horstmann：这真是一个很好的问题。

在大型机时代，有一本编程书叫《人月神话》，里面提出的几乎所有建议在今天依然具有指导意义，比如“向项目增派人力往往会导致延期”或是“第二个系统是程序员所实践的最危险的系统”。所以我觉得，优秀程序员的标准其实一直没改变过。

当然，优秀的程序员还需要理解编程的基础知识。我认为，尽可能多地吸收关于数据结构和算法的知识，并使自己能够巧妙地理解、修改和发明新算法，仍然是非常有价值的。事实上，有很多网站可以让你进行这样的学习。例如，去年为了好玩，我参加了一个名为Advent of Code的活动，每天都可以在其网站上练习一些算法。

此外，优秀的程序员还需要了解一些软件工程的知识，而实践是最好的学习方式。如果能够早期参与团队合作（尤其是那些注重质量的团队），体验开发流程，那将是非常宝贵的经验。但遗憾的是，我们经常看到一些团队只是想快速推出产品，然后各自散去，没有人对自己的决策负责。这可能不是学习成为一名优秀的软件工程师的最佳环境。如果有机会加入一个以深思熟虑著称的团队，并参与开发能够持续10年、20年的产品，那将会好得多。

《新程序员》：新时代的程序员还需要培养哪些非编程技能？

Cay Horstmann：掌握一些商业技能总是更好的。我在开公司的时候，非常希望自己的开发人员对业务有一些了解。我会让CFO每月主持召开一次会议，我们会共同查看公司的财务状况。我的意思就是，无论你在一家多小的公司，最好也要了解你公司的财务状况。如此一来，你会成为一个更有用的员工，同时可以弄清楚是什么让公司盈利并支付你的工资。

我总是会带一些工程师去参加销售会议。因为工程师们如果独自工作，就不太了解销售人员面临的情况，更不知道客户需要什么。很多时候，客户在销售会议中提出的需求非常简单，可能我们只需几天就能完成。从工程角度看，工程师们对此常常感到失望，他们会说：“这确实很简单。”然而，当我们在短时间内精准满足客户需求时，销售人员自然十分高兴。此外，有些敏捷开发的公司试图通过始终让客户在现场来实现这一点，这也很有效。

我十分鼓励每一位工程师尝试去了解他们正在开发的产品的经济价值，以及客户实际想要什么（而不是他们自认为客户想要什么）。很多客户事实上也不知道自己的需求，所以你必须持续沟通。

我们必须确保没人在做纯理论的工作，而是都做点实事。为了做到这点，我觉得可以考虑去参加一些大学的基础商业课程。但如果你在一家小公司里，那向你的财务学习就行。

《新程序员》：开发者社区其实有一种说法："程序员到了35岁，要么转管理，要么退休。"

Cay Horstmann： 工程师转型为管理层的现象十分普遍。这种转变可能顺利也可能不顺利，因为这实际上取决于新管理者是否有兴趣和背景。因此，我认为人们需要认真对待这种转变，并问问自己："我是否喜欢管理？"我曾担任过几年的经理，但后面我发现自己实在不喜欢这份工作，所以又回归到了开发领域。

事实上，成为一名优秀的管理者完全不简单，你需要投入大量时间和精力去实践并保持高度的积极性。但现在曾经单一的职业发展路径已逐渐被打破，许多大型企业意识到并非所有人都适合这一模式，于是开辟了成为资深工程师的发展道路。有人热衷走向管理层，也有人偏好资深工程师的角色。我觉得让每个人都能依据个人喜好和专长选择最适合自己的发展道路，才是最重要的。

如果真的想要成为优秀的管理者，那我觉得有一个好的锻炼途径是参与小型企业的运营，小公司的管理会承担多重角色，有机会尝试各种不同的事务。

《新程序员》：我听说，很多开发者不论级别如何，都会与"冒名顶替者综合征"（Impostor Syndrome）斗争。他们相信自己的成功是运气因素导致，而AI代码生成的出现很可能加剧这种现象。

Cay Horstmann： 每个人都或多或少会有自我怀疑的时候，不是吗？我们如今面对的技术错综复杂，以至于没有人能理解一切。有时候我们只是依靠点滴积累的理解前行，并在遇见那些有更深见解的人后不禁感叹："天哪，我恐怕永远达不到他们的境界。"

我也不喜欢一直感觉到自己很渺小，但这是我们必须要习惯的。大家都在试图表现出自己比实际知道的多一点，这是生活的常态——如果现在我告诉你所有我不知道的事情，人们就不会再买我的书了，（大笑）所以我不能这么做。

我可以举一个实际的例子。我最近为一个叫Project Valhalla的OpenJDK的项目做了个演讲，我本想浅析几行字节码，展示值类型带来的优化效果，却意外发现自己对近二十年间汇编代码的演变竟如此陌生。我当时心想，"我需要在接下来三个月的时间学习现代汇编到底是什么样子。"但事实上我现在还没去学，所以我在某种程度上就是一位"冒名顶替者"，对吧？

世界上有太多知识等待我们去掌握，而我见证过的技术兴衰比许多人学过的还要多。面对最新的技术，我通常需要有所判断："这项技术是否值得深入？"有时答案是肯定的，有时则是否定的，必须有所取舍。明确自己的兴趣所在之后，才能判断哪一种答案有益于职业发展。没人能知道所有的事情，所以我们其实都是"冒名顶替者"。

XLang，AI 时代的编程语言

文 | Shawn Xiong 吴宗寰 董卫强

随着AI技术的发展，对于编程语言的需求也发生了变化，要求其具备原生支持张量计算、并行计算及分布式计算等能力，并能够适应多样化的硬件环境，尤其要关注边缘AI和AI民主化的问题。传统Python、C/C++和CUDA虽各具优势，但难以满足AI计算对张量处理、并行计算及分布式计算的原生需求。在全新的AI时代，究竟何种编程语言能够满足AI开发者的多样化需求？本文为这一问题提供了一个答案。

在这篇文章里，我们介绍一种名为XLang的新型编程语言。该语言为满足人工智能时代的特殊需求而设计。

我们将回顾当前用于AI编程的一些代表性语言，包括Python、C/C++以及NVIDIA CUDA，详细阐述AI编程语言对于程序员的友好性，以及它们在满足性能需求和并行计算能力方面的表现；紧接着将进一步深入探讨，主张AI时代的编程语言需要原生支持张量和并行计算、分布式计算等AI计算能力，更广泛地适应各类硬件，并肩负使能边缘AI和推动AI民主化等使命。

在文章的后半部分，我们系统性地介绍XLang的设计理念、特性以及众多创新，包括与Python的兼容性、对张量表达式的原生支持、分布式计算能力以及针对GPU和多种硬件优化的能力。我们将通过一个案例——CantorAI分布式计算平台——来综合展示XLang如何履行其作为AI编程语言的使命。XLang已经成为开源语言，我们希望全球开发者社区参与到XLang的开源项目中，共同推动其发展成为人工智能的编程语言。

当前代表性的编程语言

让我们先从探讨当今一些广泛应用于AI编程的重要语言开始。

Python：以人为本的编程语言

Python是当前AI领域里最重要的编程语言。在2017年的Python大会上，撰写过多本Python书籍的Jake Vanderplas发表了名为《Python在科学研究中的意外卓越表现》（*The unexpected effectiveness of Python in Science*）的演讲，论述为什么Python在科学领域如此有效，他就此提到了四点。

1. Python是“胶水”语言，具备与其他语言的“互操作性”。Python语言更高级和抽象的语法封装了底层的C/Fortran库，而这些库（大多数情况下）负责完成主要的计算。

2. Python有大量的工具库。Python的标准库提供了广泛的模块和工具，其社区活跃且提供大量的第三方库，从网站开发、数据科学、人工智能到科学计算和系统运维等方面极大地扩展了Python的应用范围和能力，使其能够处理各种各样的任务。Python凭借其对大数据处理和机器学习领域的深入应用，成为这一时代不可或缺的工具。HuggingFace创建了Transformers机器学习开源框架，提供API和工具，帮助开发者和组织减少集成大语言模型的成本，降低技术门槛。这些举措使得HuggingFace公司获得了关键性的成功，助力AI民主化，打破OpenAI、Google等头部企业的垄断。HuggingFace的技术，就是基于Python构建的。

3. Python的设计非常人性化。在CPython的设计者之一Tim Peters总结的《Python之禅》中，19条原则的每一条都反映出以人的体验和价值为中心。Python是以人为中心设计的语言。Peters如此概括了Python编程语言的哲学："美丽胜于丑陋。显式胜于隐式。简单胜于复杂……"这些原则强调了Python代码易于编写、理解和阅读。对于生手或非专业（科学）编程人员而言，Python无疑更容易上手、能够更快"出活"。

4. Python的开放文化和科学精神的契合：Python从诞生之初就是一个开源项目，其发展在很大程度上依赖其活跃、多样化的社区。《Python之禅》所强调的简单、明确和可读性实际上有助于社区成员的互动。由于其易学性和清晰的语法，Python成为许多初学者学习编程的首选语言。Python社区对教育资源的投入，如在线教程、开源书籍和社区论坛，进一步推广了这种开放文化。Python在多个领域都有广泛的应用，这促进了来自不同背景和专业的人才加入Python社区，进一步丰富其多元化，加强其开放性。

C/C++：发挥机器的资源和性能

有了语言的"简"和"易"还不够，运算也不能"慢"和"贵"。一些以机器为中心的编程语言在这些方面表现得更加优秀，比如C/C++、Java、Rust等。

以C++为例，其设计者Bjarne Stroustrup指出C++优先考虑性能、资源的使用和对抽象的控制。通过C/C++，程序员可以编写精细的程序，并对计算资源（特别是内存和CPU）进行精确的管理，从而完成复杂、高效和大规模的计算。当今最为常用的Python实现是CPython，即通过C语言实现的解释器结合Python虚拟机，解析Python代码和执行机器码，从而完成程序的运行。

NVIDIA CUDA：并行计算

NVIDIA CUDA（Compute Unified Device Architecture）是一种由NVIDIA开发的并行计算平台和编程模型。CUDA允许开发者使用NVIDIA的GPU（图形处理单元）进行通用计算。CUDA允许程序利用GPU的多个核心同时执行计算任务，极大提升了处理大型数据集或执行复杂算法的速度。

CUDA提供编程工具和库，允许开发者采用类似C/C++的语法来编写程序，从而能够对NVIDIA显卡上的计算资源（尤其是GPU核心和显存）进行精细控制。这一特性使得CUDA在诸如大规模数据处理和复杂计算任务等领域成为一个强大的工具，使之能够充分利用GPU的强大计算能力。想执行任何CUDA程序，需要以下三个主要步骤。

- 将输入数据从主机内存复制到GPU设备内存，也称为主机到设备传输。
- 加载GPU程序并执行，在芯片上缓存数据以提高性能。
- 将结果从设备内存复制到主机内存，也称为GPU设备到主机传输。

AI时代对编程语言的需求

AI编程语言的底层逻辑

我们可以简单比较一下Python, C/C++和CUDA之间的异同（见表1）：

编程语言	Python	C/C++	NVIDIA CUDA
设计理念	强调简单性、可读性和明确性	侧重于发挥强大性能和灵活性	为 NVIDIA GPU 上的并行计算而设计
语法和易用性	清晰、易于理解的语法。非常适合初学者，并强制使用缩进来提高可读性	相对复杂的语法，提供更大的控制能力，但对初学者来说可能具有挑战性	扩展了 C++ 的并行编程能力。需要理解 C++ 和并行计算概念
内存资源管理	自动内存管理和垃圾收集。减轻了程序员的负担，但提供较少的控制	对内存管理的完全控制，导致效率提高但增加了内存相关错误的风险	管理 CPU 和 GPU 内存，需要显式的内存管理和主机与设备之间的数据传输
性能	通常由于是解释型语言而较慢。适用于快速开发和原型制作	作为一种编译语言，执行速度更快。非常适合对性能要求严格的应用程序	高效执行可并行化任务，对于适合的应用程序如大规模模拟、深度学习等，速度显著更快
数据类型	动态类型，允许更多的灵活性，但可能导致运行时错误	静态类型，编译时进行严格的类型检查，能够早期捕捉类型错误，但需要更明确的类型声明	继承了 C+ + 的静态类型特性，由于并行执行上下文增加了复杂性

表1 编程语言异同

可以看到，以Python为代表的动态类型解释型脚本化语言以人为本，解决的是开发效率问题；以C和C++为代表的静态类型编译语言围绕计算机资源（CPU和内存）的高效使用，解决的是复杂计算任务的效率问题；而以NVIDIA CUDA为代表的编程模型，则围绕GPU设备内存资源的使用，解决的是大规模并行计算的效率问题（见图1）。

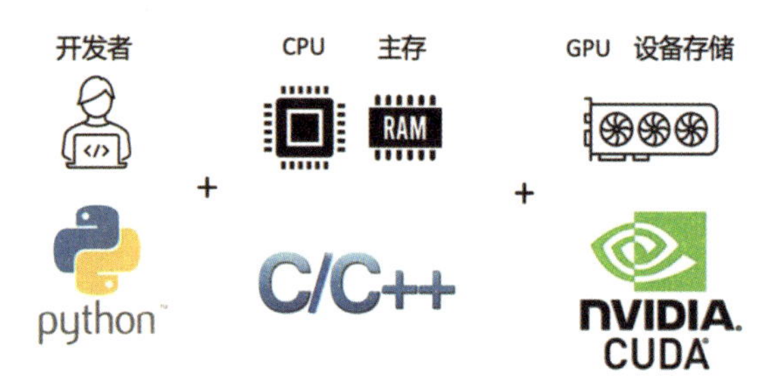

图1 编程语言异同示意图

AI时代的新编程语言，必须要解决AI应用开发+复杂任务执行+大规模并行计算的综合效率。业界也确实出现了符合以上规律的发展态势，比如最新出现的Mojo语言。

Mojo由Modular公司开发，旨在为人工智能等领域的软件开发提供统一的编程框架。Mojo语言为Python语言的超集，故也被称为Python++。同时，它还具有C++的速度与Rust的安全性。

Mojo设计时力求与Python语法保持兼容性，从而也能无缝对接Python生态系统。不过Mojo本质上是一种编译型语言，进行了大量的性能优化，包括以下几方面。

- 简化数学运算以降低计算负荷：例如，通过优化，避免耗用大量运算资源（如六个浮点操作数）的平方根计算。
- 向量化代码：实现SIMD，让一个指令能够操作更多的数据。
- 增加每次循环迭代的工作量：尽量增加SIMD指令的并行处理宽度，让一条指令尽可能多地操作数据。
- 代码支持并行执行：使程序架构更契合GPU运算的需求。

可以看到，通过编译优化，Mojo将前面提到的三种编程语言优势整合在一起，确保AI程序既好写，又高效，并且最大限度地发挥硬件并行计算的优势。

AI编程语言所肩负的新责任

Python和C/C++等编程语言历经数十年的演进。为显卡并行计算而设计的NVIDIA CUDA于2007年问世。这些语言以及其他主流的编程语言，都先于当今这个新AI时代而生，并未预见到AI计算领域所涌现出的全新挑战和特性需求。我们认为，除了以上的要求以外，AI编程语言还要肩负起一些新的责任。

AI计算的原生支持

AI计算与传统计算相比较，体现出张量计算、并行计算、分布式计算等特点。尽管当前的主流编程语言借助扩展库、工具包等形式能够实现上述复杂计算需求，但理想的AI编程语言应从底层设计层面就全面整合这些功能，并在容易编程的同时，消除对外部软件的依赖性，将计算性能在各类硬件上发挥到极致。

边缘AI

AI需要消耗巨大的计算能力。当前，AI计算往往在云上进行。而AI应用要真正落地，往往需要在本地进行计算（即边缘计算）。例如，对某个安装有10000个摄像头的建筑物做安防管理，需要在保证数据安全的前提下，对10000路视频进行实时的视频分析。这要求AI运算在应用本地进行，以达到更低的延迟、更可靠的性能和更安全的数据管理。

因为多样化的计算设备、异构的边缘网络和复杂的环境，边缘计算往往比云计算要困难很多。

AI民主化

可以看到，当前AI的发展被少数的几家大厂所掌控。一般而言，优秀的超大规模大语言模型只能驻留在OpenAI和谷歌的云里，并在NVIDIA昂贵的GPU上进行训练和推理使用。绝大多数开发者受制于算力和大规模的复杂模型，难以与大厂匹敌。往往AI大厂的一个产品特性发布，无数创业公司便失去了未来。

编程语言是软件的基础。新AI时代的编程语言需要：

- 让AI能够更加有效地运行在边端。
- 让AI能够更加有效地运行在计算能力有限的设备上。
- 能更加广泛地支持多样化的AI硬件。

新的编程语言不但要更快、更强，更要把AI交到更多大众的手里，这是新时代AI程序语言更深层次、更有意义的责任。

XLang实践

XLang的架构和特性

我们开发并开源了XLang——一种专门为人工智能和物联网（AI&IoT）设计的语言（见图2）。XLang语言结合了Python等动态类型语言的简洁易用性与表达力，以及C++等编译型语言所具备的速度优势与执行效率。XLang天生具有分布式计算能力，便于在多个节点上扩展大规模数据处理和机器学习任务。凭借丰富的库和框架，XLang的性能可以达到Python的数倍，确保了其应用的高性能。

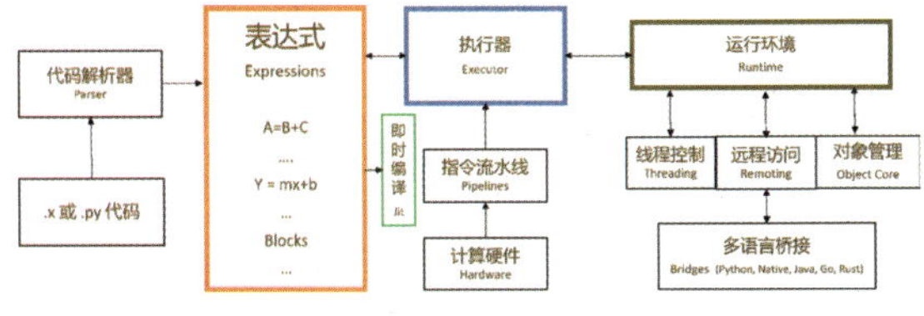

图2 XLang架构

兼容Python语法

XLang的语法与Python完全兼容，所以开发者可以直接运行Python代码而不需要做任何改变。开发者也可以直接将Python的库导入XLang程序中。一方面，这大大降低了XLang语言学习的难度；另一方面，很多已经由Python实现的优秀程序同样可以应用到XLang的环境里。事实上，XLang的语法是Python的一个超集。其中有一个重要的扩展，就是对张量表达式和张量运算的支持。

张量表达式

XLang针对AI计算的需求，把张量（Tensor）作为最基础的数据类型。Python语言并不支持张量运算，必须依靠Pytorch或TensorFlow等扩展库实现。XLang程序员则可以像操作整数、浮点数等一样，直接对张量编程。XLang这样的设计不但考虑了易用性和减少对第三方软件包的依赖，同时可以在编译过程中对不同的硬件进行优化。XLang执行器中提供了针对不同硬件优化的中间层支持。除了张量以外，XLang还支持数组、矩阵、图、神经网络、数据框、流、文件、数据库、Web服务、套接字、协议、加密、压缩、序列化等功能。

表达式（Expression）

作为一门新程序语言，XLang最大的突破是表达式编译。传统语言（如Python、Java等）在编译的过程中将源代码转换为字节码（Bytecode），往往会基于字节码指令集进行一些性能优化。然而，这个优化过程中也有信息损失，变量之间的依赖关系会丢失。而XLang的编译则不进行指令层面的优化，而是将程序描述为“表达式”。表达式的编译是一个简洁且信息无损的过程，所有变量的依赖关系得以完全传递。XLang执行器将通过对表达式的解析构建数据流图（DataFlow Graph），并依据这张依赖关系图进行并行计算的调度。

GPU和XPU加速语言

如前所述，XLang对外呈现统一的张量表达式，对内则可以针对硬件（Hardware）进行优化。这使得XLang也能支持AMD、Intel以及其他厂家的异构GPU或对其他AI计算硬件进行优化，帮助打破NVIDIA在这方面一家独大的局面。

嵌入式语言

这里的嵌入式有两个含义。

- 嵌入低端设备：XLang的执行器和Runtime非常精简高效，所占空间极小，可以驻留到计算资源非常有限的设备，如树莓派或MCU-8等IoT设备中。
- 嵌入应用：类似于在Microsoft Office的应用里嵌入VBA（Visual Basic for Applications），XLang语言也可以被嵌入到任何应用中。

分布式计算语言

XLang具有本地分布式计算能力，支持数据对象的序列化，允许在多个节点之间轻松并行执行任务，并进行数据共享和通信。XLang支持各种分布式计算模型，如MapReduce、Spark和Dask等，并提供了一套丰富的内置函数库，用于处理大规模数据。相比之下，Python的分布式计算通常需要额外安装诸如Pickle这样的模块来支持数据序列化。XLang从底层支持，减少数据量，解决依赖关系。

动态语言

XLang是一种动态类型语言，这意味着变量类型是在运行时而不是编译时确定的。这使得编码更加简洁灵活，并且还便于实现元编程和反射等高级功能。前面提到的Mojo等语言不具备该优势，这使得XLang的程序更加适合在分布式、异构网络和不同设备上进行部署，有超强的灵活性。

超级胶水语言

XLang的核心能力之一是“桥接”（Bridging）。可以用于连接不同程序、库或系统组件的编程语言，将不同编程语言的代码和组件“粘合”在一起，以实现更复杂的功能，并融合不同语言生态系统。通过提供简单而强大的外部函数接口（FFI），XLang允许直接调用其他语言的函数或库，并自动处理类型转换和内存管理等细节。XLang目前已经支持与C、C++、Java、C#等的桥接，并将支持更多语言。XLang比Python的桥接能力更强、更方便。

高性能

XLang采用先进的即时编译（JIT）技术，将源代码转换为运行时执行的高效机器代码。根据基准测试，XLang的运行速度显著快于Python，同时保持了动态类型语言的灵活性。

高性能和效率、异构系统互操作性和集成、开发的低复杂性、易于访问和民主化、友好的学习曲线和可用性，XLang巧妙地整合了上述特性，是为AI而生的编程语言。

应用案例：CantorAI分布式计算平台

当前，由于XLang尚不成熟，其应用案例尚不多见。但是，我们用XLang实现了一个名为CantorAI[1]的边端云协同分布式计算平台。CantorAI参加了美国国际消费电子展CES 2024，并开始投入商用。

- 首先，CantorAI通过使能低端计算设备和大规模的快捷部署，使计算能够真正有效地下沉到边，而不是过度依靠云的计算，整体提高计算系统的计算效率。这一切都建立在XLang语言的应用特性：高效的机器码执行效率、小巧的内存占用以及对设备资源的极低消耗。
- 我们的任务调度机制将系统中所有具备计算能力的节点，无论它们处于边缘端、终端还是云端环境，均视为一体化的计算资源，根据任务的要求统一优化调度。这一切也建立在XLang的分布式计算能力之上。
- 针对单节点上面的GPU计算。现在数据在CPU和GPU之间吞吐时，GPU有大量的空闲。XLang优化DataGraph管理的底层算法，减少不必要的吞吐，有望将GPU的使用率提高到80%甚至更高，接近100%。

当前业界标杆的分布式计算平台当属加州伯克利的Ray平台。虽然CantorAI的很多机制是从Ray学习过来的，但CantorAI青出于蓝而胜于蓝，甚至开始支持一些不同的场景（见表2）。

技术	基于 Python 的 Ray 分布式计算平台	基于 XLang 的 CantorAI 分布式计算平台
编程语言基础	Ray 利用 Python 作为基础语言，无法克服 Python 效率的负面影响	采用专为分布式处理设计的语言 XLang，强调高性能计算
第三方依赖性	Ray 依赖众多第三方系统的支持，部署复杂	CantorAI 几乎不存在第三方依赖，包括所有必须的子系统，部署简单
低端异构设备支持	Ray 无法在手机等移动设备和 IoT 设备上部署	CantorAI 适用于所有类型的手机和 IoT 设备
Native 模块分布式处理	Ray 没有提供 Native 模块的直接分布式处理办法	CantorAI 对 Native 模块采用同样的逻辑继续分布式处理
异构网络支持	Ray 存在中心控制节点，不利于异构网络的使用，特别是移动网络环境	CantorAI 无中心节点，适用于异构网络结构
场景支持	Ray 主要的布局是 Big Data 的 Training 生态环境	生态上 CantorAI 包括 Vision、LLM 和 Big Data

表2 两大分布式计算平台异同

CantorAI的实践初步证明，相较于Python，用XLang来构建AI系统会更加精炼、灵活，并展现出更好的性能。XLang使能了边缘AI计算。

XLang的开源和发展

经过两年孕育开发的XLang已经初具能力，但要成为AI时代新编程语言的愿景十分宏大，需要广大开发者一起来完成。XLang已经由XLang基金会[2]开源，以GitHub[3]作为协作中心。XLang基金会热诚地鼓励开发人员加入该项目，并为人工智能编程领域的这一开创性工作做出贡献。

相关资料：

[1] https://cantorai.com

[2] https://xlangfoundation.org/

[3] https://github.com/xlang-foundation/xlang

Shawn Xiong

The XLang Foundation创始人和CantorAI创始人，原电子科技大学特聘教授，原微软“维纳斯计划”OS负责人，并任职微软研究院和研发部门多年，研究视频分析技术和多媒体系统。作为连续创业者，他还创立了3D游戏引擎公司CapBayer和3D行为识别技术先驱者iLumintel等公司。

吴宗寰

纽约州立大学计算机科学博士、MBA，CantorAI 联合创始人，原华为美国研究所技术专家、架构师和多国研发团队Leader。他为多家企业和大学提供AI、知识图谱和搜索领域的技术研发、创新和产品化咨询服务，并通过“睿类文特”（Relevant News）公众号分享对AI的前沿洞察。

董卫强

XLang™的主要贡献者之一，CantorAI 联合创始人。毕业于清华大学电子工程系、斯蒂文森理工学院。资深程序员，曾在中科院、上海华腾系统软件公司、美国万事达公司等单位担任工程师、Lead Developer、技术顾问、构架师等职，并为华为美国研究所、腾讯云服务部门开发软件产品。

代码大模型技术演进与未来趋势

文 | 陈鑫

当编程成为最高频的 AI 应用场景，代码大模型的技术与产品发展之路该怎么走？本文作者从大模型软件研发的三大阶段和四大技术难点出发，分析了 AI 如何提升编程效率，并预测了未来软件研发工具的形态，终极目标是实现 AI 程序员通过多智能体协同工作大幅提升研发效率。

当前大模型技术近30%的应用需求来自软件研发，在软件研发领域的应用也已经从简单的代码辅助生成，演进到能够实现自主处理和开发，市场上丰富的代码辅助工具也验证了这一点。

这些工具借助大语言模型来提高生成代码的准确性和性能，同时强调数据个性化的重要性，以满足不同企业和个人的编码习惯。我一直在思考，怎样才能进一步挖掘大语言模型的强大推理能力、理解能力和分析能力，给研发提供更强的辅助？代码大模型以及相关产品和技术将如何发展？

接下来我将从大模型软件研发的三大阶段和四大难点等角度深入剖析。

大模型软件研发演进三步走

大模型正从两大方向影响着软件研发。

编程事务性工作的普遍替代

开发者的工作中存在大量重复性任务，例如编写胶水代码、框架代码和简单的业务逻辑。这些任务并非开发者核心关注点，如果大模型可以有效替代这些重复性工作，将显著提高个体效率。

此外，编程过程中通常涉及大量角色的协同工作，如产品经理、架构师、开发、测试和运维等。沟通往往耗时费力、协作成本高。如果能引入智能体，打造“超级个体”，将部分编码任务交由AI完成，就可以减少复杂的协同工作，提高整体协作效率。

知识传递模式的革新

传统的知识传递方式主要依赖口口相传，如代码审查、培训和代码规范的宣导等，这些方式往往滞后且效率低。智能化的研发工具链可以直接赋能一线开发者，提升团队整体水平。未来，每个团队可能会有专门擅长知识沉淀和梳理的成员，通过不断训练和优化大模型，使整个团队受益。

纵观整体趋势，大模型软件研发相关技术将分三步演进。

第一阶段：代码辅助生成

如GitHub Copilot、通义灵码这类工具作为IDE插件，安装后可以显著提升编码效率，但并没有改变现有的编程习惯和研发工作流。AI只是生成代码、编写测试或解释问题，最终的校验和确认依然由人完成，这个阶段依然以人类为主导。

第二阶段：任务自主处理

AI可以通过智能体技术自主校验生成的结果，例如，AI

编写测试用例后，能够自主判断测试是否通过、能否解决程序遇到的问题或发现新的问题。当我们进入智能体阶段，开发者可以减少对AI生成结果的人工校验。在此阶段，虽然仍以人类为主导，但AI已展现出独立完成特定任务的能力。此时将出现一条明显的产品分界线。

第三阶段：多智能体协同工作

多个智能体协同工作，并由大模型进行规划，完成复杂任务，如编写测试、写代码、撰写文档和需求分解等，而人类主要负责创意、纠偏和确认。这一阶段，AI不只是IDE插件，而是可以实现功能的自主开发。代表性的产品有GitHub Workspace和今年6月阿里云刚推出的 AI 程序员，这些都标志着我们正在迎来AI自主化编程的时代。

前两个阶段，软件效率的提升大约在10%~30%，包括编码效率的提升和DevOps流程的优化。那么，在第三阶段，我们可以通过打破现有的软件研发流程框架，面向AI设计新的编码框架和编程模式，效率提升有望突破30%，达到50%甚至70%。

死磕Copilot模式四大核心技术难点

当我们聚焦每个阶段，现有产品、技术发展的现状以及技术细节，就会发现未来还需攻坚的技术难点。以第一阶段最常见的Copilot模式为例，它主要分为以下几层（见图1）：表现层（IDE客户端）、本地服务端、服务端、模型层、数据处理层、基础设施层（算力）。

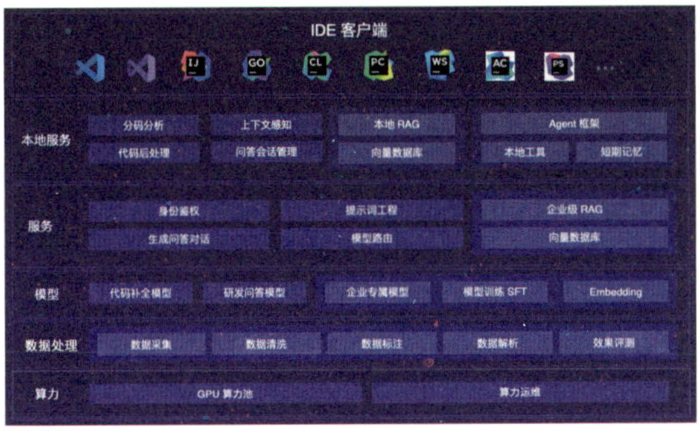

图1 Copilot阶段通义灵码的核心功能架构

当我们聚焦现有代码助手产品技术发展的现状，以及技术细节，就会发现未来需要攻坚的难点主要有以下四点。

1. **生成的准确度：**准确度是决定产品能否应用于生产的关键因素。

2. **推理性能：**代码生成速度和整体性能的提升。

3. **数据个性化：**适应不同企业和个人的编程习惯。

4. **代码安全与隐私：**确保代码生成过程中数据的安全和隐私。

其中准确度包含生成准确度和补全信息准确度两方面。

加强生成准确度和补全信息准确度

根据内部调研报告显示，准确度才是产品的核心，开发者可以接受慢一点，也可以接受有瑕疵，但准确度才是决定能否应用于生产、会不会持续使用的最关键因素，而过硬的基础模型能力是准确度的基础。我们通常认为模型是产品能力的上限，一个靠谱的基础模型是首要的。

通义灵码的靠谱模型主要依赖以下两个。

通义灵码补全模型。它专做代码补全，被称为"CodeQwen2"技术模型，是目前世界范围内非常强大的模型，在基础模型中排名第一，主要通过持续训练，提升其跨文件感知能力、生成代码能力及各个语言的细节优化，纠正其基础模型上的一些缺点，最终训练而成。

通义灵码问答模型。要想模型不仅基础能力强，还能很好地处理专项代码任务，就需要构造大量数据用于训练。单元测试、代码解释和代码优化等复杂任务，都需要构造大量数据进行训练，让模型遵循固定范式，从而持续输出稳定的结果。阿里目前基于"Qwen2"模型进行训练，它支持最大128K的上下文，不论是处理具体代码任务、Agent任务，还是RAG优化，都表现出色。

除此之外，还需加强补全信息准确度。开发者在写代码时，不仅关注当前文件，还要查看引用、工程框架及编码习惯等。因此我们在端侧还设置了复杂的代码分析功能，专门构建整个工程的引用链及相关数据，将其转化为全面的上下文传给大模型进行推理。在代码补全方面，我们进行插件与模型的联合优化，每增加一种上下文都需要构造大量数据训练模型，使其能感知到输入上下文与预测结果的关系。通过一系列处理，可大幅降低模型生成的幻觉，使其更好地遵循当前工程开发者的习惯，模仿人类编写相应代码，从而提升生成代码的质量。

解决性能问题

如何解决代码生成既快又好的问题，还得在性能方面下功夫。各种代码任务通常不是由单一模型完成的，而是由多个模型组合完成的。因此，在代码补全方面，我们使用了“CodeQwen2 ”这个7B参数的小模型能保证在500~800毫秒完成推理，做到“快”；在代码任务训练方面，使用千亿参数模型成本高且不划算，用中等参数模型训练，性价比高且更擅长；对于问答任务，通过大参数模型Qwen-Max和互联网实时检索技术，可以快速且准确地回答这些问题。

通常，采用多个模型组合来保证时延的优化是比较靠谱的做法。大参数的模型，具有广泛的知识面和强大的编程能力，能够获取实时支持；各种加速和缓存技术，包括在端侧使用流式补全也可以降低延时；使用本地缓存、服务端缓存，再加上推理加速等多种技术，可以兼顾实现速度和准确性。这些措施共同作用，能让通义灵码提供高效、准确的编程辅助。

攻克数据个性化

数据个性化依然针对两个典型场景：代码补全和研发问答。

在代码补全中，对于相似逻辑的编写，可以用企业已写过的优质逻辑代码来生成，避免重复造轮子。在自研框架的使用中，尤其是在前端开发，每个企业的前端框架往往不尽相同，如果直接使用基于开源数据训练的模型，生成的结果可能会有瑕疵。企业可以通过RAG技术，使员工在代码补全过程中实时获取所需的参考范例，从而生成符合企业规范的代码。

而研发问答这一领域相对成熟，文档问答、API生成代码规范、代码校验等比较简单，很容易就能做到。假设开发者选中一段代码并请求模型根据团队规范进行修正，其背后的原理是通过RAG技术，模型能够检索团队当前语言的规范，并据此对代码进行校验和生成，这些都属于数据个性化场景应用。

代码补全场景更加关注时延，力求将检索时间降低到100毫秒以内，技术实现有一定难度。而研发问答场景更注重精准度，目标是召回率达到70%以上甚至90%以上，以提高回答效率。尽管优化目标不同，两者在基础设施上都涉及知识库管理、RAG流程、推理引擎和向量服务，这也是通义灵码重点优化的方向。

代码安全与隐私

为解决代码的安全隐私问题，我们设计了全链路安全防护策略，让企业能够以较低的成本享受到AI的能力，每月仅需一两杯咖啡钱。

- 加密端侧代码，确保即使请求被拦截也无法复原代码。
- 制定本地向量存储和推理全部在本地完成的策略，除非是主动上传的企业级数据，否则代码不会上传到云端，保证云端没有代码残留，即使黑客攻破了通义灵码集群，也无法获取用户数据，确保安全性。
- 设置敏感信息过滤器，确保所有企业上传的代码都合规，能够放心使用公共云的推理服务，实现极高的性价比。

从简单走向复杂的代码生成，并非一蹴而就

在大模型软件研发相关技术演进的第二阶段，我们如何从简单的代码任务逐步走向复杂的代码生成？

2024年3月，Devin发布，只需一句指令，它可以端到端地进行软件开发和维护。虽然只是一个预览版，但它让我们看到Multi-Agent方向的可行性。这是从0到1的突破，Devin显著提升了AI在实际编码任务中的应用能力。同年4月，GitHub发布了Workspace，它是编码自动化的初步尝试。

以上再次证明了AI在代码生成领域的潜力巨大，尽管还有很长的路要走，但这表明我们正在朝着实现更高效、更智能的编程环境迈进。在技术路线上，我认为需要分为四个阶段逐步发展，而非一次性跃迁。

第一阶段：单工程问答Agent

要解决基于单工程的问答需求。典型的功能如代码查询、逻辑查询、工程解释、基于工程上下文的增删改查接口、编写算法、在MyBatis文件中增加SQL语句等，都属于简单任务，已经充分利用了单库的RAG技术以及简单的Agent来实现。这为更复杂的多Agent协同系统打下了基础。

第二阶段：编码Agent

进入能够自主完成编码的阶段。Agent将具备一定自主任务规划能力，以及使用工具的能力，可自主完成单库范围内的编码任务。例如，在集成开发环境（IDE）中遇到编译错误或缺陷报告时，用户可以一键让AI生成相应的补丁。

第三阶段：测试Agent

到达具备自主测试能力的Agent阶段，它不仅能够编写单元测试，还能够理解任务需求、阅读代码并生成测试，不管是单元测试还是黑盒测试方法。而另一些Agent可以用于架构分解、文档编写、辅助阅读等功能。

第四阶段：Multi-Agent

接下来，多Agent基于AI调度共同完成任务，就可以实现更复杂的任务管理和协作，从需求→代码→测试的全流程自主化。我们的终极目标是AI程序员的水平，类似Devin项目。这一阶段将涵盖更复杂的编程任务，需要更高级的AI调度和协同能力。

Code Agent落地门槛：问题解决率至少50%以上

从整个技术路线图来看，前三步通义灵码已覆盖。它展示了整体工作流，以本地库内检索增强服务为核心，提高了代码和文档的准确检索及重排效率，并结合企业知识库，增强了系统的综合问题解决能力。

这一过程需要不断优化，其过程涉及几个关键点：首先，深入理解需求，这是整个优化流程的基石；其次，提升需求在库内检索的成功率，它直接影响后续步骤的效率与效果；再次，模型本身的性能提升，将检索到的信息整合并解决问题的能力至关重要，这是Code Agent的前身。

接下来要重点攻克的是Code Agent技术，要推动这一技术走向实际应用，仍面临诸多挑战。

难点一：当前Code Agent的效果高度依赖GPT-4等先进基础模型，基础模型的能力可能是整个领域往前走的一大阻碍，这限制了技术的普及与自主可控性。

难点二：上述方案在调优上比较困难，容易牵一发动全身，难以快速迭代。

难点三：长上下文依赖和多轮次复杂Action处理仍是技术瓶颈。

难点四：模型调优问题，这是当前的一个重要挑战，即便是使用GPT-4，我们在SWE-bench-Lite SOTA测试集上的表现也仅为30%以上的问题解决率，这与生产级可落地的标准仍存在较大差距。因为测试集中不仅包含了相对简单的单文件修改任务，还涉及更为复杂的多文件和多任务修复场景，这对模型的上下文理解、逻辑推断及代码生成能力提出更高的要求。要达到生产级可落地的标准，需要至少将问题解决率提升至50%以上，继续加大技术研发投入是必要的。

未来的软件研发工具形态

对于通义灵码仍有差距的第四阶段——Multi-Agent阶段，我们也已经有了清晰的概念架构，其工作流程大概是：用户输入指令后，一个复杂的多Agent协同系统随即启动。该系统核心解决以下三大问题。

首先，通过结构化的任务管理，模拟人类团队分解大型任务的行为，实现高效协作；其次，简化工作流程，将复杂任务细化为小任务，并借助Agent特性逐一执行；再次，高效执行任务，让每个智能体专注自身任务并协同工作，共同完成复杂任务。

未来的软件研发工具链也将呈现三层架构（见图2）。

图2 未来的软件研发工具链架构

底层为AI基建层（AI智能平台），为中层的通义灵码与AI程序员等提供基础支持，涵盖运行沙箱环境、模型推理服务、模型微调SFT、检索增强RAG、企业级数据管理功能及核心模型。在AI基建层，工具共享，不同模型各司其职，这进一步验证了我们的技术演进路线。

通义灵码与中层的AI程序员之间存在递进的技术演进关系，虽然共享同一AI基建，但在产品交互及与开发者的连接方式上，两者差异显著。AI程序员拥有自主化工作区，采用问答式交互方式，这种非传统IDE形态却能无缝连接最上层的IDE端、开发者门户及IM工具，成为开发者主要入口的延伸。

见图2右侧的连接线，与现有DevOps工具链紧密链接，在不颠覆现有DevOps或CI/CD流程的基础上，极大地简化和优化了这些流程。

AI程序员边界明确，专注于从任务输入到文档编写、测试用例测试完成的全过程，未涉及CI/CD或复杂运维操作，作为现有工具链的有效补充，它将大幅简化工具链交互，优化流程协作，对组织结构和开发者技能产生深远影响，甚至可能引领未来编程软件向AI+Serverless的架构转型。

当前的Serverless主要由各类function构成，并通过workflow紧密相连。AI擅长独立完成单一的function，但面对庞大、复杂的代码工程，尤其是质量欠佳的代码时，修复能力尚显不足。未来，Serverless与AI融合的编程架构有望成为主流趋势，这并非无稽之谈。我们坚信，随着技术和基础模型的不断演进，预计在未来3~6个月内，将有相应产品推出，并有望在部分生产级场景中实现落地应用。

陈鑫

阿里云云效、通义灵码产品技术负责人，致力于企业研发效率、产品质量、DevOps方向研究和探索。2011年加入阿里，带领过大数据测试团队、测试工具研发团队、研发平台团队。对研发协同、测试、交付、运维领域都有很深的见解。目前正在带领团队向云原生、极致效率、智能化等领域进行持续演进。

代码大模型与软件工程的产品标品之路

文 | 汪晟杰

随着人工智能的快速发展，代码大模型逐渐成为软件工程领域的研究热点。代码大模型利用大量数据进行训练，可以在很大程度上提高开发人员的工作效率，降低开发成本。本文作者对代码大模型在软件工程领域的应用前景进行了深入探索，并带来落地及产品的标品化建设经验。

在本文中，我将重点围绕以下几个方面和大家探讨我们对于代码大模型和软件工程的探索。

第一，软件工程在AISE上碰到的坑，以及未来可能带来的价值点。

第二，如何让AI代码助手类的产品去理解代码工程。

第三，AI是如何适应工程项目中的不同场景和不同角色需求的。它不仅仅是理解我们的工程，还要能感知到这个工程现在以及接下来要做什么，能不能帮我们做一下重构或者其他方面的事情，来帮助缩短DevOps生命周期，我们称之为SDLC的优化。

第四，我们将讨论老板们关心的研发效率问题。研效可能有很多的工具在做，但毕竟还是工具，需要在管理者的层面上定义研效。那么研效有没有可能对AI辅助类工具落地并标准化指标提供帮助，同时建设出一系列的AI辅助类工具带来新的研效提升点。

软件工程+AI助手的挑战

首先，我们需要明确什么是AISE？AISE（AI Software Engineering）可以理解为“软件工程3.0”，即基于大模型时代下的软件工程。事实上，AISE本质上是以AI为心脏的一套链路，它需要解决DevOps复杂度的问题。DevOps的链路非常长，通过AI是否能够优化升级敏捷，甚至未来抛弃敏捷？是否能以多智能体的方式，让DevOps收获全新的体验？这就是对AISE的定义。

当前，AISE总体仍处在起步期，但我们可以看到越来越多的AI工具开始涉足软件开发的不同阶段。从编写代码、测试到运维等SDLC软件研发全生命周期中，越来越多的产品正在以AI为中心去重塑它的产品形态，其中尤以开发环节为甚。

国内外主流的开闭源代码大模型都在不断提升其规模、参数，其实是想要让代码获得更大的Token、窗口，在有限的算力条件下能够推出更多的内容、有更好的意图识别。由于代码大模型的入局，AISE的应用场景正是百花齐放时。那么，代码大模型究竟有什么特点？第一是具有秩序性，和人类阅读不同；第二是逻辑性，它必须有强大的推理能力，这本质上是有一套语法的前后逻辑调用链；第三是上下文的感知度，在当前代码的类里是否能感知到其他类的存在、其他类的函数定义等。基于此，我们可以结合工程方式辅助来让大模型更好地“懂”工程。

在智能编码方面，我们很早就开始和企业客户进行沟通，基于国内行业客户的普遍诉求，我们总结出了企业智能编码的“SMAFe”原则。

- **Security（代码安全）：**保证基础模型里用于训练的代码是安全的，保障补全出来的代码是安全的。

- **MaaS（多模能力）：**由于各部门的业务特性不同，可能需要多个个性化的行业模型。并且，根据不同业务特性，需要进行二次训练，补全模型。
- **Analysis（数据看板）：**保障二次训练以及行业代码的训练效果，同时有哪些效能指标可以帮助管理者观察工具对开发工作的提升。
- **Full（丰富场景）：**代码补全是高频场景，优先度最高。在此之外，还有代码扫描、评审以及DevOps上下游规划。
- **extension（扩展机制）：**在对话平台之上构建自定义的Agent能力；能够自定义开发，通过自定义提示词和Function call等接入业务系统（注：此处字母e专门用小写，如大写则为企业在已有的标品上进行扩展）。

代码大模型有很强的推理能力，可能会使用C++、C#、Rust等各种语言，但如果让它去做企业级的工程，还需要学习工程结构、研发规范等。如何让代码大模型“理解工程”？这就需要从三个维度来着手，分别是：准度/评测（让模型做红蓝对抗，比如赞踩、打分的反馈系统。将Bad Case进行持续收集，继而反哺系统并进行有效性验证，从而打磨迭代出新模型）；成本/算力；质量/安全。

总体来看，成本和体验会极限拉扯，准度评测保证模型质量，安全保护资产，这是代码大模型不会停止的挑战。对此，如何确保代码大模型实现“好、快、准”？这就涉及三大要素。

- “数据安全 = 好”：可以用大模型对抗大模型，用大模型来感知生成的代码是安全的，其次可以用大模型进行监督。比如开源的大模型安全工具包LLM Guard，通过提供开箱即用的所有必要工具来简化公司安全采用LLM的过程。
- “IDE + 编码效能 = 快”：天下武功唯快不破，我们内部的代码补全平均耗时在500毫秒左右。
- “对话 + 工程理解 = 准”。

基于大模型成本与体验的极限拉扯，我们在深入思考怎样才能让AI代码助手达成高用户价值，如图1的框架所示。我们通过代码模型精调训练，在代码补全、技术对话上提高开发者效率。这点已在内部进行了多次论证：当产品处于非常好的体验时，会获得非常高的用户留存率。这里提到的代码生成的体验，更关注补全性能、产品交互以及用户开发习惯等方面。

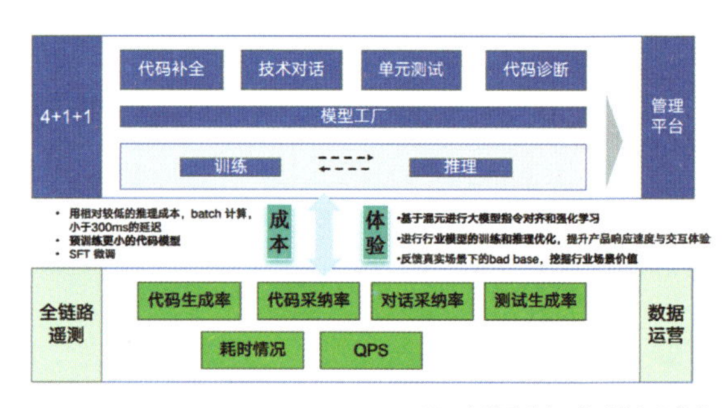

图1 大模型成本与体验的极限拉扯

在高留存率目标驱动的同时，还必须控制优化成本，防止高频访问导致速度下降与成本上升而劣化产品体验。需要重视Bad Case反馈与处理闭环、针对性专题性能调优、采取批量计算等策略；通过用户看板观察总结模型版本升级带来的能力增益。最终通过一系列平衡手段，实现AI代码助手在补全场景下的产品价值。

懂工程的AI辅助工具的最佳路径

那么对于一个懂工程的AI代码助手，怎样才能做到最佳使用范式？用好Coding Copilot有以下几个关键的点。

- 首先是IDE的深度体验，我们的代码助手在起步之初便定位要做GitHub Copilot的平替，因为这能够让开发门槛大幅降低，对于开发者而言，切换成本很低。
- 通过Agent扩展实现Prompt as Code，灵活地在工程、仓库、版本管理、流水线等方面都进行Agent扩展。
- Life of a Completion是GitHub Copilot定义的一套范式，它并不关心你的代码是什么样子，会通过一种策略感知持续性地从源码中提取有用的提示词，并组装给模型，最终产生想要的效果。
- 程序员的编程习惯——Tab与Backspace之争由来已

久，我们也对智能编码习惯进行了定义，希望能够实现3TNB的目标，即“Tab Tab Tab No Backspace”。根据注释生成代码；根据函数定义生成函数体实现；根据上文生成下文代码；根据当前代码行输入，补全整行代码。

接着是大家熟知的提示词工程，提示工程的基本原理，可以总结为3个S，核心规则是创建有效提示的基础。

- 单个Single：始终将提示集中在单个、定义明确的任务或问题上。
- 具体Specific：确保说明明确且详细，最好能附带一个示例或者模拟信息结构。具体且具象的描述会带来更精确的代码建议。
- 简短Short：在具体的同时，保持提示简明扼要。这种平衡确保了清晰度，而不会使腾讯云AI代码助手超载或使交互复杂化。

研效+AI+标品化建设

本质上来说，AI辅助类工具与DevOps一样，都是研效工具且是强运营产品。但AI代码助手这类产品不同于人们已经熟知的DevOps，它还很新，因此如何让产品变得标品化至关重要。

对于老板们一直关注的指标问题，国外有开发者总结了利用25个指标提高开发者的工作效率，其中较为关键的是以下几点。

- 编写代码总行数（TLOC）：用于衡量代码行总数，包括手动和Copilot生成的贡献。
- 每份贡献的平均代码行数（ALOCC）：用于评估每次开发工作贡献的平均代码行数，展示每次贡献的粒度。
- 使用Copilot的代码贡献百分比：量化Copilot贡献的代码比例，展示其在开发过程中的集成。
- Copilot建议后代码更改的百分比：通过追踪开发者修改生成的代码频率来衡量Copilot建议的有效性。
- 代码变更：测试一段时间内对代码库所做更改的频率和程度。

总体而言，所谓标品，就是希望这个软件是一个单纯干净的软件，尤其工具类软件更要做到足够小而美。例如，辅助类工具就只是辅助类工具，无须连通别的系统或把DevOps串起来，这样无论在什么环境下它都能运行。对于产品而言，能够实现一键部署、扩展业务能力简单、接入系统简单、企业易于定制、支持信创环境、无其他耦合系统；对于运营而言，还能够赋能老板汇报，为什么要用AI代码助手。

结语

AISE已来，下一个AI时代改变了编码习惯和过程，我们需要在代码大模型的极限拉扯下对产品与体验进行权衡。深度探索提示工程（N-Shot、3S等）、代码模型能力和AI应用框架是AI产品的重要组成部分，它们可以帮助我们更好地定义新的软件模式，而产品开发指标会作为新的研效指标。多智能体的协同战局已经拉开序幕，未来，AI+CDE（即通过多智能体的有机结合）可以在云开发环境中利用AI自主完成全套开发流程直至最终上线。

汪晟杰

腾讯云开发者AI产品负责人，负责腾讯云开发者AI代码助手产品规划设计与运营，十多年协作SaaS，SAP云平台、SuccessFactors HCM、Sybase数据库、PowerDesigner等产品的开发经理，在软件架构设计、产品管理和项目工程管理、团队敏捷、AI 研发提效等方面拥有丰富的行业经验。

从研发视角聊聊字节跳动的 AI IDE

文 | 天猪

靠AI简单加持的集成开发环境（IDE），真的满足你了吗？本文作者将从IDE设计者和资深程序员的角度出发，深度剖析程序员心中对IDE的真正需求，给出AI时代下衡量IDE优劣的重要标准。

我已经从业很多年了，刚入行时可能还没有前端这个岗位。

高二那年，中国刚兴起互联网，网吧每小时要收12块钱。我开始学习编写HTML+JS+CSS甚至Flash，从北邮毕业后，先在小公司待了很多年，接着加入了UC。随着UC被阿里收购，我在阿里游戏负责前端团队，搞前端工程化。几年后，为了去看看国内前端的圣地，就应玉伯邀请，转岗去了蚂蚁的体验技术部，主要深耕在Node.js基础设施领域。这么多年里我也一直在社区参与开源项目，EggJS和CNPM就是我核心参与的两个开源项目。

加入字节跳动之后，我一直在继续做基础设施建设。入职后，我发现一件很有趣的事：在字节内部有非常大比例的正式员工在使用自研的云端IDE，而在其他大厂更多是外包同学在用。这可能是因为字节有很多monorepo（单一仓库）模式，大库的本地运行极为耗时，又譬如我们的员工遍布全球各地，需要随时随地可以进行编码，种种因素促使云端IDE在字节跳动内部的使用需求持续高涨。

2022年，ChatGPT横空出世，引爆整个人工智能行业，AI的能力以超越人类想象的速度进化。如果用第一性原理来看大语言模型，本质上大语言模型的唯一工作就是预测下一个token，相比起复杂的自然语言，编程语言更加简洁、严谨、可预测。我们已经看到大语言模型在自然语言预测上令人震惊的效果，因此有理由相信，大语言模型在编程语言预测上也具有非常大的潜力。

在过去的这些年，我所在的部门一直从事开发者工具相关工作，我们的产品服务了字节内部成千上万的工程师，在字节内部有70%的工程师在使用豆包代码助手的内部版本来提升他们的开发效率。大语言模型的出现，让我们看到了新的生产力提升开发者效率和体验的可能性，也让我们有机会能够在AI时代更好地服务所有开发者，我们非常兴奋能够参与到这一旅程之中。

大概在去年年底时，我与团队开始参与到豆包MarsCode的开发。这个产品目前提供了两种形态：一是许多人熟悉的本地编程助手插件，二是云端的AI IDE。其中我们的AI IDE涉及整个链路，包括IDE UI（用户界面）、IDE Server（服务）、工作区容器、场景化服务等很多能力，而我主要负责工作区和场景化。

豆包MarsCode这个产品和字节跳动的理念其实是一致的，即“激发创造，丰富生活”。我们期望用AI来激发程序员，包括广大的“泛程序员”群体，让用户使用我们的产品实现过去10倍的生产力，成为超级程序员。我们坚信，AI在编程领域的潜力远未被充分挖掘，当前的AI辅助编程仅是冰山一角，未来将朝着结对编程乃至AI驱动编程的方向迈进。

AI IDE演进史

作为一名资深程序员，我每天仍需写非常多的代码，所以我想从自己的视角观察IDE的演化历史，并扪心自问：我们需要什么样的一款IDE？

在计算机编程的历史长河中，最初的程序员甚至需要通过打孔机+编织机来输入指令，这一过程孕育了"编程"一词，因为程序真的是"编"出来的。随后，我们进入了文本编辑器时代，Vim、UltraEdit等轻量级工具与Eclipse、JetBrains等IDE的重功能分化，形成了编程工具的早期格局。

进入21世纪的前十年，纯文本处理的文本编辑器与IDE之间的界限开始模糊，代码编辑器时代悄然来临。Sublime的出现堪称转折点，它不仅解决了处理大型文件时的性能瓶颈，还引入了快捷操作、命令面板等现代IDE常见的功能，极大地提升了开发效率。与此同时，Atom作为GitHub当时的孵化产品之一，凭借其强大的插件生态和高度定制化能力迅速走红，尽管性能问题一直为人所诟病。

紧接着，微软推出了VS Code，这中间有一段传奇的故事：Atom和VS Code在技术上的底层框架Electron是由中国开发者赵成（GitHub@zcbenz）开发的。虽是"同根生"，但VS Code相比Atom采取了不同的策略，它在初期非常克制，专注于性能等用户体验，譬如很多面板当时都是不支持定制的。VS Code在生态和体验之间找到平衡点，最终迅速成为最受欢迎的代码编辑器之一，击败了Atom。

随后，AI技术开始渗透至编程领域。前文已经提到，大模型的本质是对下一字符的预测，而这一能力不仅适用自然语言的翻译（如今ChatGPT已经能解决很多翻译需求），同样适用编程语言的解析与生成。对程序员而言，编程语言（如Java、JavaScript）本质上也是一种语言，AI能够理解和生成这些语言，为编程带来新的可能性。

随着AI技术的普及，各类AI驱动的IDE产品如雨后春笋般涌现。GitHub Codespaces和Replit等产品也纷纷开始积极拥抱AI辅助编程，前者凭借微软的深厚底蕴赢得了广泛认可，后者则快速转型，成为前端页面预览与分享领域的佼佼者，用户基数庞大。此外，还有Cursor这样的代码编辑器以其在AI领域的深入探索，受到了众多技术爱好者的青睐。同样，我们豆包MarsCode应运而生，想一起去探索这项技术的极限。

这引出了下一个问题：我们程序员需要的IDE有哪些要素？

从我的视角出发，理想的IDE应具备以下核心要素。

- 卓越的开发体验：我用简单的几个字来诠释我眼中的"开发体验"——颜值即正义。在程序员眼中，IDE的美观度和交互体验其实至关重要，第一印象往往决定了后续的使用意愿。
- 随时随地开发：在当今时代，能否实现随时随地开发成为衡量IDE优劣的另一重要标准。是否必须依赖本地电脑进行开发？是否在学习一门新语言时需要重新配置环境？能否外出时带个配备妙控键盘的iPad Pro应急编程一下？这些场景下的开发体验同样重要。因此，理想的IDE应具备跨终端与跨场景的兼容性，实现即开即用，随时可投入开发状态。未来，我们期待更加颠覆性的人机交互体验，IDE的形态是否会迎来根本性的变革，这一点令人充满期待。
- AI原生价值：AI技术的原生集成对于下一代IDE至关重要。随着AI技术的普及，每位程序员仿佛都拥有了一位高潜力的实习生，能够协助完成诸多任务。AI技术对编程领域的影响主要体现在两个方面：一是提高研发效率，加速编码进程；二是辅助决策，提供高质量的问答服务。当前，我们正处于AI辅助编程的阶段，那未来是否会迈入AI驱动编程的新时代？对此，我满怀期待，积极参与其中，见证这一进程的推进。

AI辅助编程

接下来，我们将聚焦核心话题——AI辅助编程。

如图1所示，这份开发者社区调研结果揭示了程序员对AI的具体需求。实质上，我们归纳出了代码生成、补全、自然语言转代码、初始代码生成、单元测试生成以及代码解释等方面的需求。特别是在接手新库或模块时，理解其内部逻辑变得尤为重要。

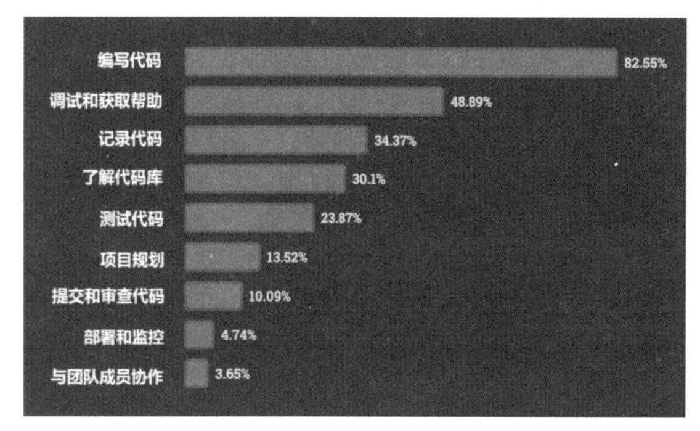

图1 开发者社区调研结果

从开发者的角度审视，我们关注以下两方面。

- 提高研发效率。加速编码过程，提升生产力，是AI辅助编程的首要目标。当前，代码补全功能已趋于成熟，Copilot等工具便是快速补全代码片段的优秀实例。自然语言驱动的代码生成同样不可或缺。另外，代码推荐功能虽在社区讨论较少，但已有初步探索。自动修复代码错误的能力更是备受期待。
- 提供决策辅助。借助AI实现高质量的问答，帮助开发者更好地理解项目，是另一大关键议题。这涵盖项目解读与互联网搜索能力的增强，我将在下文逐一展开。

代码生成

代码生成功能为人所熟知，通过自然语言界面，无论是在独立窗口还是IDE内部，都能便捷生成代码。个人认为，将代码生成功能融入IDE更为理想，因为它能提供更多上下文信息，使生成的代码更贴合实际需求。独立窗口虽可行，但用户需额外提供细节，相比之下效率较低。目前，Side Chat（与AI助手的独立聊天窗口，这个窗口通常位于代码编辑器的一侧）和Inline Chat（在代码行的直接上下文中进行的交互方式）是两种常见实践，不过我认为它们的交互形态还有较大的提升空间，当前还远不是完成态。

代码补全的原理

代码补全的核心机制在于预测下一个字符的可能性，这要求模型不仅要理解现有代码的上下文，还要预知后续的逻辑发展。以往，代码补全主要体现为基本的代码提示功能，例如编写代码时出现的下拉菜单供开发者选择。然而，微软公司旗下的GitHub Copilot产品带来了颠覆性的改变，将传统的下拉列表转变为代码编辑器内的“幽灵文本”（Ghost Text，指用户在编辑器中输入时出现的内联建议）提示，极大地改善了用户体验。通过简单敲击几次Tab键，即可完成代码片段，这种即时反馈机制极大提升了效率，同时充分发挥了大语言模型在多行代码补全方面的优势。

实现这一突破的关键有两点：一是模型需具备强大的性能，确保快速且准确地生成代码建议；二是Prompt工程设计的重要性，即如何构建有效的输入提示，使模型能准确捕捉开发者的意图。

在IDE中，代码补全的过程相当直观：收集当前光标位置、前后代码片段、文件类型以及关联的其他文件信息。这些数据通过IDE的API获取，整合成一个完整的Prompt，明确告知模型当前的代码环境，并请求其进行补全。模型接收到Prompt后返回建议，过程中可能涉及预处理与后处理步骤，旨在提升补全质量。

Prompt工程，即Prompt构造技巧，蕴含着丰富的细节。恰当提取和展现上下文信息对性能有至关重要的影响，但过多或不相关的上下文信息可能会妨碍模型的理解，因此，精确地定位和筛选上下文信息是提高代码补全效果的关键。

代码补全的测评指标

评估代码补全工具的效能时，选择恰当的评测指标至关重要。

尽管“HumanEval”在代码领域享有盛誉，但我们认为它并不适合作为代码补全场景下的理想评估标准，因为该指标与实际应用场景存在较大脱节。为了更贴合实际开发环境，获取真实反映模型性能的数据，我们倾向于采用在线测评的方法，通过A/B测试动态调整参数，甚至决定是否更新模型版本，从而获得更为客观和实用的反馈。

“采纳率”这一指标虽被频繁提及，但仅凭采纳率难以全面评判代码补全的质量。如果只看“采纳率=采纳次数/推荐次数”，容易受多种因素影响，缺乏指导具体优化方向的能力。

为此，我们采用了一项更为全面的评估指标——CPO（Character per Opportunity，每次补全机会的平均字符数），它旨在从多个维度综合考量代码补全工具的性能。CPO的计算公式如下：

CPO=（尝试率）×（反馈率）×（采纳率）×（每次采纳平均 token 数）×（token 平均字符长度）

尝试率

尝试率，实际上反映的是AI向用户实际提供补全建议的频率。想象一下，当用户在编码时，每进行十次敲击动作，可能只有六次触发了向AI请求补全的行为，此时尝试率即为6/10。通俗地讲，就像在一个相亲会上，面对十位潜在的伴侣，你可能仅对其中六位发出了交友邀请，故尝试率为6/10。

影响尝试率的因素主要有两个方面。首要因素是前置操作的延迟，即获取上下文（Context）的速度。用户敲击键盘的速度通常较快，AI系统必须能够跟上这一速度。如果用户敲击一个字符后，AI的响应时间长达1秒钟，这时用户可能已经敲入下一个字符，导致AI返回的补全建议不再适用。因此，迅速且准确地获取上下文是关键，这涉及模型的运行速度以及能否高效提取并传递准确的上下文信息给AI。举例来说，如果模型的响应时间从1秒缩短至0.5秒，用户在等待补全建议的过程中，可能就会更愿意尝试使用AI补全功能，从而提高尝试率。

其次，提供多样化的展示方式也是提升尝试率的重要手段。类比于求职者投递简历，除了常规渠道，还可以通过参加行业会议、网络平台等多种途径增加曝光机会。在代码补全场景中，可以考虑将下拉提示与幽灵文本相结合，在编辑器中直接展示补全建议，用户只需轻轻按下Tab键即可采纳建议，无须离开当前编辑界面。这种方式不仅提供了更多的展示机会，也简化了采纳补全建议的流程，从而有效提升尝试率，增加了AI展示自身补全能力的机会。

反馈率

反馈率，实质上反映了AI生成的补全建议在被真实展示给用户的机会中的比例。即便我们向AI发送了六次请求，但最终可能只有三次建议被真正展示给了用户，这时反馈率即为3/6。以日常生活中的比喻来说，你可能向六个人发出了交友邀请，但由于种种原因，如手机信号不佳或对方头像不合眼缘，最终只成功发送给三位，这里的反馈率同样为3/6。

在AI产品领域，有些产品的采纳率异常之高，究其原因，在于它们在生成补全建议的过程中，会调用第三方API获取额外信息，从而显著提升建议的准确性和丰富度。然而，如果处理速度过慢，即使生成的建议质量上乘，也可能因“时机”错失，无法及时呈现在用户面前，这正应了那句老话：“酒香也怕巷子深”。

影响反馈率的因素及优化策略主要涵盖以下几点。

- 时效性与模型优化：网络延迟、模型自身的推理速度，以及在保证质量的前提下，选择更小、更快的模型，如通过量化操作或谨慎地限制推荐范围，都是提升反馈率的关键。并非推荐越多越好，因为这往往会降低速度。
- 内容质量与展示决策：在某些情况下，即使建议生成速度快，但工具侧可能会进行后置检查，如果判断建议质量不高，则不会将其展示给用户。例如，对于含有敏感内容或不符合规则的信息，主动选择不展示也是一种策略。

每次采纳平均token数与token平均字符长度

这两个指标共同构成了评估模型生成建议实际价值的重要维度。每次采纳平均token数反映了模型生成建议的“性价比”，即一个token能够产生多少字符，进而影响生成代码的丰富度和实用性。这就好比在日常交流中，你向好友发送一段消息，对方是用长篇大论详细回复，还是仅仅回复“呵呵”二字，两者所带来的实际价值完全不同。

另一方面，token的平均字符长度更多地从人类视觉角度出发，因为人们阅读的是字符而非token。不同的模型可能有不同的字典和token划分方式，这意味着在代码补全或IDE环境下切换模型时，需要通过这两个指标将不同模型的表现转换到同一尺度上，以确保评估的一致性和可比性。

关于CPO与采纳率之间的关系，我认为图2生动地表达了两者的区别。CPO代表的是真实价值，而采纳率则反映了感知价值。采纳率是直观感受的，能够给予用户即时的满足感，而CPO则更注重实际产出的效益，并能指导我们如何进一步优化。

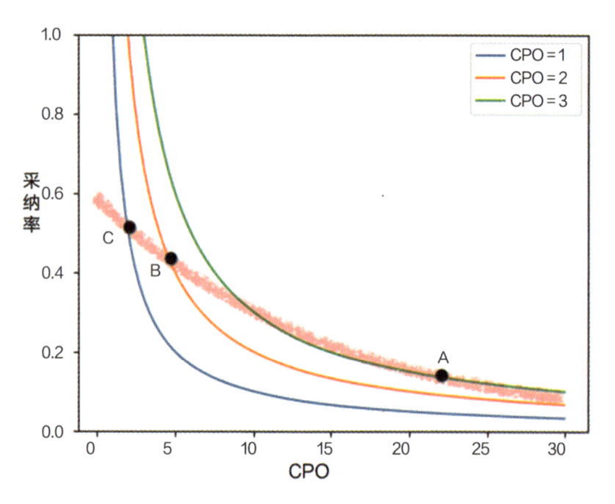

图2 CPO与采纳率的关系

图表中，A、B、C三点分别对应不同的CPO值与采纳率组合。A点的CPO最高，但采纳率最低；B点的CPO稍降，采纳率却明显提升；而C点的边际成本不划算，牺牲了CPO但采纳率提升有限。在实际应用中，寻找CPO与采纳率之间的平衡点至关重要，不应片面追求某一指标，因为真实价值与感知价值都是评价模型性能不可或缺的方面。

代码推荐

代码补全工具往往更擅长生成全新的代码片段，而非优化已有的代码库。比如，当你在一个对象中添加属性后，能否智能预测下一步操作，如自动插入console.log语句或者修复Lint错误？为了实现这一目标，我们通过分析海量的Git Commits记录，从中学习用户的编辑行为，将每次属性变更视为diff变化，构建出了一套训练模型，以期达到预测编辑动作的目的。

例如，豆包MarsCode内部正在测试一个功能，当用户添加注释后，仅需连续按下Tab键，AI就能根据上下文智能推断并自动完成后续的代码修改。这表明，AI有能力预测用户的下一个编辑动作，当用户完成一个操作后，它能精准定位到下一个需要编辑的位置，再次按下Tab键，它就会自动进行修正。这一特性同样适用于语言列表的下拉菜单，每当添加一个新属性时，AI可以智能提示用户可能需要更新的其他部分，只需按几下Tab键，即可快速完成代码调整。

我坚信，这种基于预测的编辑辅助功能，将在未来一年内在各种AI产品中迅速普及，成为行业标准配置之一。

代码修复

这是目前正在探索的方向之一，核心在于利用AI智能体（Agent），结合诸如LSP、AST和Lint等工具，让AI具备静态分析代码的能力，识别潜在的问题。更进一步，AI是否能够动态运行代码，获取运行时的上下文信息。Swe-bench是一个评价代码修复能力的平台，近期我们的团队曾在此平台上获得全球第三的成绩，但这一领域的竞争异常激烈，这个分数虽有价值，但其实也没那么重要。就像移动互联网时代的安卓手机和iPhone，它们的硬件元件都差不多，我们却只在看到安卓手机时会提到跑分，但手机最终的质感却完全不一样，所以最终的用户体验才是决定因素。目前，该领域仍处于起步阶段，预计在未来的一到两年内，代码修复将是极具潜力的研究方向。

辅助决策

前文关于代码推荐的部分已经提到，在项目问答方面，关键在于AI能够深入理解项目的上下文信息。鉴于AI的数据集可能存在局限，实现实时搜索，获取最新信息，是提升AI实用性的重要途径。例如，当需要编写爬虫程序时，能够向AI咨询并自动获取所需库的信息，这在前端Node.js迅速迭代的环境中尤为重要，因为仅依赖AI的学习内容有时难以应对最新的技术发展。

豆包MarsCode的工程实践

接下来，我们将聚焦于核心话题——AI辅助编程。

我们已经介绍了程序员对IDE的要求以及未来AI编程所涉及的几大主要功能，因此下面以豆包MarsCode的具体工程实践为例，谈一谈开发这款产品的过程中诞生的一些想法。

颜值即正义

前文提到，程序员其实非常关心IDE的外观，而我们坚信“颜值即正义”的理念，因此深度钻研了豆包MarsCode IDE的外观设计。我们注重每一个细节，旨在通过提升开发者的实际体验来探索创新的可能。

第一印象至关重要，想打造良好的第一印象，需要始终遵循“亲身体验”的原则，即亲自使用我们开发的产品，确保每个环节都能达到预期的高标准。事实上，我起初对优化IDE的交互设计持保留态度，作为一名忠实的VS Code用户，我对其丰富的插件生态、自定义主题等功能感到满意，不太愿意轻易改变。

然而，在深入研究后，我逐渐认识到，作为长期使用者，我们可能对某些界面和操作习以为常，以至忽视了它们可能存在的问题，尤其是对新手用户而言，这些界面可能并不友好。

为此，我们细致地分析了VS Code的各项功能，包括其界面布局与交互流程，发现了许多值得改进的细节。

如图3“黄金分割线”的界面设计，它是我们无数个晚上讨论和精心打磨用户体验的一个小例子。我们精心调整界面比例，确保每个界面元素都能达到最佳的视觉平衡。此外，我们还深入探讨了如何优化AI Inline Chat的交互方式，以及代码Diff（差异）编辑器的用户体验，这些在现有IDE中往往存在不足之处，我们力求在这些方面实现突破。

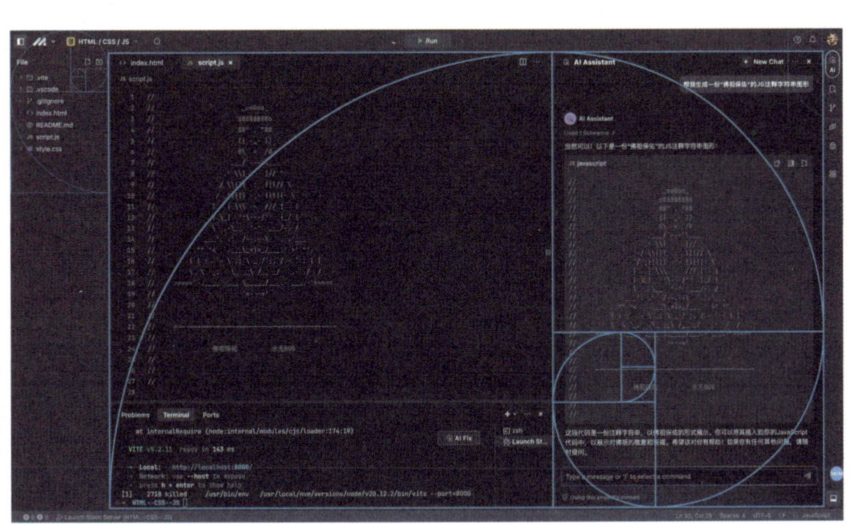

图3 “黄金分割线”的界面设计

为了革新设计，我们对传统交互模式进行了大胆改革。以往的IDE，如VS Code，界面左侧堆砌了大量功能按钮，显得杂乱无章，这不仅影响美观，也不利于高效操作。因此，我们采用了就近原则，对功能区域进行合理划分，将所有工具集中于右侧，常用操作如Run（运行）和Deploy（部署）则置于顶部，以此简化用户操作路径，提升使用效率，使IDE的操作逻辑更加直观和人性化。

此外，以AI Chat为例，我们在交互设计上经历了多次争执和调整：Inline Chat真的需要在编辑区展示那么一大段结果么？它和Side Chat的边界是什么？Side Chat里面真的需要用户去选择一大堆文件吗？它只是一种当下大模型还不够强大情况下的无奈妥协，我们能不能继续优化和做减法？

设计概念的实现远比想象中复杂，团队花费了大量时间进行讨论和优化。设计师们会从初学者的角度审视每一处细节，挑战我们作为资深程序员的固有思维，促使我们重新思考界面布局的合理性。这些思想的碰撞，最终推动了设计的不断进化。

我们致力于打造更普惠、易用的开发环境，尤其在启动速度上，我们的IDE远超GitHub Codespaces和Google IDX，达到了五秒，与业界最快的Replit处于同一水平，尽管两者定位有所不同，Replit偏轻量化，而我们更注重整体功能的完善。

随时随地开发

接下来，我们聚焦“开箱即用”的概念，目标是实现随时随地开发。从架构角度来看，这一目标的实现相对直接——顶层是IDE的UI（用户界面），中间层为IDE的Service（服务）逻辑层，而底层则是运行代码的工作区，共同构成了一套成熟稳定的架构模式。

实现随时随地开发的核心在于快速启动云端开发环境。这是一项技术挑战，因为云端环境的启动速度直接影响用户体验，必须做到迅速响应。同时，我们致力于确保开发环境跨设备兼容，无论是桌面浏览器、iPad还是本地计算机，都能无缝接入，提供一致的编程体验。

此外，支持多种编程语言同样至关重要。在AI时代，学习一门新语言变得相对容易，但随之而来的环境配置问题却令人烦恼。例如，学习Python时，本地环境极易因操作不当而受损，且安装各类依赖库可能带来安全风险。此时，云环境的价值得以彰显，它不仅能够迅速创建安全、隔离的编程环境，还确保了环境的一致性和安全性，避免了本地环境配置的复杂性和潜在隐患。

对于服务器层而言，其运作并非局限于单一工作区。在轻量化场景下，服务器可以采取高密度部署的方式，譬如只需要一个File文件服务和LSP（Language Server Protocol，即一个代码编辑器需要的最基础能力——代码提示能力）即可。从UI到服务器，再到后端容器，整个系统展现出极高的灵活性和可组合性，能够根据不同的需求自由搭配，形成多样化的形态，为开发者提供更加丰富和个性化的选择（见图4）。

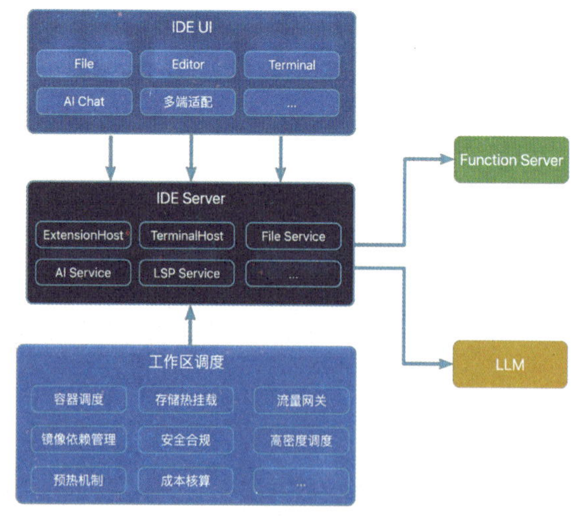

图4 组件化的系统

从应用场景的角度看，我们的视野不应局限于传统的IDE。组件化是关键，这意味着IDE的UI和服务器层需要模块化，以便在不同场景下灵活嵌入和定制。IDE不再仅限于我们常见的形式，它可以融入各种环境中，例如，当程序员在协作平台上编写代码时，代码编辑框本身是否也可以被视为一种IDE的变体？Anthropic公司发布的Claude 3.5 Sonnet大模型中推出了一个名为“Artifact”的功能，它本质上是一款高级版的代码解释器，这是否预示着另一种IDE的形态？事实上，我们团队也在着手类似项目的孵化。所以当我首次了解到Artifact时，先是惊叹他们的进展比我们更快一步。就在他们公布这一成果的一个月前，我们内部也恰好在讨论类似的形态，只能说“英雄所见略同”，可惜我们人不多，需要有优先级侧重。

Artifact的亮点在于，它不仅是所谓“代码解释器”（Code Interpreter）的升级版，更是将代码执行过程可视化，引入了双向交互机制。传统的代码解释器仅负责代码执行，但用户无法直接观察执行细节。Artifact的独特之处在于，它额外提供了交互层，使得代码执行和结果展示过程变得生动直观，极大提升了用户体验。

从技术实现角度看，首先面临的挑战是如何选择合适的载体。例如，如何在特定平台如字节豆包上实现这种交互式卡片的支持？是采取定制化方案，直接与豆包合作，还是开放接口，借鉴Google的Gemini模型与一款IDE产品Replit之间的集成模式？当前，Gemini和Replit的交互方式还比较“挫”，仅在Gemini提问后，通过底部的分享按钮跳转至Replit，而非无缝集成。我预计Replit会在不久的将来推出类似Artifact的强大功能，这将进一步推动行业标准。

所以，最终问题还是如何实现与用户的交互。我认为这种交互方式与Vercel的V0相似，这款产品的解决方案是通过对话生成UI界面，并允许用户导出代码。

定制化场景

我们还探索了一些定制化的轻量场景，旨在为用户提供更贴合需求的开发体验。譬如对于AI领域常见的Workflow搭建场景，往往需要支持嵌入式的代码节点，与传统的IDE相比，它只需要一些基础的功能，如代码编辑区、自动补全提示，以及AI Inline Chat能力，甚至无须Side Chat功能。对于AI而言，代码片段是核心，用户编写完成后，我们应能迅速运行这段代码，这要求IDE具备一定的扩展能力，如输入/输出模式的构建，以实现整体工作流的无缝集成。此外，考虑到代码测试的需求，我们还探讨了如何在此基础上进一步提升测试效率。

其次，还有一些更复杂的云函数场景，譬如ChatGPT的GPTs插件，会需要更丰富的功能集，包括代码片段的编辑、控制台面板、包依赖管理以及API接口数据管理。对于这个场景来说，Function Call需要告诉AI函数的输入输出字段及其类型，从而有助于AI可以正确地调用云函数和处理后续结果。以往，开发者在编写函数后还需手动编写OpenAPI的Schema，过程非常烦琐，而我们就针对这个痛点实现了自动化分析代码并生成Schema，还支持了自动化生产测试，从而简化开发流程，提升效率。

“开箱即用”的云端开发环境

所谓“开箱即用”的云端开发环境，其实就是指云端IDE中的“工作区”。工作区之所以必要，是因为它提供了高度的隔离性和环境一致性，这对于开发人员而言至关重要。尽管WebContainer作为一种方案存在，但其局限性明显，仅适用于Node.js、Python等可编译为WebAssembly的语言，且性能表现欠佳。相比之下，工作区的优越性在于其强大的隔离能力和一致性环境，但这也带来了较高的技术复杂度和实施门槛。

在实现工作区时，K8s（Kubernetes）作为容器调度的主流技术，被普遍采用。然而，K8s的核心优势在于其能够在短时间内调度大量资源，以应对突发流量，但IDE工作区的需求截然不同。IDE工作区通常是一对一的关系，无须多实例负载均衡，更侧重于快速启动。与微服务架构下的弹性伸缩不同，IDE的用户体验要求极高，任何延迟都可能导致用户流失。因此，IDE工作区本质上是一种实时、有状态的服务，而K8s则更多应用于无状态、非实时的场景。

为解决这一问题，我们基于K8s进行了一系列定制化改造。首先，容器调度成为优化重点，直接采用K8s原生功能难以满足高性能需求，因此，针对性的优化措施不可或缺。其次，工作区的休眠机制变得尤为关键，持续运行将导致高昂成本，因此合理的休眠策略必不可少，以保障在快速启动的同时，控制资源消耗。在存储层面，热挂载磁盘而非每次启动时重新挂载，对于缩短启动时间、提升用户体验至关重要。流量调度同样不容忽视，尤其是在轻量化场景下，探索单个容器内多级调度的可行性，仅运行一个LSP Server和少量AI微服务，实现资源的高效利用，成为优化工作区性能的关键策略之一。

云端测试成本

在谈及云端测试成本时，我们不得不面对高昂的开支。云端测试成本大致可分为两类：间接成本与闲置成本。

间接成本，主要涉及人力成本，这部分难以削减。即便借助某些云服务也只能抵消少部分成本，因为我们的场景独特，需要深度参与并与云服务商紧密合作，以进一步优化性能。在我们最近的国内产品发布中，就遇到不少问题，原因在于不同角色的视角和关注场景不同。为了解决这些问题，我们需要深入理解技术细节，与服务商共同协作。

闲置成本，则源于IDE场景下难以利用弹性伸缩特性。由于IDE使用模式与之不符，我们需要自行通过K8s进行管理，确保集群的自动扩展，避免资源闲置。这涉及集群调度的优化，如减少碎片化，尽可能将任务调度在同一台机器上，以释放多余的计算资源。此外，负载均衡与计费策略也是后端工程师熟悉的话题。

集成云服务

在IDE领域，我们还面临着另一项挑战：如何更好地集成云服务。例如，前端开发者常遇到的问题是，如何将编写的Node.js代码快速部署。为此，我们开发了部署管理功能（目前刚在海外版上线）。这一功能旨在实现从开发到部署的一站式服务，只需点击发布按钮，即可立即使用，对程序员而言，这无疑是一大福音。

又譬如，在OpenAI推出GPTs时，需要开发一个云函数+编写烦琐的OpenAPI Schema定义+发布部署，我们就思考能否简化这个流程，于是我们提供了云函数的编写、测试、自动生成Schema、测试、部署等一系列的能力，帮助开发者极大地提高了这类垂直场景的效率和幸福感。

MarsCode=（Cloud+IDE）^{AI}

面对国内外众多IDE的竞争，豆包MarsCode如何脱颖而出？事实上，我认为国外市场确实较为活跃，但国内市场目前仍以插件为主，没有将重心放在云端IDE或是消费级市场上。

我们采取了双轨策略，一方面推出了豆包MarsCode代码编程助手，这一产品与国内的许多产品类似，主要以插件形式在JetBrains或VS Code中运行；另一方面，我们推出了豆包MarsCode IDE，这是一款云端IDE。

用户对AI插件的接受度较高，但资深程序员往往已有成熟的本地开发习惯，单纯提供IDE难以满足其所有需求。因此，我们首先通过插件方式切入市场，逐步吸引用户。同时，考虑到程序员在不同场景下的需求，如跨设备开发、出差携带iPad等，而且插件其实是非常受限的，很多体验都没法做到最优，譬如AI Chat的许多上下文都无法同步。我们相信随着时间的推移，用户将自然而然地转向我们的云端IDE，特别是在初学者和补充场景中。

天猪

字节跳动豆包MarsCode团队技术专家、社区资深开源参与者，EggJS、CNPM核心开发者，先后担任过几个大厂的Node.js Infra负责人，目前在豆包MarsCode团队负责云服务、工作区等能力的建设，致力于打造一款技术人都爱用的高效+智能的Cloud IDE。

基于 CodeFuse 进行智能研发的思考与探索

文 | 姜伟

大模型时代的到来，将对开发者最为熟悉的研发领域带来怎样的变化？本文作者从大模型与研发活动的现状出发，结合CodeFuse的开发经验和实际应用效果，详细阐述了蚂蚁在智能研发方面的思考与探索，探讨了大模型在落地过程中的挑战与解决方案，更进一步揭示了智能研发的未来发展方向。

在ChatGPT横空出世之前，我们曾以为，创作型工作不容易被AI取代，如绘画、编曲、写作和编码等。

但早在1980年，莫拉维克悖论就否定了这个传统看法：人类独有的高阶智慧能力，比如推理，只需要很少的计算能力；但人类无意识的技能和直觉，比如感知，却需要非常巨大的算力——从理论上来说，利用大模型助力智力型创造（写代码），更为容易。

那么，实际情况如何？如图1所示，当今全球最顶尖的AI公司OpenAI，它的技术发展路线从2018年到2024年、从GPT-1一直到GPT-4，可以看到GPT系列中代码相关产品占3项，足见其在代码领域落地更广泛。

OpenAI曾对超过2000名开发者进行了调研，调查结果显示：使用大模型后，74%的人可以专注于更具挑战性或更让人满意的工作，88%的人认为提高了生产效率，96%的人觉得在一些重复性任务上更快——从统计学上来说，这个调查结果是有意义的，它证明在实践中大模型确实可以帮助我们写代码、助力研发。

大模型与研发活动

在研发提效的路径选择上，实际上有“提升个人”和“提升大模型”两种选择，为何我们要选择大模型这条路？我认为有以下几方面原因。

信息技术发展需要人才与软硬件设备的同时进步。随着摩尔定律发展，硬件设备已取得巨大进步，而软件开发

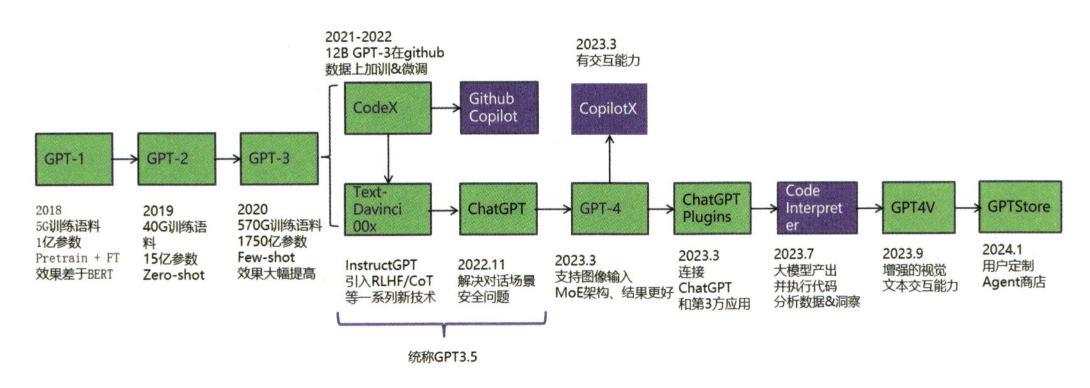

图1 OpenAI从2018年到2024年的技术发展路线

是一种脑力劳动密集型的群体协同活动，关键在于拥有优秀的程序员。

传统的研发工程实践依赖个人的能力和意愿，而提升个人能力是一个漫长的过程且难以标准化。

大模型能力提升遵循AI摩尔定律：LLM大小每年增长10倍，人工智能运算量每18个月翻一番。

与其提升个人能力，不如提升大模型，因为大模型更具扩展性。况且一个大模型开发好了，所有人都可以用，相较之下培养几千几万名优秀程序员则相对困难。

在这样的认知下，现在业内基本达成了一致共识：研发模式的基点正在发生变化。基础模型与生成式AI（Generative AI, GAI）工具正在重塑技术人员的工作方式，AI将改变软硬件研发工具，诞生开发工具2.0，把软件从1.0时代带向2.0时代。例如在编码方面，各种工具将从现有方式转向GAI工具，也就是“Dev Tools 2.0”。这对我们来说是一个弯道超车的机会，打破各个环节的软件基本都被国外公司主导的现状。

提到研发模式的转变，流程中包含多个阶段，需要确定是在所有阶段都投入同等的努力，还是有所侧重。通过与业内诸多专家的讨论，我们确认关注点应优先放在高耗时、高频的场景上，而不是所有阶段都兼顾。

代码大模型的发展并非一蹴而就，而是学术界和工业界多方合作的结果。从2021年到现在，模型的规模越来越大，效果越来越好。实际上，大模型的发展有三要素：算法、算力和数据，这也被认为是AI核心的三要素。有些人认为大模型的成功仅仅是“大力出奇迹”，即单纯依靠算力就能解决问题，但我并不完全赞同这一观点——在我看来，这是一个量变引发质变的过程。

在这样的思考下，蚂蚁自研并发布了代码生成模型CodeFuse。

CodeFuse整体介绍

2022年，我们发布了一个GPT模型，参数规模为0.25B，仅支持Java代码行补全。尽管这只是一个小型模型，但它为我们在2023年的进展打下了基础。在2023年年初，我们陆续推出CodeFuse 1.3B、7B和13B等多个规模的模型；到了9月份，CodeFuse开源，登顶开源代码大模型HumanEval榜单（74.4%），在BigCode状态下也表现优异。

结合CodeFuse的开发经验，想实现 IDE 代码补全功能，需要经过许多步骤。

第一步是找到合适的数据源。虽然现在有很多开源代码，例如GitHub仓库数据等，但它们会存在很多问题，包括各语言分布不均、代码未格式化、含有缺陷或逻辑错误以及大量自动生成或重复的代码。这些问题非常多，需要花费相当大的精力去清洗数据。我们对代码质量进行了分层过滤，如图2所示，最终得到：2TB高质量代码数据、40多种主流编程语言、1000万余个精选代码库、3.8亿个代码文件和620亿行代码。

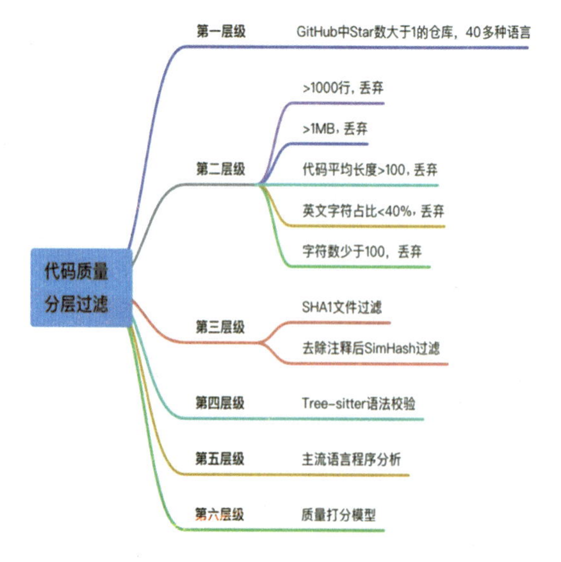

图2 对代码质量进行分层过滤

第二步是模型结构。代码大模型跟通用语言大模型有很大差异，需要在多个方面进行专门的优化和改进。

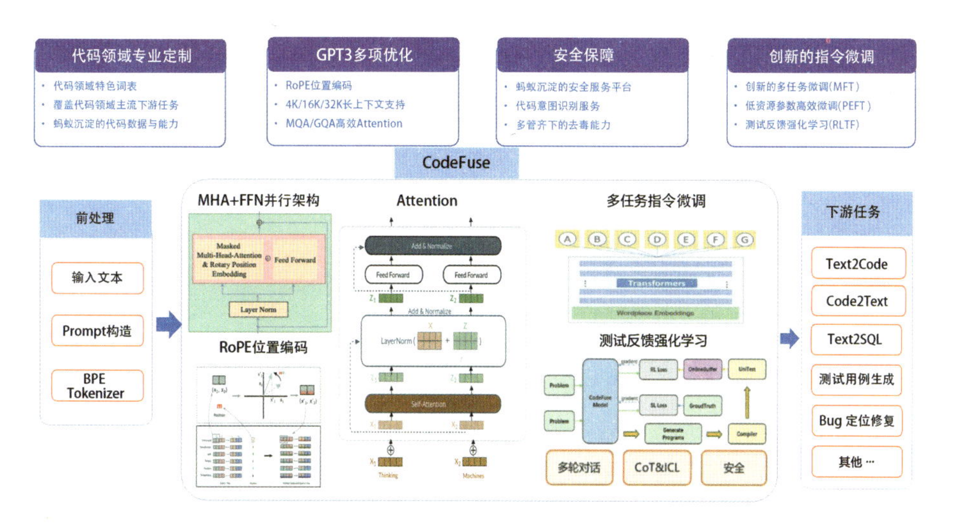

图3 CodeFuse模型结构

以CodeFuse的模型结构来说，我们对代码领域进行了专业定制、GPT-3多项优化、安全保障和创新的指令微调，包括多任务微调（MFT）、低资源参数高效微调（PEFT）和测试反馈强化学习（RLTF），如图3所示。

有了数据和模型结构，第三步就是预训练微调。当时我们大约使用了几百张显卡，成功训练出了我们的模型。在从0到1构建大模型时，除了要求GPU性能优秀之外，还可能出现数据尚未加载完成，训练就已经开始等各种情况。出现这些问题背后的根本原因在于，在早期GPT时代，很少有公司具备利用大规模GPU集群同时训练一个任务的最佳实践和基础设施。随着最近几年的发展，这一领域才逐渐成熟起来。

模型方面的准备工作完成后，最终我们要考虑的是产品落地——我的观点是：不要以为有了代码大模型作为基础，产品就能够顺利落地，这二者之间绝不是等同的关系。

从代码大模型到最终产品的落地过程中，有许多关键步骤和挑战需要逐个攻破。

- 挑战1：代码底座大模型需要证明其代码能力（打榜），并要求生成的代码符合逻辑。通常的解决方案是对模型进行预训练+MFT微调。
- 挑战2：自回归训练从左往右，模型只能普通续写，无法利用上下文代码进行填空。解决方案是利用FIM（Fill In the Middle）这种方式训练，即可充分利用上下文的代码信息。
- 挑战3：在自适应粒度方面，由于常规训练无代码语法，停止位置不可控。解决方案是通过BlockFIM，丢弃基于规则的前处理和后处理步骤，让模型在生成代码时自适应地调整代码生成粒度，以此让模型自主停止。
- 挑战4：单文件感知范围有限，业务逻辑不准。解决方案是用RepoFuse仓库级补全，实现仓库级感知，为模型提供更多信息，以此找到正确的业务定义。
- 挑战5：在推理部署这个环节，响应速度敏感，要求代码补全在几百ms以内，解决办法是通过ModelOps技术加速。

CodeFuse在蚂蚁的落地

在蚂蚁内部，我们在CodeFuse项目的落地方面采取了系统化思路，如图4所示。首先，需要依赖底层的大模型和相关基础设施，然后在此基础上构建核心能力，最终实现产品化和应用落地。

首先是底层依赖。在大模型及其训练数据上，我们依赖高质量的大模型和训练数据，包括模型、训练、部署以及推理框架。在基础设施上，我们运用了蚂蚁大模型基础设施和智能平台，确保大模型的稳定运行和高效部署。

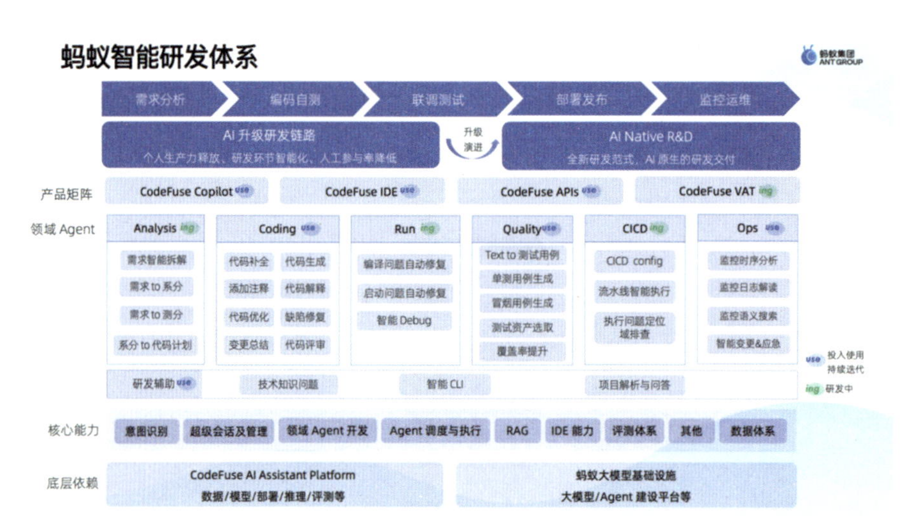

图4 基于CodeFuse蚂蚁研发体系

在底层依赖之上，我们构建了意图识别、超级会话管理、领域Agent开发、Agent调度与执行、RAG等一系列核心能力，支持自然语言与代码的交互，涵盖多个领域的智能化评审和IT能力。基于这些核心能力，我们可以构建各个领域的Agent，这些Agent对应研发生命周期的不同阶段，如需求阶段、编码阶段、测试阶段、发布阶段以及监控运维阶段。

基于上述核心能力和架构，我们开发了四个主要产品，形成了完整的产品矩阵。

- CodeFuse Copilot：一种为研发人员打造的IDE插件，支持13种IDE和40余种编程语言，具备实时代码补全、自然语言生成代码、为代码添加注释、生成单测等功能，帮助开发者高效编码。
- CodeFuse IDE：云端IDE，利用AI大模型重塑整个IDE功能，使开发者与AI交互更加便捷。
- CodeFuse API：开放API，为各个研发平台提供AI升级服务，已接入147个平台。
- CodeFuse VAT：一个端到端的智能交付平台，由AI主导研发过程中的每个步骤，直到最后交付。

关于CodeFuse IDE，这款产品有两个重要特性：云原生和AI原生。所谓云原生，意味着它可以在云端直接使用，无须本地安装，用户可以随时随地通过网络访问；所谓AI原生，即许多关键行为不再依赖个人，而是由AI驱动。

为了更好地理解AI原生的概念，我们可以对比当前IDE中的情况。在当前的IDE中，许多关键行为都依赖个人的技能和经验，例如编码、调试命令、更改代码、查找错误等。而在未来的CodeFuse IDE中，我们将实现一种转变，使得这些行为不再依赖个人，而是通过大模型来理解开发者的意图，由AI来主导并主动向开发者提供帮助。

此外，CodeFuse VAT也能从需求分析开始一直到最终交付，全程由AI主导研发过程中的每个步骤，凸显了大模型将彻底改变未来的研发模式。通过以上这些产品和服务，我们旨在推动一种全新研发范式，使得AI能自动完成从需求到交付的整个过程，进一步提升研发效率。

未来展望

计算机从出现至今，其发展经历了很长时间，我认为可以把它分为两个不同的时代：2023年之前和2023年之后——2023年之前的计算机时代是“人理解计算机”的时代，而2023年之后，随着人工智能的迅猛发展，我们进入了“计算机理解人”的新时代。

- 2023年之前：“人理解计算机”的时代

在这个时代，人们需要学习计算机的基础知识，如二进制编码、操作系统、编程语言等。掌握这些知识越深，就越能让计算机按照人的意图完成各种任务。计算机在这个时代主要是工具，而人是操作者，计算机的能力受限于人的编程水平和理解能力。

■ 2023年之后："计算机理解人"的时代

2023年被认为是人工智能的元年，标志着计算机开始具备理解人的能力。计算机不再仅仅是按照预定程序运行的工具，它们现在能够理解自然语言、图片、音频和视频等复杂信息。这种转变意味着计算机能够更好地适应和响应人类的需求，未来的变化将会非常巨大。

在这两个时代之间，关键在于从确定性向概率性的转变。在"人理解计算机"的时代，编程是确定性的，即逻辑非常清晰且结果可预测。而在"计算机理解人"的时代，自然语言描述和模型输入具有模糊性，每次输入的结果可能不同，这代表了一个概率性的转变。其次，从PC时代到移动互联网时代，再到如今的智能互联网时代，每个时代都有不同的应用场景和需求，而人类的大多数角色和任务实际上充满了不确定性，会出现越来越多广泛和复杂的全新应用场景。

如果我们笃信这个新时代的到来，并且它才刚刚开始，那未来计算机的发展将基于以下几个关键共识。

- ■ 大模型能够识别一切的秘密，在于一个包含了"一切"可能模式的训练数据集。
- ■ 基于大数据集识别模式，大模型可通过next token进行推理、规划、行动。
- ■ 为了预测下一个符号，大模型必须理解这个问题，必须进行一些推理。
- ■ 大模型性能符合Scaling Law，与数据大小、计算量和模型参数量相关。

根据Gartner预测，到2028年，75%的企业软件工程师将使用AI助手，而2023年这个比例还不到10%。这标志着由AI增强的开发工具将快速增长，各大公司都在这一领域积极布局。

从技术上来说，我们正从传统生成式AI走向上下文感知的生成式AI。最开始的代码补全基于统计学，而大模型时代的代码补全则通过感知上下文，逐步从行级别扩展到文件级别、仓库级别，甚至非代码的内容。在这一发展过程中，Context变得尤为重要，它相当于GPU时代的内存，有了足够的Context，模型就可以处理更大、更复杂的问题。大体来说，Context可通过两种方式扩展：物理层面（增加模型的上下文窗口）和虚拟层面（通过摘要或嵌入来捕捉文件和仓库的信息），这两种方法都能提高模型的效果和准确性。

基于以上想法，展望未来代码大模型的发展趋势，我认为有以下两种可能。

其一，编写软件的门槛急剧降低，给机器下达指令不再是程序员的专利，人人都能用自然语言去创建应用。

其二，AI 工程师将替代人类软件工程师完成各类研发工作，届时软件开发不再是"脑力"劳动密集型行业，编写软件效率将急剧提升。

最后，对于未来我也有一些属于自己的畅想：人类的行走能力通过汽车、飞机得到质的提升，人类的活动范围得到极大扩展；人类的视觉能力通过电子显微镜、太空望远镜得到质的提升，可以观察原子和遥望星空；而如今，人类的理解和创造能力正通过LLM得到大幅提升，且其继承和共享或许会更加高效。

姜伟

中国科学院计算所博士，美国宾州州立大学访问学者，已发表多篇文章与专利。现为蚂蚁研发效能技术负责人，主要从事百灵代码大模型CodeFuse的研发及其业务落地，致力于通过大模型升级和变革软件的研发范式。

京东的AIGC革新之旅：通过JoyCoder实现研发提效

文 | 刘兴东

从需求分析、设计编码到测试运维，AI已经逐步渗透到软件开发的各个环节，如何切实针对研发场景进行提效，是业内每个企业都在思考的问题。本文作者详细分析了AI在研发中的实际应用，并分享了JoyCoder与京东内部工具结合的实际案例，展示了AIGC在提升研发效能方面的巨大潜力。

近年来大模型特别火热，诸多公司在这一领域投入了大量的研究精力，各种基于大模型的应用场景也应运而生，涵盖了健康、金融、教育等多个领域，当然也包括软件行业。在这场由生成式AI技术引领的软件行业革命中，京东也正在进行一场前所未有的AIGC革新之旅。

在这场技术驱动的变革中，京东自主研发的智能编程助手JoyCoder，成为推动研发效率飞跃的关键力量。接下来，我将深入解析京东如何通过JoyCoder实现研发提效的具体实践，以及这一过程中所展现出的技术创新。

AIGC对软件行业的影响

自从AIGC成为热点以来，它对整个软件行业都产生了深远的影响。无论是软件的开发、测试、部署、维护还是使用方式，都在不同程度上发生了变化。例如在代码层面，AI技术已经能够生成软件代码，包括代码审查在内的许多环节都与AIGC密切相关。同时，在软件质量和安全性方面也因AIGC的出现，发生了相应改进。例如，自动化的单元测试以及软件漏洞分析技术能够帮助开发者提高效率，尽早发现并修复相关漏洞。

总体而言，AIGC在开发成本、效率和用户体验上都带来了显著提升，有助于促进行业发展——但同时，这个过程中也伴随着一系列的风险和挑战。

使用AIGC后，如何确保其生成的内容准确可靠，成为我们必须面对的问题。这要求我们在技能上做出相应的迭代和提升，以更好地管理和使用AIGC的输出能力。与此同时，我们也需要提升工具的能力，以实现与内部工具的良好兼容。

若过度依赖AIGC生成的内容，可能会忽视对其准确性和创造性的审查。因此，我们要不断完善并补充自身技能，以确保在使用AIGC时能提升生产力，而不是因过度依赖而导致生产力下降。

如何借助AIGC进行研发场景提效

如上文所说，AIGC与我们最为相关的场景还是在研发领域中的应用。如图1所示，以DevOps为例，它涵盖了从需求开始直到产品上线和部署发布的全过程。那么，AIGC如何在DevOps工具中发挥生产力呢？这是整个行业都在思考和探索的问题。

从需求分析开始，我们可以通过AIGC与大模型交互，使用自然语言生成需求文档，尝试让大模型理解文档内容，区分功能性需求、非功能性需求和安全性能需求。基于对需求的前期理解，大模型能够更准确地帮助用户定位需求，使需求文档更加清晰，从而在需求阶段和理解阶段做得更为细致。

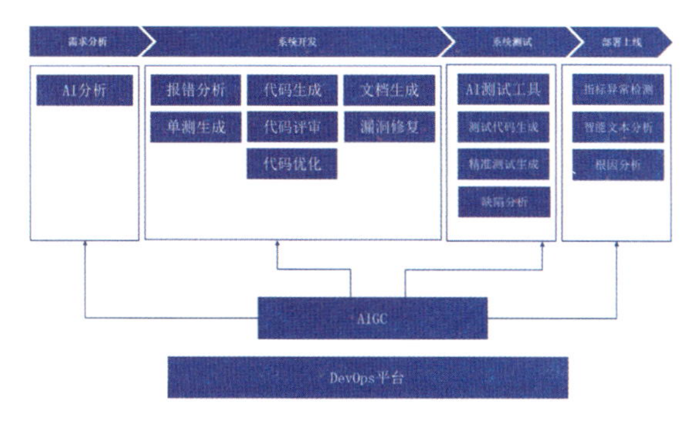

图1 AIGC助力研发全流程提效

到了系统开发阶段，这是一个从准备、开发到完成直至上线的迭代过程。基于对需求的理解，AIGC可生成相关代码文档和代码解释；在开发过程中，可利用AIGC生成代码片段，减少手动编写的工作量；此外，编写单元测试时常让研发人员感到头疼，这部分也可借助AIGC来完成，以节省大量时间和精力。在研发后期，AIGC还能帮助检测代码中的安全漏洞，快速定位和修复调试过程中的报错。哪怕是几年后的系统迭代更新，AIGC也能协助进行代码优化工作，例如从Vue 2升级到Vue 3，或者从Java转换到其他编程语言。

到了系统测试阶段，AIGC可以根据前期对需求和代码片段的理解，生成自动化单元测试、测试文档和测试用例，提高测试效率和准确性。在缺陷分析时，也能更快地找到并修复缺陷。

最后在系统上线后，我们还需要考虑如何在后期提供辅助。AI Office这一概念在行业里已提出多年，如何基于系统日志的产生来进行指标聚类，进而通过人工标注来快速识别指标是否异常，这也是AIGC可以发挥作用的地方。通过指标之间的关联性，比如发现502报错，不一定是前端网关问题，也可能是后端服务故障，AIGC可以帮助找到问题的具体根因。

若进一步聚焦到DevOps流程中的编程环节，AIGC也展现出了它强大的应用潜力。举例来说，在软件开发早期，我们常需要编写大量重复的增删改查（CRUD）操作和工具类代码。面对这些重复性高的工作，如何提升效率并避免传统开发中的低效和错误，成为亟待解决的问题。

在没有智能代码生成和代码标准的情况下，开发者可能因缺乏辅助工具而编写出错误代码，同时也不易了解公司内部的最佳实践或通用代码规范。这不仅造成了信息孤岛，也影响了新成员融入团队的速度和效率。

然而，AIGC的引入为这一困境带来了转机。利用自然语言生成技术，AIGC能够辅助生成相关的代码片段，从而加速开发过程。在代码重构、优化和合理性检查方面，AIGC同样能发挥重要作用。通过深度理解内部文档和代码库，AIGC能在开发者编写代码时，迅速定位并推荐公司内部或外部的相似通用能力，有效避免重复开发。

此外，AIGC还能根据代码库和上下文进行智能推理，为开发者提供代码辅助，使编写过程更加高效和合理。这一转变不仅有助于提升开发效率，也能推动从传统低效开发模式向基于AIGC的高效开发模式的转变——在这种思考下，京东推出了基于大模型的智能编码应用JoyCoder。

JoyCoder的产品架构与能力介绍

如图2所示，从京东JoyCoder的产品架构图来看，其底层服务主要分成两个部分：大模型和行云DevOps平台。

在大模型层，主要包括JoyCoder Lite、JoyCoder Pro和JoyCoder-Base模型。其中JoyCoder Lite和JoyCoder Pro负责关于会话方面的大模型应用，JoyCoder Lite以7B的轻量级设计为用户提供快速、高效的操作体验，JoyCoder Pro专注提供更精准的服务。至于JoyCoder-Base，则是一个用于代码推理的模型。

值得一提的是，JoyCoder支持配置接入其他模型，即不局限于自有模型，允许接入来自不同供应商的各种大模型，如百度文心、清华智谱以及GPT等。这种开放的态

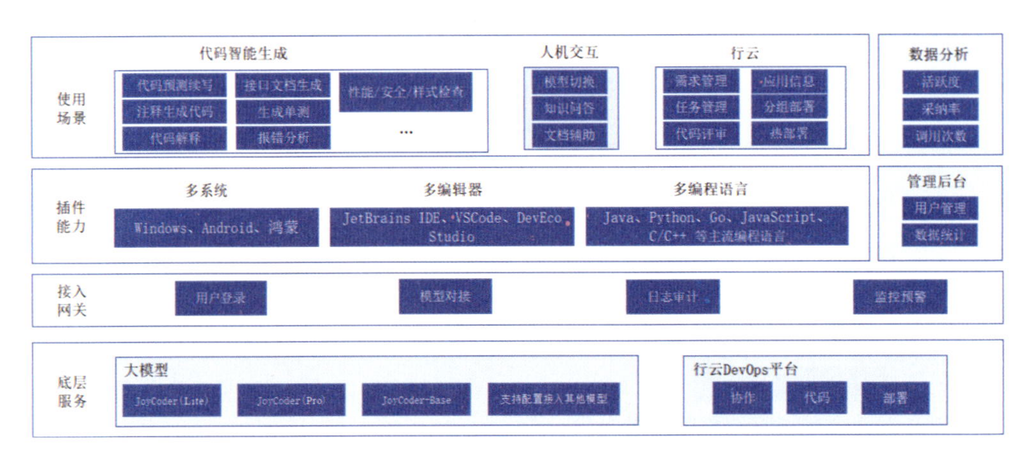

图2 JoyCoder的产品架构

度不仅丰富了JoyCoder的应用场景，也使其能够为用户提供更加精准和多元化的服务。

引入更多模型后，如何有效管理这些模型成为一个挑战。为此，我们创新性地为JoyCoder封装了一层模型网关：在模型对接层面直接与大模型进行交互，而无须关注上层应用，以此简化管理流程，并确保用户信息的安全与合规。同时，模型网关还具备用户鉴权、涉黄涉暴信息拦截以及日志记录等功能，为未来的审计和内容合规性检查提供有力支持。最后如果有相关报警，也可以通过网关来进行处理。

在兼容性方面，JoyCoder同样表现出色，其插件已支持多系统平台（如Windows、Android、鸿蒙）以及多种编辑器和主流编程语言。此外，在代码智能生成、人机交互和DevOps平台上，我们也进行了详细的场景化划分。最终，通过管理后台的用户管理和数据统计，我们可得到用户活跃度、采纳率和调用次数，以此对大模型进行更有针对性的调整和优化，进一步提升其采纳率和优化效果。

基于以上的产品架构，JoyCoder在整套研发流程（从需求、设计、编码、测试到上线）中，几乎每个环节都能帮助开发者提高效能。

- 通过人机会话，能将需求描述更加标准化，帮助用户更好地整理和明确需求。
- 在设计阶段，能通过自然语言生成对应的代码模块。
- 在代码编辑区，可以用代码补全功能对编码过程进行辅助，减少重复劳动；代码注释功能可以自动生成注释内容，减轻开发者负担；代码解释和代码评审能让研发人员快速理解代码，让新成员快速熟悉代码，提高工作效率。
- 在测试阶段，JoyCoder能快速生成单元测试和接口文档，减轻开发者写单元测试和接口文档的负担。它还能对问题代码提出修复建议，并将安全扫描和规约检测左移到编码阶段。

当然，对于AI编码应用来说，安全防控也是不可忽视的一环。在内容安全方面，JoyCoder能够识别并过滤敏感词和不良信息；在数据安全方面，它通过大模型统一网关对上传的数据进行严格把关，防止身份信息、银行卡号等敏感信息的泄露；在安全审计方面，JoyCoder会生成安全日志记录，记录输入敏感信息的用户标识、用户IP、设备号和输入的敏感词，并提示管理员该用户的操作涉及数据安全。

基于以上AI能力，目前京东内部已有约12000名研发人员在使用JoyCoder，占整体研发人员的70%。这些用户在代码续写、自然语言片段生成、单元测试和推理等方面的采纳率达到了30%以上。整体提效达到 20%以上，大大提升了研发效率和标准化程度。

JoyCoder与京东内部工具结合的最佳实践

然而，无论是产品架构还是能力建设，均仍属于理论层面——AI本身如同一座孤岛，要想真正发挥其作用，需要与工具进行结合并实践。

纵观整个开发过程，例如需求理解、编译、构建和部署等方面，实际上都需要AI能力的下沉。于是在京东内部，我们借助JoyCoder在DevOps过程中进行了全新的能力建设。

首先在需求理解这个环节，我们做了一些有效改进。以前，我们只是简单地拉取需求列表，但发现这种方法并不受欢迎，因为它未能给研发团队带来实际效果，需求列表过长导致研发人员往往不会仔细查看。为此，我们与研发团队进行了深度调研和访谈，以了解他们的具体需求。现在，我们借助AI将需求与代码分支关联起来，以便研发人员确定其开发工作是基于哪个具体需求而展开的。

其次在开发过程中，研发人员可能需要查看日志、部署自测环境、更新调试等，其中有一项重要能力是代码提交时的描述。通常情况下，人们在提交代码时可能会简单地写“bug fix”，但这种描述不仅没有实际意义，还会影响后续的代码审查和维护。通过大语言模型的帮助，我们可以自动生成代码提交信息，不仅减轻了研发人员的负担，还能让内部信息更标准化。

一般情况下，AI主要帮助我们生成代码，但无法处理后续的事情，如一键部署和调试。例如去年，我们已将京东内部的构建时间缩短到了平均2分钟以内。然而，在进行联调工作时，仍需要大量的调试时间。每次完成调试后，我们需要修改代码并提交至代码库，接着进行编译构建，然后再次发布。即使构建时间已经控制在2分钟之内，但发布过程仍需大约5分钟，并且这5分钟还会随着调试次数的增加而累积成更长的时间。

为了解决这个问题，我们开发了本地化插件的一键部署功能，提交代码后，AI工具会自动生成commit message，并直接构建为镜像。此外我们还增强了热部署能力，使得研发人员可直接将更改发布到需要调试的地方。这样一来，我们将每次调试所需的时间从5分钟缩短到了秒级，极大地提升了开发效率。

从以上这些优化和实践不难看出，JoyCoder的目标正如其名：希望能通过这些工具和平台，提高研发人员的幸福感和工作效率，更好地服务于他们，使其在开发过程中获得更多的满足感和快乐。

最后，对于生成式AI这个领域，还有很多值得探索的地方，包括基于需求的理解、对于AI与Office应用的整合，以及与内部工具的结合等方面，目前业界都仍在探索之中。等到这些难题被逐个攻破后，相信未来AI在软件开发中的应用和效率提升势必会达到一个新高。

刘兴东

拥有超过14年京东集团核心系统建设的丰富经验，是京东DevOps领域的资深专家。在金融、职能、大数据体系的系统构建中，有非常卓越的技术洞察力和项目管理能力。作为京东DevOps工程域的团队负责人，不仅主导了工程域体系的整合与升级，而且成功将这些改进转化为企业内部的最佳实践，极大提升了京东的工程效率和产品质量。

基于计图框架的 AI 辅助开发

文 | 刘政宁

本文深入探讨了AI编程在代码生成准确性、时延优化和多语言支持方面的挑战，并基于计图框架分享了AI辅助开发技术的新思路。计图框架通过元算子和统一计算图的两大创新，有效提升了开发效率和执行性能。同时，还带来了Fitten Code 在AI编程领域丰富的实践小技巧。

近年来代码大模型领域迎来爆发式增长，在学术界与工业界彰显出双重价值。在学术界，代码生成是自然语言大模型非常重要的应用领域，吸引了大量组织的研究。在工业界，超过四十款AI编程助手的陆续面世，证明了代码生成作为大模型最具代表性的应用落地场景，极具潜力。

作为一个创业公司，非十科技主要将力量集中在产品研发和技术上，尽管很难在搜索引擎或者AI编程的文章推荐里面看到它的身影，但我们支持的IDE插件，包括VS Code、Visual Studio以及JetBrains全系列产品等在全平台累计下载量突破了30万次，在国内AI编程产品下载量排名中跻身前三。

这一点非常让人惊讶，我想这一定是因为做对了一些事情。我将聚焦非十科技所擅长的产品底层技术以及生成准确率、时延等关键技术的优化策略，分享一些实践经验。

AI编程助手开发的四大挑战

以GPT为代表的自然语言大模型兴起，为代码大模型奠定了坚实的基础。自2020年起，微软便基于GPT架构探索代码生成技术，“Fitten Code”则站在巨人肩膀上，不断优化、创新，力求为用户提供更小体积却更强大的代码生成工具。

尽管代码大模型与自然语言大模型在基础架构和规模上有着相似之处，但代码的独特属性也带来了特殊挑战。

1. 代码的语法严格、逻辑严密，与自然语言的文本描述形式截然不同

在上下文长度方面，代码文件可能长达数千行，项目级别的代码量甚至达到数千万行，远远超出普通文本的范畴。直接将通用自然语言大模型应用于代码任务的操作显得不切实际，因此业界普遍倾向于添加更多代码语料或专门训练代码大模型，以适应代码生成的特定需求。

2. 自然语言大模型可以与知识图谱结合，而程序没有统一的知识库

不同于自然语言中的知识图谱，代码的抽象语法树（Abstract Syntax Tree, AST）扮演着核心角色。通过诸如GCC\LLAMA等工具，可以解析代码结构，获取函数与变量间的关联，基于此，可开展代码分析、优化等一系列高级操作，极大地丰富了代码大模型的应用场景。

3. 代码生成对正确性要求远高于自然语言生成，需要被正确执行

在效果追求上，代码生成对正确性的要求远超自然语言生成。代码不仅需要通过静态编译，还要确保动态执行的准确性。面对编程语言的多样性，确保不同语言下的规范性和效果成为一项重大挑战。此外，代码质量的高

低对程序的可靠性至关重要，但这在自然语言处理中并非主要考量因素。

编程语言的进化速度飞快，这就要求代码大模型必须具备持续学习能力，以适应新知识的快速迭代。如华为推出的仓颉语言，展现了编程语言的持续创新，强调了代码大模型需具备动态更新机制，以应对编程语言的快速发展。

4. 代码大模型训练对准确度要求高

在训练代码大模型时，为满足其对精度的苛刻要求，往往需要庞大的参数量和海量数据支持。例如 Llama 3在训练70B参数的大模型时，使用了15T数据，而在处理8B参数场景时，通过扩充数据集，代码量增加了四倍，显著提升了代码生成的质量。但这背后隐藏着资源需求与训练时间的矛盾，一般需要更多资源投入才能保证性能达标。

在AI编程插件的实际运用中，补全任务因其高频触发特点，可容忍一定错误率，适用于较小模型。而在问答等深度交互场景中，为了提供更好的用户体验，必须采用更大模型，确保生成代码的准确性和可靠性。

面对上述挑战，我将从底层优化技术和框架层面深入探讨，分享见解与实践经验，推动代码大模型领域的发展，解决实际应用中的关键问题。

元算子与统一计算图的双重创新

清华大学推出的计图深度学习框架（见图1）于2020年初春正式亮相，是非十科技创业团队的核心技术，定位为Patchwork的全面替代方案，可提供底层硬件支持和多种模型及库的兼容性，通过元算子和统一计算图两大创新，增强对国产芯片和操作系统的支持，以达到简化模型开发与优化过程的目标。

计图深度学习框架的架构自底层硬件兼容性着手，覆盖CPU、GPU及各类AI加速硬件，向上支持广泛模型与模型库，为开发者提供创新实验的理想平台。框架的两大创新亮点在于元算子与统一计算图。

元算子的引入，使得计图能够灵活适应国产芯片，包括华为、曙光在内的多种芯片类型，累计适配数量超过六种，同时兼容多款国产操作系统。元算子作为一种基础运算单元，允许开发者自由组合，构建复杂的模型结构，不仅增强了框架的灵活性，还促进了模型效率的提升。

统一计算图则提供了全局视角，使得框架能够自动优化计算流程，减少冗余计算，提高整体执行效率。双管齐下，使得计图在支持国产芯片的同时，保持了优异的运行性能。

元算子融合策略

在框架开发初期，开发者面对的是深度学习算子库庞大的挑战。TensorFlow初期包含两千多个算子，即便PyTorch将其精简至七百个，每项算子仍需深度优化，

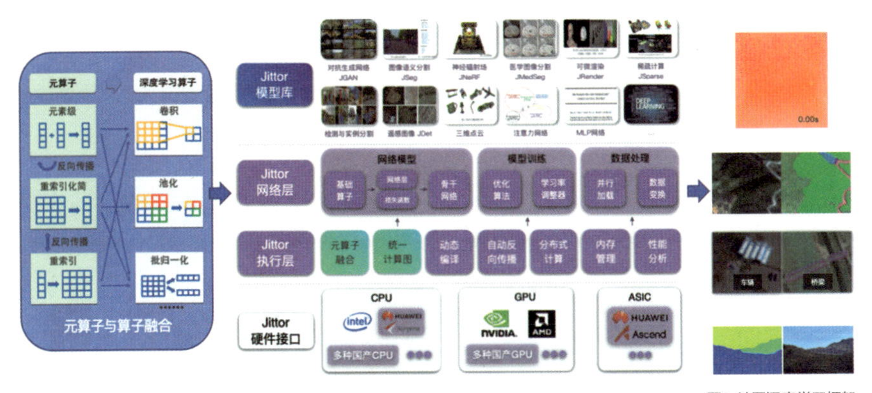

图1 计图深度学习框架

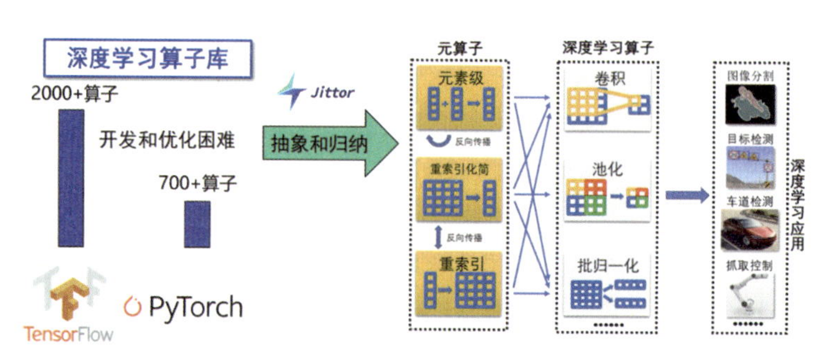

图2 元算子融合策略示意图

这对开发与维护构成了巨大压力。

为破解这一难题，我们引入了元算子的理念（见图2）。元算子是一种底层抽象，非实际算子，而是将深度学习运算归纳为18个，细分为以下三类。

- 原数据算子，涵盖相同形状向量的基本运算，如加、减、乘、除。
- 索引化简算子，用于数据的简化处理，如求最大值、最小值、平均值。
- 索引操作算子，将低维向量映射至高维空间，用于向量的扩展操作。

通过这种抽象，我们构建了中间表示，再经后续代码生成阶段，灵活组合成各类深度学习所需的复杂算子，如卷积、注意力机制等。这一设计借鉴了TVM等框架，但侧重于替代Patchwork，通过维护基础元算子与中间代码优化阶段，成功规避了维护庞杂算子库的困扰，大幅简化了开发与优化流程。

统一计算图思想

另一项创新是统一计算图。早期深度学习框架如TensorFlow采用静态执行模式，需预定义整个网络结构，再将完整计算图发送至计算设备执行，这一模式在调试与性能瓶颈定位上存在局限性。相比之下，PyTorch的动态执行模式，算子逐个发送，虽便于调试与算法改进，但效率受限，需后续优化。

我们采用了动态切分策略，将用户需要获取中间结果或动态调整网络结构的操作进行分割，形成静态子图进行专门优化。这一设计不仅保留了动态执行的灵活性，还显著提升了执行效率。同时，我们维持了与PyTorch一致的接口，便于用户无缝迁移。

去年，PyTorch 2.0推出的Eager Compile功能与我们的设计理念不谋而合，这证实了我们在元算子融合与统一计算图设计上的前瞻性和先进性。

值得一提的是，我们还具备跨迭代融合的独特机制。这一机制跨越多次迭代，实现更长远的优化策略，适用于需要多次迭代优化的深度学习场景，如循环神经网络（RNN）的训练，显著提升了模型训练的效率与效果。让我们能够更有效地管理计算资源，实现深度学习任务的高效执行。

通用大模型的两大优化难点

与PyTorch等主流框架相比，我们的模型库在性能上实现了显著提升，在生成对抗网络领域，部分模型的效率提升超过一倍，最高甚至达到PyTorch的两倍多，平均效率提升达到了2.26倍。这一成就源于GANs的双网络结构与复杂优化过程。

我们逐渐将这些技术沉淀应用到大模型的训练与推理优化中，特别是在代码大模型领域。

显存优化

直面大模型训练中最核心的挑战——显存管理。以7B参数模型为例，全量训练至少需要112GB显存，而GPT-3级别的百亿参数模型，则需高达2800GB显存，显然，单卡环境下难以实现。零冗余优化器技术可以很好解决这一难题，核心思想是将模型参数与优化器状态切片分配至多张GPU上，利用GPU间高速互联网络进行参数交换与同步，有效减少单卡的显存需求。不仅适用于单机多卡环境，也可扩展至多机分布式场景，为大模型训练提供有力支持。

分布式训练

分布式训练是另一重要议题，主要包括三种策略。

- 数据并行：将数据集切分为多个子集，分别在不同机器上进行训练，最后汇总梯度进行统一计算，适用于模型较小、数据量较大的场景。
- 模型并行：将大型模型分割至多设备，尤其适用于如MOE架构的超大规模模型，适用于模型较大、数据量适中的场景。
- 流水并行：按模型层排列，实现并行计算，适用于模型层间依赖较弱的场景。在实际训练中，通常结合多种并行模式，以达到最佳训练效果，实现资源的高效利用。

完成上述基础工作后，我们即可实现对大模型的有效训练与微调。

代码大模型的实用训练优化策略

探讨通用模型训练方法之余，在代码模型的训练与优化方面，我们也在实践中发现了一些更为实用的策略。

1. 海量训练数据采样优化

这对于大模型训练尤为关键，正确的数据配比与采样策略能够显著影响模型性能。在代码数据预处理阶段，我们遭遇了存储资源的严峻挑战。例如，代码数据集预处理前可能达到近10TB，处理后仍需数TB空间。起初，我们采用Hugging Face的均匀采样方案，但其预处理生成的索引文件体积庞大，占用了近十倍于原始数据的空间，对存储造成了巨大压力，并在运行时消耗大量内存，影响了训练效率。为解决这一难题，我们自行设计了一种索引算法，先对训练数据建立简易索引，以此快速定位数据在存储中的位置，实现在不占用大量内存的前提下快速读取整个数据集，显著提升了数据处理效率。

2. 逐层梯度裁剪保证训练稳定

梯度裁剪用于控制梯度爆炸风险，尤其是在使用较低精度如FP16或BF16训练时，以确保模型稳定收敛。经典裁剪算法需要计算整个网络各层梯度的平方和，然后统一裁剪，但这导致所有层的梯度计算必须等待最后一层结果，延迟了梯度更新，增加了显存占用与回程次数。我们尝试了逐层裁剪的简化方法，即为每层单独计算裁剪因子，直接对当前层梯度进行规约。虽然理论上依据不足，但实践表明，该方法对模型效果影响甚微，同时减少了6%的显存占用，加速了10%以上，显著提升了训练效率与资源利用率。

3. 长上下文良好支持

为了实现良好的问答与补全效果，模型通常需要处理较长上下文窗口，这不仅涉及当前文件与函数块，还需要考虑相关代码片段与推荐代码，以捕捉更全面的上下文信息。直接扩大窗口长度会导致算力需求呈平方级增长，成本激增。我们采用了基于Llama训练方案的策略，先以较小窗口训练80%数据，再用剩余20%数据训练所需上下文窗口，这种方法与直接训练长上下文窗口的性能相近，但总计算量减少40%，有效平衡了训练效率与模型性能。

通过这些技术创新与优化，我们在训练效率与资源利用上取得了显著进展，为代码大模型训练开辟了新的道路。

代码补全场景的推理与优化

接下来，让我们转向推理领域，聚焦代码补全场景。

在代码补全场景中，请求频率高，响应速度要求快，以

GitHub Copilot 为例，虽然能提升编程效率，但其速度仍较慢，跟不上用户输入速度，体验较差。推理系统需要做到高吞吐量，低延迟，这对大模型推理系统提出了挑战。

对AI插件而言，速度与准确性同等重要，代码补全不仅要正确无误，还必须迅速响应，确保不打断程序员的创作流程。

Fitten Code在提供高吞吐量的同时兼顾低延迟的推理体验。作为AI编程的深度使用者，我们深知快速响应是提升工作效率的关键。我们在2023年3月推出了计图大语言模型推理库，该库的最大亮点在于大幅降低硬件配置需求，内存与显存使用最多可减少80%，同时支持CPU计算，兼容多种模型。

动态swap机制

大模型在推理过程中，常常碰到参数文件过大、模型加载效率低下等问题。我们通过动态swap机制优化数据访问，将参数卸载至容量更大但访问速度较慢的存储介质，从而使低端设备亦能高效运行代码模型。相比PyTorch，模型加载效率提升40%

统一内存管理

大模型在推理过程中，常常显存和内存消耗过大，无法运行。Jittor通过基于元算子的内存切分技术与统一内存管理，使得数据可以在显存、内存和硬盘之间快速切换，精度不变的情况下，大幅降低硬件配置要求（减少80%），普通笔记本纯CPU也能跑大模型。

前向推理加速

大模型计算量大，推理延迟高，速度越快体验越好。计图基于在服务端集成了一系列优化技术，如PagedAttention、FlashAttention、FlashDecoder，这些技术显著减少了显存占用与GPU计算，实现低延迟、高吞吐。

代码场景长上下文支持

上下文扩展，提供变量、文件提问等友好交互可减少用户描述负担，同时优化跨文件补全与分析，几乎无显著延迟增加，确保了流畅的编程体验。用户可实时进行互联网搜索，获取最新文档信息，减少大模型的幻觉问题，确保获取的信息及时、准确。

通过技术创新与优化，我们在训练效率与资源利用上取得了显著进展。Fitten Code基于自训练部署的代码大模型服务，以速度与准确率为卖点，集成AI问答功能，支持80多种语言。在2024年1月份的统计中，IDE插件生成速度比Copilot提升30%，准确率提升10%。

打造AI程序员之路仍关卡重重

打造AI程序员是整个行业的共同追求，但要实现这一愿景的路径众多。我们尤其关注AI程序员在理解和生成代码方面的基本能力。这不仅涉及代码补全功能，更重要的是如何让AI深入理解项目的整体结构，并在此基础上进行更高级别的抽象思考。例如，除了使用RAG技术获取代码片段外，还需要考虑如何更好地解析项目架构，从而实现更为精准的功能实现。

关于未来，数据集的质量和多样性至关重要。目前，我们主要依赖公共数据集，难以获得企业内部的数据资源。因而如何建立一个既能保护隐私又能促进共享的机制成为一个重要的议题。

另一个关键问题是确保代码质量，先进的代码检测技术和应对复杂场景的方法，才能确保AI生成的代码满足高标准、严要求。

这一路还有诸多挑战，但我们相信目标并不遥远。

刘政宁

非十科技CTO，Fitten Code负责人，于清华大学获得博士学位，从事大模型系统、深度学习框架、三维计算机视觉与计算机图形学研发。曾在ACM TOG、IEEETVCG、CVMJ、ECCV等期刊上发表文章。刘政宁博士推出Fitten Code AI编程助手，也是国产深度学习框架Jittor的核心开发者，现致力于AI服务与应用以及深度学习框架开源。

从设计到研发全链路 AI 工程化体系

文 | 杨龙辉

将大模型技术产品化和工程化已成为业界各大公司在研发AI大模型之后的重点发力方向。这一转变促使AI工程化从概念验证迈向实际应用，展现出广阔的应用前景。本文将从设计与研发领域出发，深度分享360在工程化流程中的独特实践经验以及对未来AI工程化发展方向的独到见解。

在大语言模型迅速发展的背景下，AI工具和产品不断涌现，如广泛用于代码编写的ChatGPT、GitHub Copilot，可以文生图的Midjourney，轻松在本地运行大模型的Ollama，以及360智脑、文心一言和通义千问等国产AI工具，几乎覆盖了我们日常设计、编码、办公、协作、聊天、音频、视频等方方面面。只要是涉及人机交互的场景，基本上都能找到一个具有AI功能的工具。

从工程化角度来看，AI工具在产品交付过程中，从需求分析到产品设计、开发再到上线运营，可以在很大程度上辅助人类工程师，提高工作效率和质量。我们团队早期就开始使用各种AI工具来提升效能，不过，这些多样化的工具种类繁多，也带来了一些困扰。

首先，从应用性上来看，不同人对工具的使用效果差异很大。有些人使用ChatGPT生成代码时非常高效，而有些人则需要花费更多时间调试。此外，某些工具的使用方式复杂，未必适合所有人。

其次，团队协作也是一个问题。使用第三方工具时，往往依赖它们的平台能力，导致与公司现有系统的集成度不高。如果遇到问题，解决方式通常是通过口口相传，缺乏系统化的知识共享。这些工具的推广和培训需要投入成本，团队成员学习使用这些工具时也会有一定难度。这些因素可能导致团队在实现交付流程的一致性和标准化上出现差异。

因此，我们团队内部讨论了两种解决方案。

- 第一种方案是开发AI工具。我们可以将外部的开源工具或插件（如VS Code中对接GPT的插件）集成到现有的软件中。经过研究，我们发现这种方式灵活性高、建设周期短、能够快速实现工具的统一和提升应用性。然而，缺点是集成度较低，只能在某些环节上起作用，无法进行上下游的深度集成，也容易形成数据孤岛。要想解决数据孤岛问题需要做更多的数据分析和整合，工具可能会演变成一个产品。
- 第二种方案是直接开发AI产品。我们思考是否要在软件开发的各个节点上使用领域模型，基于领域模型，再进一步构建AI服务，与工程化进行深度融合。这种方式不仅为平台提供AI能力，还能在模型之间实现互操作。例如，模型可以根据自然语言需求自动生成页面设计和代码，最终只需人工确认后上线。这种方式的优点是集成度高、应用性强、数据可以在统一的工程服务中进行共享和二次调优。缺点是建设成本高，需要在工作流程中构建领域模型。

两种方案各有利弊，究竟该如何抉择？当时我们思考了一点，即这两种方式究竟哪一种可以实现工程效率最大化，因为工程的本质就是既提供了团队的规范，又能使团队的效能和产品质量达到最大化。基于这一点，我们选择了朝着AI产品化的方向发展，可以让整个工程化的链路迎来二次革新。

当然，这其中也有挑战。

- 成本问题：我认为对于小团队而言，直接使用开源工具或快速插件等AI工具即可，能够快速提高团队效率。但是，如果团队需要微调并部署一个大模型，还需要构建上层服务，那么首先要考虑团队是否具备相关专业能力。其次，微调模型需要依赖数据和机器成本，都是需要考量的因素。
- 安全隐私：隐私问题是一个重要考量，使用第三方模型可能会有数据泄露风险，尤其是对以安全为主的360来说，这是不可忽视的。
- 能力限制：当前AI的泛化能力有限，对于未见过的数据，它往往会给出不准确的回答。其次是适配性问题，目前的AI在处理复杂任务时仍有局限性。

综合考虑这三个问题，可以发现AI在能力上有很大的改进空间。从AI的能力来看，它可以辅助人类完成一些工作，弥补人类在编码或设计上的不足，缩短交付周期。此外，AI还可以处理重复性工作，提高工作效率和产品质量，辅助团队实现效能最大化，进而提升业务成果。

360工程化流程的演进

现在，我们在朝着产业化方向发力的同时，360的工程化流程也在不断地演进。在内部，我们按照三个步骤推进（见图1）：首先建设统一的基础云服务平台实现自动化；其次基于流程自动采集数据构建数字化，因为在这个AI时代，数据至关重要；最后进入智能化阶段，建设领域专家模型赋能工程化。

在自动化架构层面，当拿到产品需求后，我们会进行需求拆解，并自动分配给相应的设计和开发团队。设计师收到任务后，会创建对应的画板；研发人员则会创建相应的分支。通过任务这条主线，我们将工作流程串联起来。设计师完成视觉或交互设计后，可以提交给开发团队。开发团队通过视觉通信打开集成开发环境（IDE），进行编码、合并请求（MR）、提测。测试环节会自动创建提测单，进行冒烟测试、集成测试或验收测试。测试无误后，需求自动流转至上线，通过持续集成/持续部署（CI/CD）完成上线审批。需求完成后，我们会进行归档，并制作数据看板展示业务、性能和效能指标。

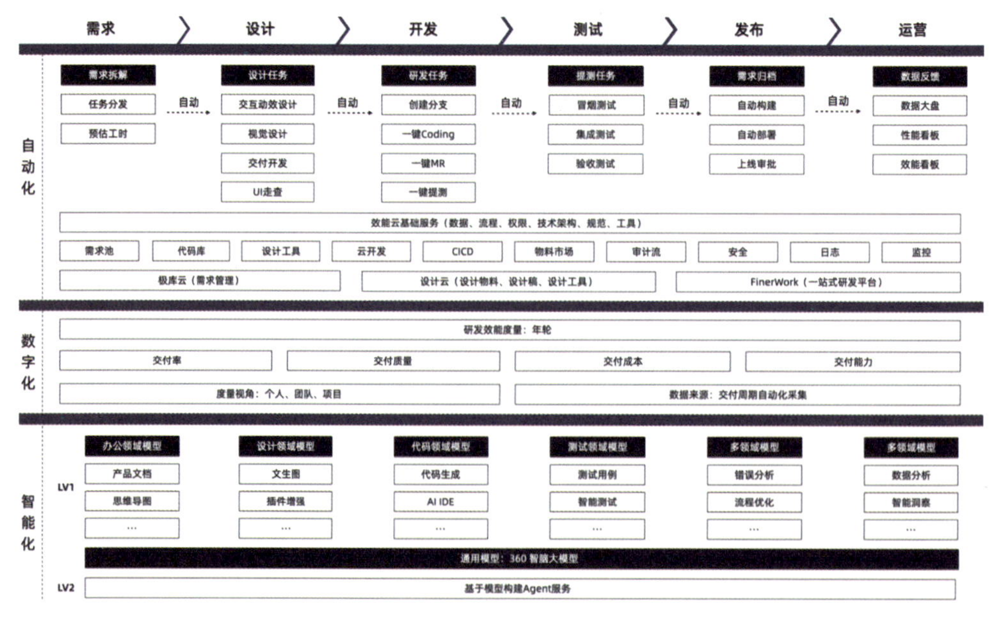

图1 效能云自动化与数字化建设

自动化架构的效能云基础服务包括数据、流程、权限、技术架构、规范和工具等。下一层则为需求池、代码库、设计工具、CI/CD、物料市场、审计流、安全、日志和监控等能力。底层则是由360的三大平台提供支撑，分别是用于需求管理的极库云、用于管理设计物料如设计稿和设计工具的设计云、作为一站式研发平台的FinerWork。

360在数字化进程上从四个维度和三个视角展开，即从交付率、交付质量、交付成本和交付能力四个维度进行数据收集，立足个人、团队和项目三个层面的视角。这一阶段的数据来源均是交付周期自动化采集。

数字化之后，进入智能化阶段。智能化分为两个方面。

- 一是构建领域模型：在办公、设计、代码、测试等不同领域建设专家模型，专家模型会根据对应在设计侧或研发侧的一些场景进行AI能力的提供。例如，设计侧可以利用文生图功能或对Sketch、Figma插件进行能力增强；开发侧则可以通过代码生成、AI IDE增强等方式获得支持。这些功能依赖360智脑大模型。
- 二是基于领域模型构建Agent服务。在模型建立和服务能力就绪后，我们构建AI Agent，使其能够自动完成简单的重复性任务。

此处，我们将从设计和开发两个方面寻找机会点和探索方向，因为在产品交付过程中，设计和开发阶段的需求弹性较大，因此成为提升交付速度的关键。

我们对设计与研发的过程进行了分析，绘制了流程图（见图2），从中发现了两个关键痛点：设计团队从灵感迸发到具体化设计、优化完善的过程可能充满反复和不确定性——我们称这一阶段为“绝望的深渊”，因为它往往需要大量的尝试和修改，甚至没有产出；开发团队从工程初始化到实际编写业务逻辑的过程同样增速缓慢。

针对这两个核心场景的痛点，我们在模型构建时特别关注，通过建立领域模型赋能平台，向设计和开发平台提供AI能力。例如，通过文生图功能帮助设计师快速生成初步设计稿，从而显著提高设计效率；通过代码生成、代码审查和代码聊天等功能，协助开发人员进行代码设计和编写，提升开发效率。

360 AI在工程化中的实践

基于行业痛点和应用场景，我们将领域模型与业务相结合，构建了设计侧物料平台和研发侧工程平台。

设计侧物料平台

在设计侧物料平台方面，我们内部开发了一款名为“缤果AI”的产品，该产品支持多端应用，包括Web端、Figma、Sketch以及Photoshop端。这款产品集成了设计广场、AI小工具和图片创作等功能。

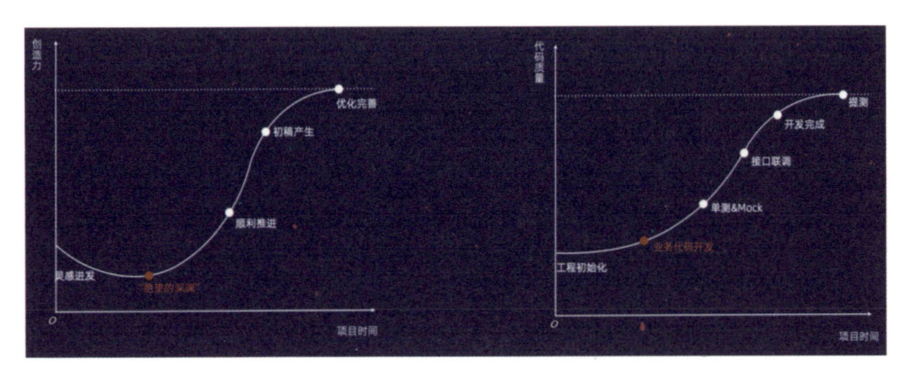

图2 设计与研发过程分析

在模型层面，我们依赖Stable Diffusion，基于此模型，我们进行了大量的微调工作以创建多个基础模型。随后，利用LoRA技术进一步微调风格模型。最终将基础模型与风格模型结合，形成融合模型，用于特定场景，这些模型通过Stable Diffusion提供的AI能力集成到产品中，进而构建服务层，提供文生图、图生图、图片反推、延展以及线稿上色等功能，从而支持营销电商、定制化以及其他通用场景。此外，“缤果AI”增强了设计工具Figma、Sketch以及Photoshop的功能。

在模型微调的过程中，我们总结出了一套被称为“631”的方法论：数据占6分，参数占3分，剩下的1分为“玄学”。之所以提及“玄学”，是因为在实际操作中，即使数据和参数都准备妥当，也可能得不到预期的结果，需要反复调试才能达到满意的效果。

微调过程包括数据准备、数据标注、参数调优、模型训练和结果测试。“缤果AI”产品中，我们主要是对基础、风格模型做数据采集。具体而言，我们使用Dreambooth来训练基础模型，而LoRA则用于训练风格模型。

在数据准备完成后，我们会进行数据标注，使用封装的Factory库，利用WebUI能力先自动打标，然后导入第三方工具，再进行人工筛选二次打标确认。没问题后，我们对模型进行参数调优，其中训练轮次和学期率是最重要的两个参数。接下来是模型训练阶段，我们会监控损失函数（loss）的变化趋势，一般认为损失值接近0.08时，模型训练结果较为理想，但最终仍需以实际测试结果为准。

基于“缤果AI”，我们尝试将其应用于营销图片场景，还与智能硬件如360手表联动，通过使用“缤果AI”替换底图，可以大幅缩短交付周期并提高效率。

研发侧工程平台

在研发侧工程方面，基于一站式的研发平台FinerWork，我们为研发提供了三大场景AI能力加持：聊天、代码和工具。产品架构底层依赖360智脑模型，微调出代码聊天、代码补全、代码审查等领域模型。这部分的模型微调方法与设计侧物料平台相同，因此不再赘述。

接下来，我们将着重关注CodeChat模型数据方案中的npm私有源文档数据采集与处理。这一过程分为数据采集、构建Prompt、数据标注三个阶段。数据采集主要来源于工程平台的自动流程，以及代码工程中的流水线安装错误日志、IDE 安装、运行错误上报、私有包服务数据。

从关键数据中我们去提取一些标注，比如一些OS版本、语义化版本号、主版本文档功能等。有了这些信息之后，构建指令供大模型进行分析，分析结果经过人工审核确认后，用于扩充数据集，确保数据集的质量。完成数据准备后，开始进行模型训练和结果测试。

微调后的CodeChat能够提供代码解析功能，并允许用户一键打开IDE。应用场景包括流水线错误分析、IDE内解决问题、APM性能分析以及线上问题分析等。

AI IDE也是研发侧工程平台的另一个重要组成部分，我们通过AI IDE做场景融合，最初使用CodeServer，但后来选择了OpenSumi。选择OpenSumi的原因在于其开放的AI能力、高度定制化的特性以及兼容VS Code插件市场的优势。基于OpenSumi，我们提升了AI能力与IDE的集成度，实现了多种场景优化，如AI Code、Inline Chat、智能终端、APM性能分析、代码审查（Code Review）和即时通讯（IM）等。

AI工程化未来畅想

面向AI工程化未来，我们从三个维度进行了深入思考。

- 基于大语言模型微调，产出特定领域模型。
- 基于领域模型进一步构建Agent，增强复杂任务处理能力，让其能承担设计和研发中的重复性任务。
- 拥有Agent后，下一步可以实现多智能体系统（Multi-Agent）。

我认为Multi-Agent非常适合工程化，因为工程化的标准操作程序（SOP）交付流程是固定的，从一个节点到另一个节点都是固定的，所以它可以对这些节点进行编排、共享、自主分工和协作。这也使得Multi-Agent能实现端到端的智能交付，即从用户需求的产生到最终产品的交付，全过程实现自动化和智能化。当然，这一过程依赖一个Multi-Agent运行时系统，该系统包含三个部分。

- 消息中心（Shared Message Pool）：用于所有智能体消息共享、发布和订阅。
- 工具库（Tools）：底层依赖各种 API、企业私有库、外部设置、外部搜索等工具来支持多智能体的运行。
- Agent Detail：包含记忆模块、任务拆解和执行任务等。

举例说明，当用户提出开发一个To Do List的需求时，PM Agent会将消息发送给Engineer Agent。Engineer Agent收到消息后，会通过内部记忆模块查看是否有类似的项目代码，并进行任务拆解和执行。任务执行完成后，消息会返回消息中心，通知QA Agent进行自动化测试。

整个过程非常流畅，而且每个Agent都可以有不同的演变，例如Engineer Agent可以进一步细分为专门负责写React工程的React Agent，或者User Proxy。同时，随着Agent模型的改进，未来工程化的各个节点可以实现从人类为主、Agent 为辅的参与模式逐步过渡到Agent为主导的过程，即实现从用户提出需求到Agent逐步完成所有开发和交付。

杨龙辉

360前端工程化方向技术负责人，主要负责360前端工程基建相关工作;主导一站式PaaS平台开发建设并提供了从设计、开发到APM全链路标准化协作流程和数据监控体系，积累了丰富的工程建设与推广落地实施经验;目前专注AICode、中后台研发效能、设计协同领域。

AI Agent 开发框架、工具与选型

文 | 黄佳

本文将深入剖析当前最受欢迎的AI Agent开发框架，包括AutoGen、Coze、Crewai、Dify、FastGPT、FlowiseAI、LangChain/LangGraph、LangFlow、OpenAI Assistant和Semantic Kernel，详细对比它们的特点与使用场景，为开发者选择最合适的工具提供指南。

AI时代，一种全新的技术——AI Agent正在崛起。这是一种能够理解自然语言并生成对应回复以及执行具体行动的智能系统。它不仅是内容生成工具，而且是连接复杂任务的关键纽带。

Agent和大语言模型有啥区别？朋友给我打了个比方：大模型像一本万能食谱，里面记录了无数的烹饪方法和食材搭配。但这本书只能提供信息，它不会自己动，也不会根据你的实际情况来调整建议。

AI Agent则相当于一个你的私人厨师。这位厨师不仅熟悉食谱里的所有内容，还能根据你的口味和厨房里的食材，为你定制美味的菜肴。当你忙碌时，厨师甚至能主动为你准备晚餐，确保每一餐都符合你的期望，如图1所示。

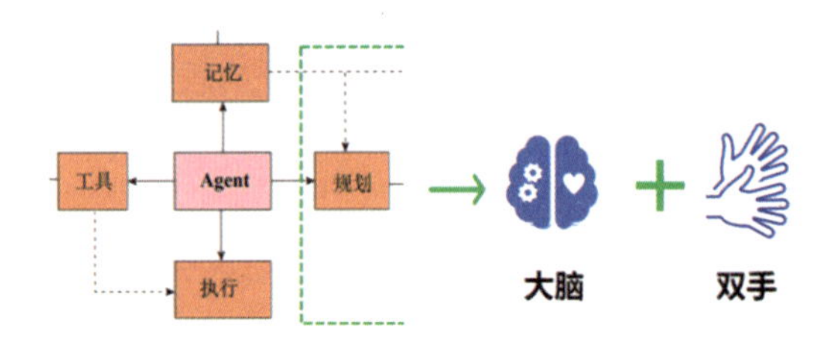

图1 Agent，就是以LLM的推理能力做大脑，加上能调用工具的一双手

因此说，大模型具备广泛知识和推理能力。它们能够理解复杂的指令，生成连贯的文本，甚至进行逻辑推理和问题解决。它提供了知识基础，是Agent的大脑。而Agent则赋予了知识实际的应用能力和灵活性。它不仅能利用大模型的资源，还能根据具体情况做出判断，采取行动，并不断学习改进。AI Agent是这些大模型的实践者，它们可以执行任务，调用工具，甚至自主学习以优化性能。

在本文中，我将深入浅出地剖析当前流行的AI Agent开发框架，比较其特点，并着重介绍各种Agent开发框架的核心设计理念与工程实践之异同。

Agent的技术框架

我们以Lilian Weng（时任 OpenAI 公司的安全系统主管）2023年发表的博文*LLM Powered Autonomous Agents*（《大模型驱动的自主 Agent》）中给出的 Agent 框架为起点，来分析基于大模型的 Agent 的设计和具体实现。

如图2所示，Lilian Weng 向我们展示了一个由大模型驱动的自主 Agent 的技术框架，其中包含规划（Planning）、记忆（Memory）、工具（Tools）、执行（Action）四大要素（或称组件）。

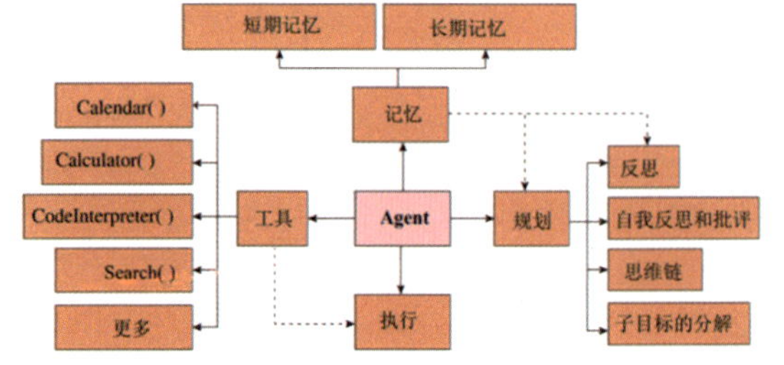

图2 由大模型驱动的自主Agent的技术框架

在这个框架中，“Agent”是整个系统的核心，它协调所有其他组件的工作。

LLM赋予Agent规划能力，使得Agent能够制定策略和行动计划，以及反思与学习。Agent的高级认知能力则包括：反思、自我反思和批评、思维链以及子目标的分解等。这些高级认知能力已经存在于大模型的大脑内部，但不等于大模型每次都会利用到它们。目前仍是由人类通过提示工程，以及程序流程控制来进一步强制Agent来严格遵循它们，以提升Agent的认知上限。例如，在思维链提示中，我们可能会通过提示词来要求模型"请一步一步地思考"或者"请给出具体推理过程"。

此外，Agent可以调用多种工具来完成任务，包括：Calendar（日历功能）、Calculator（计算器）、CodeInterpreter（代码解释器）以及Search（搜索）等功能，当然还可以赋予Agent其他工具。Agent通过"执行"模块来调用工具，实施其决策和计划。

通过上述框架设计的Agent系统，它不仅能执行任务，还能学习、适应和改进。它模仿了人类的认知过程，包括记忆、规划、执行和反思，使Agent能够处理各种复杂的情况和任务，如个人助理、问题解决、决策支持等。

下面，让我们来看几种主流的Agent开发框架，看看它们各自有何特点，以及它们如何帮助我们快速构建Agent。

Agent的开发框架之OpenAI Assistants

OpenAI 于2023年11月开发者大会上推出的Assistants API是非常棒的Agent系统设计样板。比起单纯的、无状态的调用大模型API，Assistants提供了良好的会话线程管理（也就是多轮对话的记忆功能）、工具调用等能力。

OpenAI Assistants的会话线程管理功能是其最显著的特点之一。该功能允许开发者轻松地维护多轮对话的上下文，使得Agent能够在长时间的交互中保持连贯性和记忆力。这对于需要持续交互的应用场景，如客户服务、教育辅导或个人助理等，尤其重要。

此外，Assistants框架内置了多种工具调用能力，包括代码解释器、检索和函数调用等。这使得开发者可以轻松地扩展Agent功能，使其能够执行复杂的任务，如数据分析、文件处理或与外部API交互。这种模块化的设计大大增强了Agent的实用性和适应性。Assistants还允许开发者上传和管理文件，使Agent能够访问和处理特定的数据集或文档。这个功能对于需要处理大量信息的应用非常有用，如文档分析、报告生成或知识库查询等场景。

我的看法是，相比于从头开始构建AI系统，使用Assistants框架可以显著降低开发成本和时间。开发者可以专注于业务逻辑和用户体验，而不必过多关注底层AI技术的实现细节。而且，OpenAI提供了清晰、易用的API文档和示例代码，大大降低了开发者的学习曲线。这使得即使是对AI开发经验不多的开发者也能快速上手，构建出功能强大的Agent。得益于OpenAI的影响力，Assistants框架拥有庞大的开发者社区支持。这意味着开发者可以轻松找到教程、示例代码和最佳实践，加速开发过程。

当然，对于开发者来说，Open AI 的Assistant API是一个受限制的闭源框架，我们对于大模型（只能调用OpenAI模型）、内部工具的设计（外部的Functions调用可以自己设计）以及会话线程的管理都没有任何选择。整个技术框架都由OpenAI完成，我们只能遵循它。

Agent的开发框架之 LangChain和LangGraph

介绍了OpenAI的Assisants之后，我们再来看看最有影响力，也可能是知名度最高的大模型应用开发框架——LangChain。

最近一段时间，围绕着"大模型开发者到底需不需要使用LangChain"这一话题展开了很多讨论。作为最早推出、目前为止也是最全面、生态圈建设最为完备的开源Agent开发框架，LangChain为开发者提供了很多开箱即用的工具和组件，同时也提供了相当大的灵活性和控制权。

因此，对于要不要使用LangChain，我个人的回答是Yes。我们应该积极使用它，而且还应该积极地为LangChain社区做贡献，让它发展得越来越好。当然，这是一个个人选择，作为程序员，从具体场景和需求出发，你当然也可以选择直接调用LLM的API来完成应用开发，或者选择其他类似的框架，甚至是从0开始搭建自己的框架，这样你自然会拥有更高的开发自由度。

LangChain的主要特点包括：

- 模块化设计：LangChain提供了多个可组合的组件，如提示模板、内存、索引等，开发者可根据需求自由组合这些组件。
- 多模型支持：不限于单一的语言模型提供商，支持OpenAI、Hugging Face、Anthropic等多种模型。
- 工具集成：提供了丰富的工具集成能力，包括搜索引擎、数据库、API等，极大地扩展了Agent的功能范围。
- 链式操作：允许开发者将多个操作串联起来，形成复杂的工作流程。
- 内存管理：提供多种内存机制，使Agent能够在对话中保持上下文。

LangGraph则是LangChain的一个扩展，专注于构建多Agent系统和复杂的工作流程。它的主要特点包括：

- 图形化工作流：使用有向无环图(DAG)来表示和管理复杂的工作流程。
- 多Agent协作：支持多个Agent之间的交互和协作，能够处理更复杂的任务。
- 状态管理：提供了强大的状态管理机制，使得长期运行的任务变得可能。
- 可视化工具：提供工作流可视化工具，帮助开发者更好地理解和调试复杂的Agent系统。

为什么LangChain要推出基于图的Agent工作流建模工具，这背后是有底层逻辑的。在LangGraph的核心设计中，可以使用以下三个关键组件定义Agent的行为：

- 状态（State）：表示应用程序当前快照的共享数据结构。它可以是任何 Python 类型，但通常是 TypedDict 或 Pydantic BaseModel。
- 节点（Nodes）：控制Agent内部逻辑的 Python 函数。它们接收当前状态作为输入，执行计算或动作，并返回更新的状态。
- 边（Edges）：根据当前状态确定下一个要执行节点的 Python 函数。它们可以是条件分支或固定转换。

LangGraph真正的强大之处是其管理状态的方式。通过组合节点和边，可以创建复杂的、循环的工作流，这些工作流随着时间的推移而演变状态。节点和边都是 Python 函数——它们可以是调用大语言模型（LLM）或只是传统的 Python 代码。节点执行动作，完成当前任务，边决定接下来要做什么。

相比OpenAI Assistants，LangChain和LangGraph提供了更多的自由度和定制化能力。开发者可以更深入地控制Agent的行为和决策过程，也可以集成更多的外部工具和数据源。这使得它们特别适合构建复杂的、特定领域的AI应用。

然而，这种灵活性也意味着更高的学习曲线和开发复杂度。开发者需要对AI和软件工程有更深入的理解才能充分利用这些框架的潜力。

LangChain和LangGraph为那些希望构建高度定制化、功能丰富的AI应用开发者提供了强大的工具。它们的开源性质也意味着需要有一个活跃的社区不断贡献新的功能和改进，使得这些框架能够跟上快速发展的AI技术步伐。选择使用OpenAI Assistants还是LangChain/LangGraph，或者仍然是选择自己从零开始，搭建自己的开发框架，这取决于项目的具体需求、开发团队的技术能力以及对灵活性和控制的要求。

Agent的开发框架之Semantic Kernel

另一个知名的Agent框架是Semantic Kernel，这个框架的知名度小于Assistants API和LangChain，但也有自己的特点和优势。这是由微软开发的一个开源SDK，旨在将大语言模型如OpenAI、Azure OpenAI和Hugging Face与传统编程语言无缝集成。它具有灵活性、模块化和可观察性，以确保AI解决方案的交付。Semantic Kernel支持C#、Python和Java三种主流编程语言，保证API的稳定性和向后兼容性。

开发者可以将现有代码作为插件添加到Semantic Kernel中，使其便于与公司内的其他专业或低代码开发者共享。Semantic Kernel将提示词（prompts）与现有API结合，通过向AI模型描述现有代码，以调用这些代码来处理请求，执行操作。此时，Semantic Kernel充当了中间件的角色，将模型的请求转换为函数调用，并将结果传递回模型。Semantic Kernel的另一个特点是它能够自动编排插件。通过Semantic Kernel规划器，可以要求LLM生成一个计划来实现用户目标，然后Semantic Kernel将自主为用户执行该计划。

Semantic Kernel从诞生之日起就被设计为企业级解决方案，而且已经在微软和其他大公司中得到应用。Semantic Kernel的模块化设计和自动编排能力使得开发复杂的AI驱动系统变得更加简单和高效。与LangChain和OpenAI Assistants相比，Semantic Kernel的一个显著优势是它的企业级特性和与现有代码库的紧密集成能力。

Agent的开发框架之AutoGen

除Semantic Kernel之外，微软研究院还为社区贡献了另外一个开源框架——AutoGen，旨在简化多智能体系统的构建过程。它提供了一种灵活且强大的方法来创建和管理多个AI Agent之间的交互，使开发者能够构建复杂的、自主的AI系统。

作为一个专注多智能体协作的框架，AutoGen为AI Agent开发提供了独特的视角和工具。相比于LangChain、OpenAI Assistants或Semantic Kernel，AutoGen的主要优势在于其对多个AI Agent之间复杂交互的原生支持。

在实际应用中，AutoGen特别适合那些需要多个专门化AI Agent协同工作的场景。例如，在软件开发过程中，可以使用AutoGen创建一个系统，其中包括需求分析Agent、设计Agent、编码Agent和测试Agent，这些Agent可以协同工作，自动化整个软件开发生命周期。

选择使用AutoGen还是其他框架，很大程度上取决于项目的具体需求。如果项目主要涉及单一AI Agent的交互，那么LangChain或OpenAI Assistants可能更为合适。如果需要深度集成到企业现有系统中，Semantic Kernel可能是更好的选择。

Agent的开发框架之可视化UI工具

除了上述程序设计式Agent开发框架之外，近期还有一系列基于可视化UI的Agent开发工具登场亮相。这些AI Agent开发框架简单易用，且功能强大，可以通过拖拖拽拽的方式，构建业务流程。用户可以在图形可视化界面中手工选择AI大模型、向量数据库等，因此这些工具能帮助开发者快速构建智能化、多功能的AI应用。

这些工具包括CrewAI、Coze、FlowiseAI、Langflow、Dify，以及FastGPT等等，它们各有其特点，如CrewAI是高效、简洁，提供多个独立模块，开发者可以根据需要组合使用；Coze则与字节跳动的其他产品和服务无缝集成，提供一站式解决方案，而且支持插件机制，开发者可以根据需求扩展功能。FastGPT则主要用于构建快速响应的对话系统，优化了模型推理速度，提供快速响应能力，且提供简便的部署方式，支持多种环境和平台。

总体来说，这些工具都称得上简单易用，而且功能也较为强大。可以用于迅速实现业务需求。

热门Agent开发框架对比

对于开发者来说，了解这些不同框架的特点和优势是进

框架名称	开源情况	主要特点	适用场景
AutoGen	开源	微软推出的多Agent 框架，通过Agent通信机制实现复杂工作流	适合构建多 Agent 协作的复杂应用
Coze	开源	和字节的其他产品高度集成，支持插件机制	一站式解决方案，适用于多种场景
CrewAI	开源	模块化设计，多语言支持，易用性强	构建基于LLM的对话系统
Dify	开源	界面直观，功能全面，支持 AI 工作流、RAG 管道、Agent 能力、模型管理、可观测性等	快速构建原型和生产级 Agent 应用，适用于多种场景
FastGPT	开源	基于知识库的 LLM 应用平台，开箱即用，支持数据处理、RAG 检索、可视化 AI 工作流编排	构建复杂的问答系统和知识密集型应用
FlowiseAI	开源	拖拽式界面，自定义 LLM 流程，简单易用	适合初学者和快速原型开发
LangChain/LangGraph	开源	模块化设计，高度可定制，丰富的工具链，支持多种 LLM 和数据源	适用于对灵活性和定制化要求较高的场景
LangFlow	开源	基于 LangChain 的可视化工作流构建工具，降低开发门槛	适合初学者和快速构建 Agent 原型
OpenAI Assistant	闭源	提供会话线程管理、多轮对话记忆功能和工具调用能力	需要持续交互的应用场景，如客户服务、教育辅导或个人助理等
Semantic Kernel	闭源	微软推出的轻量级 SDK，简化 LLM 应用开发，提供插件机制	适用于 .NET 生态，与 Azure 服务集成

表1 Agent框架比较

行项目技术选型的第一步，目前的各种框架和技术层出不穷，不免让人眼花缭乱。表1给出了市面上各种Agent框架特点的简单比较。

因为工具数量繁多，而且出现都不久，我们尚缺乏对所有工具的深入实践，因此列表中的说明不免肤浅，但是希望这可以起到一个抛砖引玉的作用，读者可把它当作一个最基本的指南。

在某些情况下，如某些复杂的项目中，可以考虑将这些框架结合使用，充分利用它们各自的优势，以获得最佳的开发体验和应用性能。例如，可以使用AutoGen来管理多个AI Agent的协作，同时利用LangChain的工具集成能力，或者Semantic Kernel的企业级特性。对于以低代码甚至无代码的方式希望快速上手Agent，搭建其简单有效的业务需求，那么你可以选择使用各种UI式开发工具。

最后，我希望大家积极地尝试各种Agent开发框架及工具，选择适合自己的那一款，开发出漂亮而实用的Agent，为你的业务场景赋能。

黄佳

新加坡科研局AI研究员，前埃森哲新加坡公司资深顾问，入行20余年。参与过政府部门、银行、电商、能源等多领域大型项目，积累了极为丰富的人工智能和大数据项目实战经验。近年主攻方向为NLP预训练大模型应用、FinTech应用、持续学习。

引入混合检索和重排序改进 RAG 系统召回效果

文 | 何文斯　张路宇

随着时间推移，RAG技术已经迅速成为在实际应用中部署大语言模型（LLMs）的首选方式。本文旨在介绍混合检索和重排序技术的基本原理，解释其对提升RAG系统文档召回效果的作用，并讨论构建生产级RAG应用的复杂性。

2024年，以向量检索为核心的RAG架构成为解决大模型获取最新外部知识，解决生成幻觉问题的主流技术框架，并已在相当多的应用场景中得到实际应用。开发者可以利用该技术以较低成本构建AI智能客服、企业智能知识库、AI搜索引擎等，通过自然语言输入与各类知识组织形式进行对话。

我们可以将大模型比作超级专家，他熟悉人类各个领域的知识，但也有自己的局限性。例如，他不了解你个人的一些状况，因为这些信息是私人的，不会在互联网上公开，所以他没有提前学习的机会。

当你想雇用这个超级专家充当你的家庭财务顾问时，需要允许他在接受你的提问时先查看一下你的投资理财记录、家庭消费支出等数据。这样他才能根据你个人的实际情况提供专业的建议。

这就是RAG系统所做的事情：帮助大模型临时性地获取他所不具备的外部知识，允许他在回答问题之前先找答案。但我们很容易发现RAG系统中最核心的是外部知识的检索环节。超级专家能否向你提供专业的家庭财务建议，取决于他能否精确找到需要的信息；如果他找到的不是投资理财记录，而是家庭减肥计划，那么再厉害的专家都会无能为力。

为什么需要混合检索?

RAG检索环节中的主流方法是向量检索，即语义相关度匹配的方式。技术原理是通过将外部知识库的文档先拆分为语义完整的段落或句子，并将其转换（Embedding）为计算机能够理解的一串数字表达（多维向量），同时对用户问题进行同样的转换操作。

计算机能够发现用户问题与句子之间细微的语义相关性，比如“猫追逐老鼠”和“小猫捕猎老鼠”的语义相关度会高于“猫追逐老鼠”和“我喜欢吃火腿”之间的相关度。在查找到相关度最高的文本内容后，RAG系统会将其作为用户问题的上下文一起提供给大模型，帮助大模型回答问题。

除了能够实现复杂语义的文本查找，向量检索还具有其他的优势：

- 相近语义理解（如老鼠/捕鼠器/奶酪、谷歌/必应/搜索引擎）
- 多语言理解（跨语言理解，如输入中文匹配英文）
- 多模态理解（支持文本、图像、音视频等的相似匹配）
- 容错性（处理拼写错误、模糊的描述）

虽然向量检索在以上情景中具有明显优势，但在某些情况中效果不佳。比如：

- 搜索一个人或物体的名字（例如伊隆·马斯克、iPhone 15）
- 搜索缩写词或短语（例如RAG、RLHF）
- 搜索ID（例如gpt-3.5-turbo、titan-xlarge-v1.01）

而上述缺点正好是传统关键词搜索的优势所在。传统关键词搜索擅长：

- 精确匹配（如产品名称、姓名、产品编号）
- 少量字符的匹配（通过少量字符进行向量检索时效果非常不好，但很多用户恰恰习惯只输入几个关键词）
- 倾向低频词汇的匹配（低频词汇往往承载了语言中的重要意义，比如“你想跟我去喝咖啡吗？”这句话中的分词，“喝”“咖啡”会比“你”“吗”在句子中承载更重要的含义）

对于大多数文本搜索的情境，首要的是确保潜在最相关的结果能够出现在候选结果中。向量检索和关键词检索在检索领域各有其优势。混合检索正是结合了这两种搜索技术的优点，同时弥补了两者的缺陷。

在混合检索中，我们需要在数据库内提前建立向量索引和关键词索引。在用户输入问题时，通过两种检索模式分别在文档中检索出最相关的内容（见图1）。

“混合检索”实际上并没有明确的定义，本文以向量检索和关键词检索的组合为例。如果我们使用其他搜索算法的组合，同样可以被称为“混合检索”。例如，我们可以将用于检索实体关系的知识图谱技术与向量检索技术结合。

不同的检索系统各自擅长寻找文本（段落、语句、词汇）之间不同的细微联系，包括精确关系、语义关系、主题关系、结构关系、实体关系、时间关系、事件关系等。可以说没有任何一种检索模式能够适用于全部情境。混合检索通过多个检索系统的组合，实现了多个检索技术之间的互补。

这里我想强调的是：选择何种检索技术，取决于开发者需要解决什么样的问题。RAG系统的本质是基于自然语言的开放域问答系统。对于用户的开放性问题，要想获得高的事实召回率，就需要对应用情景进行概括和收敛，寻找合适的检索模式或组合。

在着手设计一个RAG系统之前，最好先考虑清楚自己的用户是谁，以及用户最可能提出什么样的问题。

为什么需要重排序？

混合检索能够结合不同检索技术的优势，以获得更好的召回结果。然而，在不同检索模式下的查询结果需要进行合并和归一化（将数据转换为统一的标准范围或分布，以便更好地进行比较、分析和处理），然后再一并提供给大模型。在这个过程中，我们需要引入一个评分系统：重排序模型（Rerank Model）。

重排序模型通过将候选文档列表与用户问题的语义匹配度进行重新排序，从而改进语义排序的结果（见图2）。其原理是计算用户问题与给定的每个候选文档之间的相关性分数，并返回按相关性从高到低排序的文档列表。常见的Rerank模型如：Cohere Rerank、BGE Re-Ranker等。

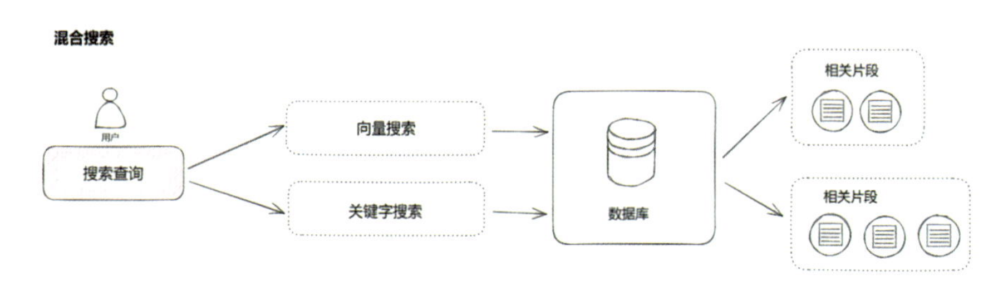

图1 混合检索流程

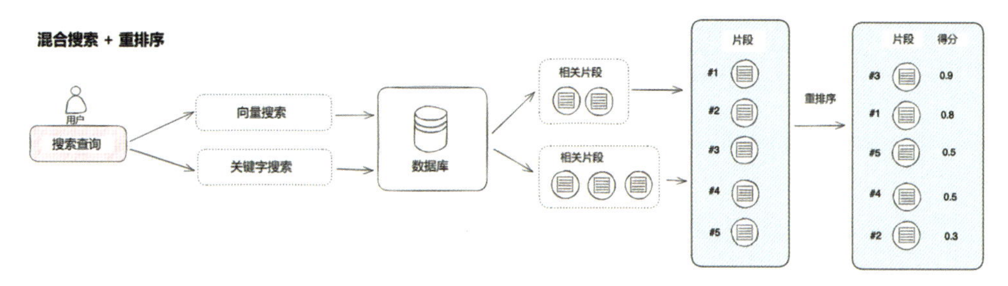

图2 混合检索+重排序

在大多数情况下，由于计算查询与数百万个文档之间的相关性得分将会非常低效，通常会在重排序之前进行一次前置检索。因此，重排序一般放在搜索流程的最后阶段，非常适合用于合并和排序来自不同检索系统的结果。

然而，重排序并不只适用于不同检索系统的结果合并。即使在单一检索模式下，引入重排序步骤也能有效帮助改进文档的召回效果，例如在关键词检索之后加入语义重排序。

在具体实践过程中，除了将多路查询结果进行归一化之外，我们会在将相关的文本分段交给大模型之前限制传递给大模型的分段个数（即TopK，可以在重排序模型参数中设置）。这样做的原因是大模型的输入窗口存在大小限制（一般为4K、16K、32K、128K的Token数量），我们需要根据选用的模型输入窗口的大小限制，选择合适的分段策略和TopK值。

需要注意的是，即使模型上下文窗口足够大，过多的召回分段可能会引入相关度较低的内容，从而导致回答的质量降低。因此，重排序的TopK参数并不是越大越好。

重排序并不是搜索技术的替代品，而是一种用于增强现有检索系统的辅助工具。它最大的优势在于，不仅提供了一种简单且低复杂度的方法来改善搜索结果，允许用户将语义相关性纳入现有的搜索系统中，还无须进行重大的基础设施修改。

以Cohere Rerank为例，我们只需要注册账户和申请API，接入只需要两行代码。此外，Cohere Rerank还提供了多语言模型，这意味着我们可以将不同语言的文本查询结果进行一次性排序。

总结

本文讨论了在RAG系统中引入混合检索和语义重排序对于改善文档召回质量的原理和可行性，但这仅仅是RAG检索管道设计中的一部分环节。

改善RAG应用的效果不能依赖一个个独立的单点优化，而是要具备系统性的工程设计思维。要深刻理解用户的使用场景，将复杂的开放域问答问题概括为可收敛的一个个情景策略，只有在此基础之上，才能合理地选择索引、分段、检索、重排等一系列技术组合。

何文斯

知名大模型创业公司Dify.AI产品经理、《大模型应用开发极简入门》译者，公众号“何文斯”作者，致力于研究大模型中间件技术和AI应用工程化的实际落地。业余时间撰写大模型相关技术的科普文章，期待共同见证通用人工智能的实现。

张路宇

Dify.AI创始人兼CEO，Dify.AI 是一款开源的AI应用开发平台，曾多次登榜GitHub全球趋势榜。同时，张路宇也是一位资深工具产品经理、连续创业者，拥有丰富的工具软件领域SaaS产品研发及运营经验。曾在腾讯云CODING DevOps团队负责产品及运营管理工作，服务超百万开发者的平台产品。

大模型技术在企业应用中的实践与优化

文 | 吴岸城

大模型技术更新层出不穷，但对于众多企业及开发者而言，更为关键的命题则是如何进行应用落地，实现真正的智能化转型。本文系统且深入地探讨了大模型在企业应用中的关键环节和技术要点。从构建高质量的专属数据集、选择适宜的微调策略，到RAG技术应用和智能体协同工作，本文为企业应用落地提供了宝贵的洞见和实用策略，值得开发者深入阅读。

随着人工智能技术的迅猛发展，大语言模型（Large Language Models，LLMs）已成为引领新一轮技术革命的核心驱动力。这些模型凭借其强大的自然语言理解和生成能力，在各行各业中展现出巨大的应用潜力。然而，将这些通用型大模型有效地应用于特定的企业场景，并从中获取实际商业价值，仍然是一个充满挑战的课题。

本文旨在深入探讨大模型在企业应用中的关键技术点，包括：

1. 如何构建高质量的企业专属数据集。

2. 选择合适的模型微调策略。

3. 优化检索增强生成（RAG）技术的应用。

4. 实现智能体（Agent）的协同工作。

大模型数据和微调

基于企业垂直数据构建

企业在应用大模型进行垂直数据构建时往往存在多个典型问题。首先，常面临的一个普遍问题便是高质量数据的匮乏。许多企业可能只有少量未经处理的文档，这些数据往往存在偏向性、时效性和准确性等问题。

其次是数据处理的瓶颈，客户数据在投入使用前需经历烦琐的预处理流程，这不仅消耗大量时间，还伴随着高昂的成本。尽管采用ChatGPT等通用大模型可加速预处理，但出于企业数据安全考量，这一途径并不可行，导致数据处理手段受限。

并且，数据的多样性也是把双刃剑，它直接关系到模型的适应能力和预测精度。若数据种类单一，模型将难以应对复杂场景，灵活性受阻；反之，数据过于繁杂，则可能影响模型训练效果，降低准确率。

为了解决这一挑战，我们提出以下策略：

1. 数据清洗与人工标注

- 首先进行初步的数据清洗，去除明显的噪声和错误。例如，删除重复内容、纠正明显的拼写错误，以及移除与业务无关的信息。
- 由领域专家进行人工标注，确保数据的准确性和相关性。这一步骤尤为重要，因为它能够捕捉到细微的领域特定知识。
- 利用大模型对标注后的数据进行整理和扩展，生成更多相关内容。例如，可以使用GPT-3等模型根据已有数据生成相似的案例或场景。
- 最后再次进行人工审核，确保生成内容的质量和一致性。

这种迭代提升的方法可以显著提高数据质量，但需要注意控制成本和时间投入。建议企业根据项目规模和重要性来平衡人工投入和自动化程度。

2. 数据增强

- 利用大模型生成相关数据，扩充训练集。例如，对于客户服务场景，可以基于现有的问答生成更多可能的用户询问和相应的回答。
- 在生成过程中，需要特别注意数据的脱敏处理。例如，对于银行业务数据，可以使用占位符（如XXXXX）替代敏感信息（如电话号码、账户信息等）。这样既保护了客户隐私，又保留了数据的结构和语义。
- 生成后的数据需要进行人工审核，确保其符合业务逻辑和安全要求。可以设立多级审核机制，包括业务专家、法律合规人员等，以确保生成数据的质量和合规性。

3. 通用数据与专业数据平衡

- 建议采用7∶3的比例，即70%通用数据，30%企业专有数据。这个比例可以根据具体应用场景进行微调。
- 通用数据有助于保持模型的基础能力，如语言理解、常识推理等。可以考虑使用公开的高质量数据集，如维基百科、常见问答集等。
- 专业数据则确保模型能够准确理解和处理特定领域的问题。这部分数据应该包括企业的产品手册、内部知识库、历史案例等。
- 这种平衡可以防止模型在获得特定领域能力的同时，保持其通用性能不会显著下降。例如，一个金融领域的模型不仅能够处理专业术语和规则，还能进行日常对话和通用任务。

通过以上策略，企业可以构建一个既包含丰富领域知识，又具有良好通用能力的数据集，为后续的模型训练和微调奠定坚实基础。

微调方法选择

微调是将预训练模型适应特定任务的关键步骤。选择合适的微调方法需要考虑具体目标和数据特征：

1. 改变输出格式

- 适用场景：当需要模型以特定格式输出结果时。
- 推荐方法：LoRA（Low-Rank Adaptation）或QLoRA（Quantized LoRA）。
- 优势：这些方法可以在较小的计算资源下实现高效微调，特别适合需要快速迭代的场景。

2. 学习新知识

- 适用场景：当需要模型掌握大量新的领域知识时。
- 推荐方法：全量微调（Full Fine-tuning）。
- 注意事项：需要谨慎调整学习率，以避免过拟合。可以采用学习率衰减策略，或使用AdamW等优化器。

3. 特定任务优化

- 适用场景：文本分类、关系抽取、命名实体识别等特定NLP任务。
- 推荐方法：全量微调或任务特定的微调方法。
- 权衡：可能会导致模型在其他任务上的性能下降，需要根据具体需求权衡。

4. 预训练微调

- 适用场景：处理特殊领域数据，如中医、法律等专业文本。
- 方法：先进行领域特定的预训练，再进行监督微调（SFT）。
- 优势：能更好地捕捉领域特定的语言模式和知识结构。

需要结合客户需求，结合客户需求，建议先使用Q-Lora进行试验；如果Q-Lora不可行，则选择Lora（高参数量）；如果Lora也不行，就考虑全参微调。

评估

准确的模型评估对于确保模型质量至关重要。以下是一些有效的评估策略：

1. 人工撰写评估数据

■ 由领域专家创建专门的测试集，确保其覆盖关键业务场景。

■ 避免使用训练数据中的内容，防止评估结果过于乐观。

■ 实施建议：（1）创建多样化的测试用例，包括常见查询、边缘情况和潜在的错误输入；（2）定期更新测试集，以反映不断变化的业务需求和用户行为。

2. 自动评测方法

■ 使用通用评测基准，如中文SuperCLUE等。

■ 注意：一些评测集可能已被广泛使用，导致数据污染。应定期更换评测集（C-EVAL）。

■ 实施建议：（1）结合多个评测基准，全面评估模型在不同方面的能力。（2）开发特定领域的自动评测集，更好地反映实际应用场景。

3. 黑盒对比评测

■ 将模型输出与ChatGPT等知名模型进行对比，或直接使用知名大模型对输出进行打分。

■ 采用人工评分，考虑准确性、流畅性、相关性等多个维度。

■ 实施建议：（1）制定详细的评分标准，确保评分的一致性；（2）使用多名评估者，取平均分以减少主观偏差。

4. 特定任务评估

■ 对于特定任务，如问答系统，可以使用metrics（如准确率、F1分数等）。

■ 考虑使用BLEU、ROUGE等指标评估生成任务的质量。

■ 实施建议：（1）对于问答任务，可以使用精确匹配（Exact Match）和F1分数；（2）对于摘要任务，结合使用ROUGE-1、ROUGE-2和ROUGE-L；（3）对于生成任务，考虑使用人工评估和自动指标相结合的方法。

5. 在线A/B测试

■ 在实际生产环境中进行小规模测试，比较新旧模型的性能。

■ 关注用户反馈和业务指标的变化。

■ 实施建议：（1）设置合适的流量分配比例，如10%新模型、90%旧模型；（2）定义清晰的成功指标，如用户满意度、任务完成率等；（3）准备回滚策略，以应对可能的性能下降。

6. 长期监控

■ 建立模型性能的长期监控机制，跟踪模型在实际应用中的表现。

■ 定期收集用户反馈，识别模型的优势和不足。

■ 实施建议：（1）设置自动化的性能监控仪表盘，实时跟踪关键指标；（2）建立用户反馈渠道，如满意度调查、意见收集表单等；（3）定期进行数据分析，识别模型改进的方向。

大模型+RAG

层级化数据

为提高检索效果，对数据进行层级化处理是一个有效策略，如图1所示。

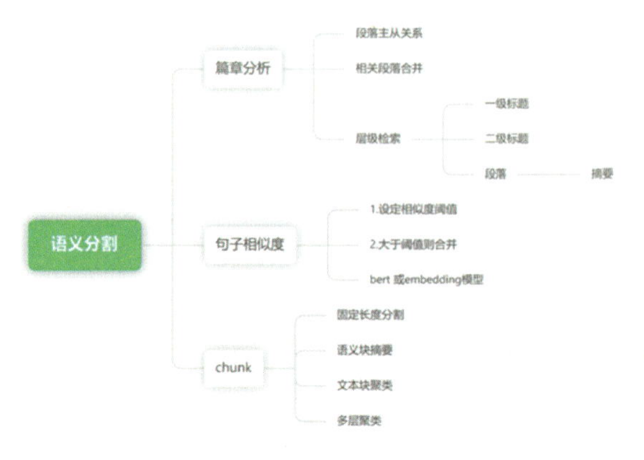

图1 语义分割

1. 篇章级分析

- 分析文档的整体结构，识别主要段落和次要段落。
- 使用TextRank等算法提取关键句，作为段落摘要。
- 合并语义相近的段落，减少冗余。

2. 句子级分析

- 使用句子嵌入模型（如BGE、BCE等）计算句子相似度分数。
- 设定相似度阈值（如0.8），将高于阈值的句子合并。
- 保留独特信息，避免过度合并导致信息丢失。

3. Token级分割

- 根据模型的最大输入长度和数据资料特点（如64-1024 tokens）进行分割。
- 考虑语义完整性，避免在句子中间截断。
- 对于长文档，可以使用滑动窗口技术，确保上下文的连贯性。

4. 多层级存储

- 将不同层级（如C1大标题、C2小标题、C3段落内容）分层存储。
- 使用树状结构或图数据库存储层级关系。
- 在检索时，可以根据查询的复杂度选择合适的层级进行匹配。

RAG模型选择

选择合适的RAG模型对于提高检索质量至关重要：

1. 参考Hugging Face趋势

- 关注下载量高、Star数多的模型。
- 查看最近更新时间，选择活跃维护的项目。

2. 考虑最新Embedding模型

- 如BCE（Bi-Encoder Contrastive Embedding）等新兴模型。
- 评估其在特定领域数据上的表现。

3. 领域适应性

- 考虑模型在特定领域（如金融、医疗）的表现。
- 可能需要对选定模型进行领域适应性训练。

4. 权衡计算资源

- 权衡模型性能和计算资源需求。
- 考虑量化版本，如INT8或INT4，以降低资源需求。

召回/排序优化

为了提升检索质量，可以采取以下优化策略。

1. 混合检索

- 结合字面相似性（如BM25）和语义相似性（基于Embedding）。
- 使用加权方法融合两种相似度分数。

2. 多路召回

- 控制召回数量在50~100个之间，平衡召回率和精确度。
- 使用不同的召回策略，如关键词匹配、语义相似度、TF-IDF等。

3. 重排序

- 使用专用的Rerank模型，如BERT-based双塔模型。
- 选择top k（通常为10~20）作为最终结果。
- 考虑使用Learning to Rank等高级排序算法。

4. 递归检索

- 从小语义块开始，逐步扩大检索范围。
- 利用初步检索结果中的关键信息指导后续检索。

5. Step-back方法

- 对复杂查询先进行抽象，找到更通用的概念。

- 基于抽象概念进行检索，再逐步具体化。

6. 假设文档嵌入

- 根据查询生成假设答案。
- 使用生成的答案作为查询向量，检索相关文档。

Agent及其他

大模型选择与替代方法

选择合适的大模型需要考虑多个因素：

1. 语言需求

- 中文模型：如千问2、GLM、零一等。
- 英文模型：如GPT系列、Llama 3等。
- 其他专用语言模型。

2. 业务需求

- 编程：Code Llama、StarCoder等。
- 图像生成：SDXL、Stable Diffusion等。
- 图像理解：GLM、LLaVA-v1.6等。

3. 功能需求

- Embedding模型：BGE等。
- 意图分类模型：2.7B小模型微调、BERT-based分类器、RoBERTa等。

总的来说，需要考虑语言、业务方向、模型大小与性能平衡、开源闭源商业考虑等。

模型部署上为减少大模型压力，对于高频问题，可采用多层缓存策略：

- 第一层：直接匹配准固定问题答案。
- 第二层：使用小模型处理简单问题。
- 第三层：由大模型处理复杂查询。

Agent应用

在复杂业务流程中，需要谨慎使用多Agent协作。

1. 产品需求整理

- 将复杂流程拆分为清晰的节点和子工作流。
- 为每个节点定义明确的输入输出和处理逻辑。

2. 工作流辅助智能（Copilot）

- 理解系统功能和业务最佳实践。
- 根据用户具体情况给出个性化建议。

3. 业务全流程智能体

- 直接执行建议并呈现效果。
- 与用户交互，获取反馈并优化决策。

例如：在实际应用中，可为不同角色设计专门的Agent，为不同Agent应用采用相同或不同的模型（以下为举例，不作为实际项目建议）：

- 产品经理Agent：协助需求分析和产品规划（复杂规划能力13B以上）。
- 架构师Agent：提供系统设计建议（架构规划能力13B以上）。
- 项目经理Agent：协助项目进度管理和风险控制（项目管控能力7B以上）。
- 开发工程师Agent：辅助代码编写和问题排查（代码能力34B以上）。
- QA工程师Agent：协助测试用例设计和缺陷分析（测试能力34B以上）。

多Agent需要注意的问题

1. 知识共享机制

- 建立共享知识库，允许不同Agent访问和更新共同的信息。
- 使用知识图谱技术，构建领域知识的结构化表示。

2. 冲突解决

- 实现基于优先级的决策机制，解决Agent间的冲突。
- 设计人机协作接口，允许人类专家介入解决复杂冲突。

3. 持续学习

- 实现联邦学习框架，允许各Agent在保护隐私的前提下共享学习成果。
- 使用在线学习技术，使Agent能够从实时交互中不断优化。

结语

大模型技术在企业应用中展现出了巨大的潜力，但同时也面临着数据质量、模型适应性、资源消耗等多方面的挑战。通过本文介绍的数据构建策略、精细的微调方法、优化的RAG技术以及灵活的Agent应用，企业可以显著提升大模型在实际业务场景中的表现。

未来，随着技术的不断进步，我们有理由相信大模型将在更多领域发挥重要作用，推动企业智能化转型。然而，成功应用大模型技术不仅需要技术创新，还需要深入理解业务需求，不断优化和迭代。企业在采用这些技术时，应当建立完善的评估体系，确保模型输出的可靠性和安全性，同时也要注意数据隐私和道德问题。

关键行动点：

- 建立跨部门的AI应用团队，确保技术实施与业务目标紧密结合。
- 投资持续的数据质量改善计划，为大模型应用奠定坚实基础。
- 实施严格的模型评估和监控机制，及时发现和解决问题。
- 重视AI数据隐私，建立相应的政策和审查机制。
- 鼓励创新文化，允许试错和快速迭代，以充分发掘大模型的潜力。

只有将技术创新与业务实践紧密结合，才能真正发挥大模型的价值，为企业创造持续的竞争优势。在这个AI驱动的新时代，企业需要保持开放和学习的心态，积极拥抱变革，才能在竞争中脱颖而出。

吴岸城

北京衍数科技CTO，拥有20多年研发经验的技术专家，出版了3本算法相关书籍，在人工智能、大数据和深度学习等领域有深厚的技术积累；北京衍数科技致力于推动大模型算法的实际应用落地，并提供高质量的AI技术培训服务。

大模型（LLM）与小模型（SLM）的互助：模型蒸馏及投机解码

文 | 张俊林

大模型因其庞大的参数量能够捕捉到数据中的复杂模式，并具备强大的逻辑推理能力；小模型则以其小巧灵活的特点，在推理速度和资源消耗上占据优势。然而，单一模型难以兼顾高性能与低能耗的需求，基于此，本文深入探讨了大模型和小模型在实际应用中的协同作用，并揭示它们如何在复杂任务中相辅相成。

在深度学习领域，大模型（LLM）和小模型（SLM）各有其特点和优势。为了结合两者的优势，大模型和小模型可以相互合作，弥补各自缺点，发挥各自优点，从而在不同的应用场景中实现效果接近大模型、而推理成本更经济的解决方案。本文介绍已被业界广泛采用的两项大小模型协作策略：模型蒸馏及投机解码。

SLM模型训练阶段：模型蒸馏（Model Distillation）

“模型蒸馏”是在深度学习中常用的一种模型间的知识迁移方法，它允许我们将一个庞大且复杂的模型（教师模型）中的知识有效地传递给一个结构更简单、体积更小的模型（学生模型），这样做的目的是让较小模型在保持小尺寸的同时，能够具备接近较大模型的效果。

在大模型的研究与应用领域，这一过程主要通过将一个功能强大但计算成本较高的大模型的知识迁移到一个规模较小、功能相对较弱的模型上，从而增强后者在逻辑推理、编程、数学等复杂领域的能力。这种蒸馏过程既在预训练阶段（Pre-Training）发挥作用，也可以在后训练（Post-Training）阶段进一步优化小模型的性能。

具体实施模型蒸馏的步骤如下：首先，需要准备好作为知识源的“教师模型”和一个效果待提升的“学生模型”。“教师模型”通常是规模达到70B参数甚至更大的LLM，而“学生模型”则是参数量小于9B的SLM。随后，利用“教师模型”处理预训练数据集，并生成软标签（Soft Label），这些软标签反映了“教师模型”在预测下一个Token时对Token词典中词汇表每个Token的置信度，也是大模型内部的隐含知识。接下来，设计一个包含软标签损失和硬标签损失的复合损失函数，用以评估“学生模型”与“教师模型”输出之间的差异。最终，通过训练，使“学生模型”学习并模仿“教师模型”的预测行为，实现知识从大模型到小模型的迁移。

“模型蒸馏”的好处体现在多个方面。它不仅能够使SLM变得更加轻量化，减少模型的训练和计算负担，还能够有效提高推理速度，降低整体的能耗和成本。此外，通过蒸馏过程，SLM能够在“教师模型”的引导下学习到泛化的知识，这有助于提升模型在处理未见过的新数据时的性能表现。

谷歌 Gemma 2的蒸馏方法

我们以谷歌在训练Gemma 2 SLM时采用的具体“模型蒸馏”方法为例介绍，图1右侧展示了这一过程。左图是不用“模型蒸馏”正常训练SLM的标准流程，SLM使用大量未标注数据，通过Next Token预测，经过Softmax函数计算出下一个Token的概率分布（图中例子是当前要预测的正确Token为eat时的情形），之后和标准答案（Ground Truth=eat）进行对比，使用多分类（Token词典大小就是分类的总类别数，每个Token一个类别，上图假设Token词典大小为5）交叉熵作为损失函数来训练SLM模型。

谷歌在训练Gemma 2的2.6B和9B模型的时候，采用了“模型蒸馏”方法，以27B的大模型作为“教师”，2.6B或9B模型作为“学生”，明显提升了小模型的效果。“教师模型”对原始无标注的训练数据做了标注，也就是说，对于每个位置的Token，“教师模型”输出它自己在预测这个位置的Token时词典中所有Token的生成概率，形成概率分布，以此作为大模型内部的知识，计划传递给SLM。而SLM此时在预训练时的预测目标已经不再是下一个正确Token（这就是硬标签Hard Label），而是“教师模型”输出的在这个位置Token（图中例子是预测Token=eat的情形）对应的可能的Token概率分布。蒸馏采用的损失函数也是多分类交叉熵，和SLM单独训练损失函数的主要区别是：原先SLM的标准答案只有一个Token（硬标签Token生成概率为1，其他Token生成概率为0的特殊概率分布），而现在需要学习所有Token的概率分布。可以看出，谷歌的“模型蒸馏”方法完全没有使用硬标签，这还是很少见的一种做法。

经过如此蒸馏，SLM就可以学到LLM的内部知识，以此来强化SLM自身的能力。当然，上面做法如果原始训练数据都增补对应的Token概率分布信息，训练数据体积将暴增，因为目前Token 词典都很大，至少包含10几万个Token。也就是说，如果Token词典中出现的所有Token的生成概率信息都保留，训练数据将暴增为原先的10几万倍（这是理论推断，一般情况下绝大部分Token生成概率接近0，有较大生成概率的Token数并不多，所以实际上没有这么大），为了减少数据量，谷歌在记录“教师”输出的概率分布时，做了抽样，这样可以有效减小训练数据规模。

LLM模型推理阶段：投机解码（Speculative Decoding）

“投机解码”是大模型推理（Inference）提速的有效手段，在实际应用中，通常能提升2到3倍的推理速度，且理论上能保证生成内容质量与大模型LLM单独生成内容完全一致，目前常用的LLM推理引擎比如vLLM等都包含投机解码策略的配置。

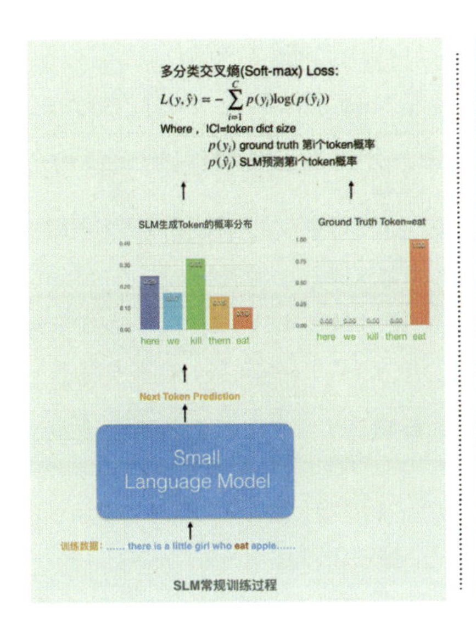

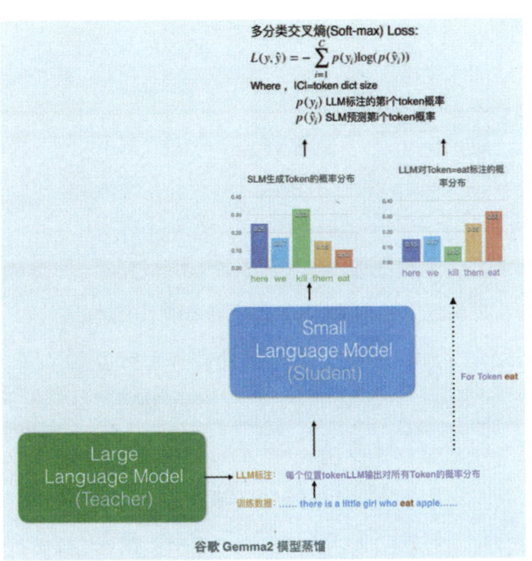

图1 SLM常规训练 vs. 模型蒸馏

LLM推理的Prefill&Decoding两阶段过程

大语言模型（LLM）的推理过程通常分为两个关键阶段：Prefill（预填充）和Decoding（解码）。在Prefill阶段，LLM对用户输入的提示（Prompt）进行处理，生成所有Token的Multi-Head Attention（MHA）对应的Key和Value数值，并存放在KV Cache缓存中。这样做的目的是在Decoding阶段产生后续Token时，KV Cache能极大提升MHA计算的效率（KV Cache计算一次，缓存起来之后，后续Token计算MHA时都可以重复使用，不用重复计算）。由于此阶段Prompt内容已知，所以Transformer能够同时并行处理提示词Token，这样能充分利用GPU的并行处理优势，是一个典型的计算密集型操作阶段。相对地，在Decoding阶段，模型按先后顺序依次生成响应中的每个后续Token，一次正向推理过程只能产生一个Token，无法并行化计算，这一过程对内存带宽有较高要求，因为即使只算一个Token也需要把模型所有参数加载到显存中，而对计算资源的需求则相对较少，GPU读取数据花费时间比计算花费的时间更长，所以是一个“访存瓶颈型”操作。在资源使用上，Prefill阶段受限于计算能力，而Decoding阶段则受限于内存带宽。这表明，尽管Prefill阶段可以有效使用GPU的计算资源，但Decoding阶段却因无法并行计算的限制而不能完全发挥GPU的潜力，也严重阻碍了推理过程的速度。

投机解码基本原理

投机解码的核心思想是融合小模型（SLM）生成内容速度快、成本低及大模型（LLM）生成质量好两者的优点，很多生成内容是比较“容易”的，小模型其实也能做对，所以“容易”的内容可以靠SLM生成，困难的内容再由LLM来生成，两者分工协作来充分发挥各自优点。因此，在推理的Decoding阶段，“投机解码”采取“Draft-then-Verify”模式：由小模型先生成一段草稿（Draft），然后交由大模型对草稿进行验证（Verify），“容易”的内容LLM验证通过直接采纳，困难或错误的内容由LLM进行修正。

这里有个问题：如果按照上述策略，与完全由LLM独立生成内容的策略来比的话，看上去SLM生成的所有内容LLM必须都要跑一遍，那不论是否采用“投机解码”，LLM的总体计算量并无差异，而且还多出了SLM运算的时间，看上去总体计算量反而加大了。那为何使用“投机解码”能对推理过程整体提速呢？因为大模型在验证时可对草稿片段并行生成并验证，摆脱了Decoding阶段只能逐个生成Token的局限，可充分利用被闲置GPU资源的并行计算能力，比如假设草稿片段包含4个Token，那么大模型进行一次前向推理，可并发验证4个Token，最优情况下（验证的Token全部正确）LLM的推理速度可以提升4到5倍（LLM在验证时会多生成一个后续的Token）。可以看出，“投机解码”的总体计算量其实是增加了的，提速主要是充分利用了Decoding阶段GPU的并行计算能力而来的。

图2展示了“投机解码”是如何联合采用SLM和LLM来加快推理速度的，分为五步：

第一步：SLM生成草稿（Draft）。SLM接收用户输入的Prompt（例如：“long long ago, there is a little”），并序列生成包含k个Token（比如k=4）的草稿（例如：“girl who kill apple”）。

第二步：将SLM生成的草稿传递给LLM进行验证。

第三步：LLM并行计算。LLM执行一次前向推理，并行对草稿中的4个Token进行计算，形成LLM自己对应位置生成内容的概率分布，这是提高LLM推理速度的关键步骤。

第四步：LLM对草稿进行验证与修正。LLM根据自己生成的内容对草稿中的Token由前向后顺序逐一进行验证，保留LLM和SLM生成内容一致的Token（例如：“girl”和“who”），并对第一个被发现不一致的Token进行修正（例如：将SLM生成的“kill”修正为LLM生成的“eat”），同时，将从错误Token点开始舍弃之后所有由SLM生成的内容，因为之后内容是参照了错误token生成的，出错概率很大。

第五步：继续生成。将经过LLM验证和修正的Token集返回给SLM，SLM基于这些正确的Token继续生成后续的草稿。

通过循环执行这5个步骤，SLM和LLM协同工作，逐步生成高质量的内容。如果LLM的验证和修正策略设计得当，SLM和LLM联合生成的内容在理论上可以与LLM单独生成的内容保持完全一致，从而在获得2到3倍提速的前提下，仍能确保生成内容的质量。

投机采样（Speculative Sampling）

在“投机解码”几个步骤里，其他几步相对常规，在第四步采取何种策略来对草稿内容进行验证与修正比较关键，这里可以采取各种不同策略，而如果采用“投机采样”，则可确保SLM与LLM搭配生成的内容和由LLM单独生成结果保持完全一致。所以这里简单介绍下“投机采样”的工作机制。

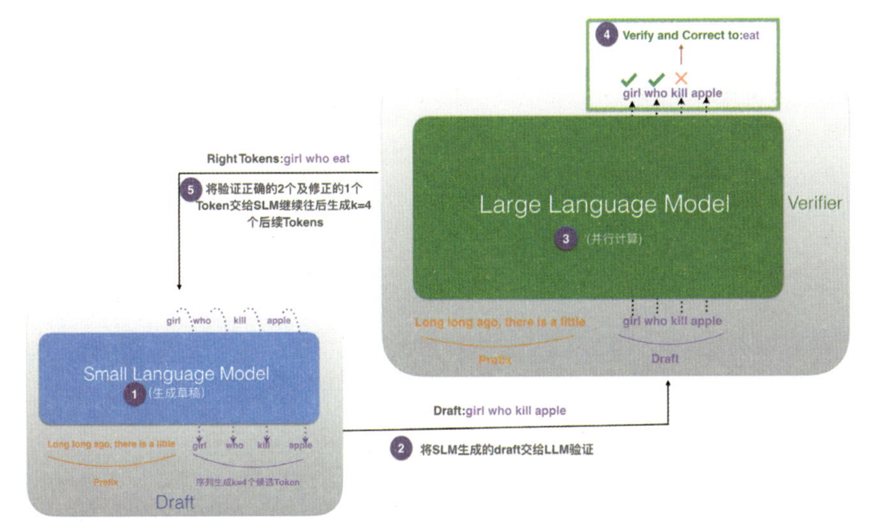

图2 “投机解码”原理示意图

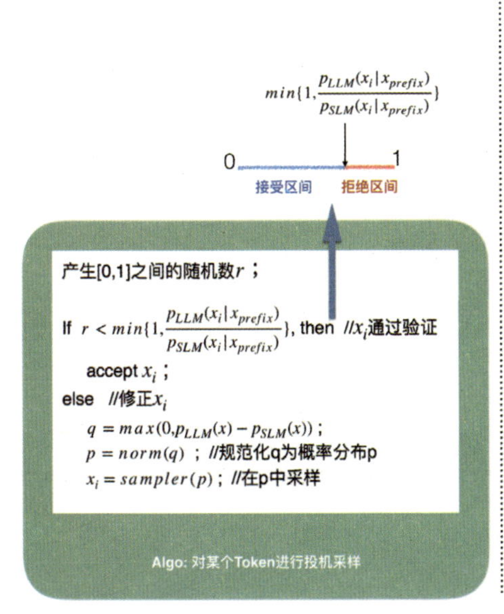

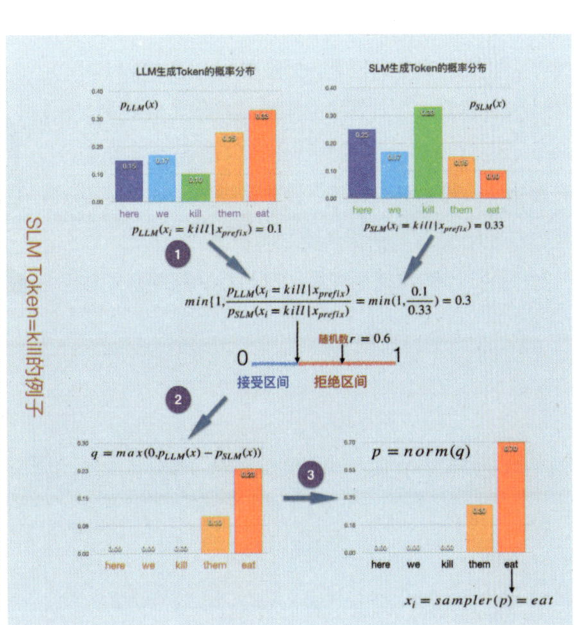

图3 投机采样流程及示例

图3左侧展示了采用“投机采样”来对某个SLM产生的Token进行验证与修正的运行流程。在验证阶段，需要比较LLM和SLM生成同一个Token的概率大小，LLM生成某个Token相对SLM来说可能性越大，说明SLM对这个Token低估越严重，则这个Token被LLM接受的概率越高。从概念上可以理解为两者的比例在0到1的数值区间划分出了“接受区间”和“拒绝区间”的分界线，两者比例越高，则分界线越往右侧移动，随机数落入接受区间概率越大，意味着这个Token被LLM接受概率越大。可以看出，如果LLM生成某个Token概率比SLM生成概率高，则两者比值大于1，边界线移动到右侧顶端也就是1的位置，这意味着LLM百分之百接受这个SLM生成的Token。而如果SLM和LLM生成概率很接近，则两者比例也接近于1，大概率也会被LLM接受。只有LLM认为生成这个Token可能性很小，而SLM认为可能性大的时候，两者比值才会越小，被拒绝的概率越大。而如果某个SLM生成的Token被LLM拒绝，则LLM会产生一个正确的Token返回给SLM，具体流程可以参考上图右侧当SLM产生的Token=kill被LLM修正为eat的示意图，机制较好理解，这里就不展开阐述了。

从投机解码的原理可以看出，有若干因素影响整体的推理效率。比如SLM模型规模多大比较好？如果SLM模型规模大了，则其生成质量提升，于是草稿内容中被LLM接受的比例就增高，看上去好像能提高整体生成效率。但另一方面，SLM模型规模增大，其推理速度就会变慢，而这也会拖慢“投机解码”的整体推理效率。所以SLM模型规模需要在效果和速度之间进行均衡考虑，目前研究结论是：当SLM模型规模比LLM小10到20倍则整体效率最优。比如若LLM模型规模是70B，则SLM规模在3B到7B之间为好。

再比如，对于同一个输入Prompt，如果SLM的输出内容能尽量和LLM的输出保持对齐，则明显LLM接受草稿内容比例会得到提升，能提高“投机解码”推理效率。所以，在搭配SLM和LLM时，如果采用不同大小的同源模型，比如LLaMa 7B和LLaMa 70B，则两者在内容对齐方面会更好，因为一般两者采用的训练数据和训练方法都是类似的。如果无法找到同源的模型，则可以通过上述的“模型蒸馏”来使用LLM调教SLM，让它的输出尽量和LLM保持一致。这都是能够提升推理效率的有效策略。

由上文所述可看出，SLM和LLM天然具备各自优势，也有互补的可能性，两者协作不仅可以提高小模型的效果，还能提升大模型的推理效率。小模型（SLM）与大语言模型（LLM）的结合使用，是人工智能领域一个充满潜力的发展方向。随着技术的发展，预计未来将出现更多创新性的模型融合方式，以及更高效的SLM和LLM协作策略。这不仅能够推动人工智能技术的进步，还将为各种应用带来新的机遇。

张俊林

中国中文信息学会理事，目前是新浪微博新技术研发负责人。博士毕业于中国科学院软件研究所，主要的专业兴趣集中在自然语言处理及推荐搜索等方向，喜欢新技术并乐于做技术分享，著有《这就是搜索引擎》《大数据日知录》，广受读者好评。

跨平台高性能边端AI推理部署框架的应用与实践

文 | 陈晓涛

在AI技术飞速发展的今天，跨平台的边端AI推理部署已成为智能设备应用的关键。本文作者以“一次开发一键部署”为目标，与团队设计开发了一款支持多硬件、灵活易用的高性能边端AI推理部署框架。亮点在于其高度的模块化设计，实现了算法逻辑与底层硬件的解耦，极大地提升了开发效率和算法的可移植性。对于追求高性能、高复用率的AI开发者而言值得一读。

背景介绍

目前，视觉算法在多种应用场景的普及程度非常高，主要包括人脸识别、扫码支付、车牌识别、无人驾驶、智能门锁、智能笔等，都是在日常生活中或多或少能接触到的。而在美团的诸多业务场景中，比如，停车摄像头，电单车用户在骑行完后要还车，系统需判断还车是否符合规定，有没有停在要求停放的区域内；自动车安全员监控，类似于司机监控系统；骑行交规，电单车用户在骑行过程中，需要规范其行为，判断是否闯红灯、逆行等。

以上这些应用场景，其实都是基于图像分类、目标检测、图像分割、关键点检测、文字识别等诸多基础算法任务组合实现的。相同的算法任务，其算法逻辑基本一样，比如目标检测模型YOLO，既能做人脸检测，也可以做人体检测和车辆车牌检测。基于算法任务去开发，可以大大减少开发量，提高代码复用率。

算法模型一般都运行在NPU上，在边端硬件层，包含了芯片、NPU算力、推理库和量化工具等关键部分，尽管不同硬件厂商提供的推理库和量化工具各异，但它们的NPU一般只支持INT8，这就要求模型必须经过INT8量化才能在NPU上跑。INT8量化是模型生产阶段的一部分，由于每家硬件的量化工具不同，如果在各硬件平台上运行的量化模型都需要使用它们对应的量化工具，工作量和学习成本会非常大。还有一点是生产了INT8模型后，需要拿该模型和原始的FP32模型在测试集上进行精度对齐，这部分工作量也很大。

为什么我们需要实现NPU量化部署？表1显示了不同模型分别跑在NPU和CPU上的性能数据，可以看到NPU相对于CPU有数量级的性能提升。随着模型越大，性能提升越明显。在一些边端实时性要求较高的场景下，NPU推理是必不可少的。

任务类型	模型结构	模型大小（MB）	输入尺寸	CPU（ms）	NPU（ms）	CPU / NPU
检测	YOLOv5	6.8	320 * 320	45.726	6.125	7.47
检测	YOLOv5	27	640 * 640	601.434	32.896	18.28
检测	RotatedRetinaNet(R50)	148	1024 * 1024	16019.959	352.258	45.48
分类	ResNet50	119	1024 * 1024	13012.164	529.226	24.59
分类	FANET	53	32 * 240	187.557	19.514	9.61

表1 模型性能数据

而屏蔽硬件差异的必要性则有三点。首先算法逻辑本身与硬件无关，例如人脸验证算法流程（人脸检测→质量/活体判断→特征提取）中并没有硬件相关内容，所以在算法开发过程中也应屏蔽底层硬件与算法逻辑的差异。其次算法存在多端部署需求，如人脸验证在手机、嵌入式设备、地铁口和打卡机等多场景中都有应用。针对每种硬件单独开发算法工作量大，维护成本高，因此必须屏蔽硬件差异。最后，产品迭代或降本需求可能需要更低端硬件，如果不屏蔽硬件差异，更新硬件时相当于重新开发算法，成本大。

如图1所示的边端硬件算法部署流程，主要是量化模型生产、精度对齐和算法SDK开发三个部分。首先，我们拿到算法同学训练好的FP32模型，基于对应厂商的量化工具进行量化配置和校正数据集，得到量化模型。接着需要做精度对齐，基于对应推理库开发测试程序，在测试集上得到精度指标，判断和原始FP32模型的差异，确定是否达到上线要求。如果达标，基于量化模型开发SDK上线。如果精度不达标，需定位量化掉点问题，调整量化策略或数据集，直到精度达标。

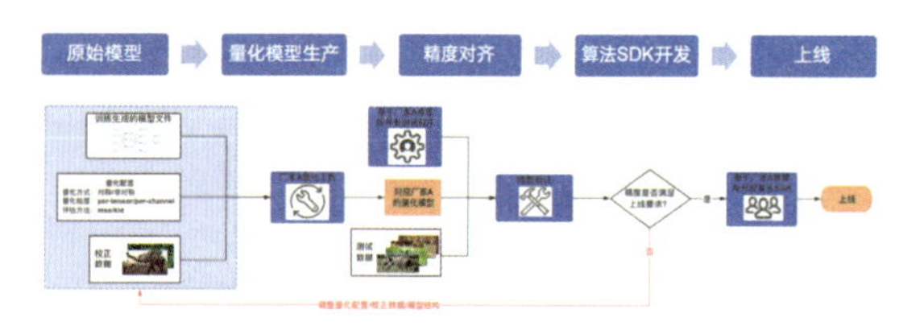

图1 边端硬件算法部署流程

整个过程工作量包括：基于厂家的量化工具生产量化模型，基于推理库开发精度验证程序，基于推理库开发算法SDK，以及搭建编译和运行环境。每种硬件推理库和量化工具不同，导致每种硬件都需走一套流程，费时费力，难度大。针对这个问题，我们对边端部署框架的期望就呼之欲出了：

- 首先是一次开发一键部署到任意硬件，具体部署框架需要屏蔽各类硬件推理库的差异。
- 一次量化，生产任意硬件平台量化模型：量化模型生产阶段需要一次量化生产任意平台模型，整合不同量化工具的差异。
- 简化精度对齐流程，开发简单、低门槛的精度验证程序，减小对齐成本。
- 确保各类硬件性能充分释放，能够无损地配置各类硬件性能相关的超参。

综上，从不同业务需求和硬件成本等方面考量，需要在不同硬件上部署各类AI算法，实现一套算法在一次开发后能够一键部署到任意硬件上的目标。那么，我们需要解决两方面的问题，分别是：在算法开发阶段，需要屏蔽底层硬件和算法逻辑的差异；在模型生产阶段，需要屏蔽不同量化工具的差异，同时简化精度对齐流程。

为了将算法与底层硬件隔离，使得算法可以一键部署到任意硬件，我们设计开发了一款支持多硬件、灵活易用的高性能边端AI推理部署框架。该框架可极大提高算法部署效率，具有高度可扩展性，可持续新增新硬件和推理后端。目前框架已支持分类、检测、分割、关键点、OCR等主流视觉任务的AI模型，支持的硬件包括瑞芯微RV1106/RV1126/RK3588、爱芯AX620U/AX650N、全志V851、Android Arm等7大类常见硬件。

框架设计与实现

如图2所示的整体框架架构图，底层是各类硬件平台，上层是不同系统平台，再之上是各类硬件提供的推理库、封装的MTBase推理抽象层，到基于MTBase开发、实现与底层硬件无关的基础算法。业务SDK基于算法核心模块开发，关注业务逻辑实现。其他部分包括数据处理部分的预处理和后处理实现，工具组件的MTNN-IoT量化工具、Python推理工具、交叉编译工具等。

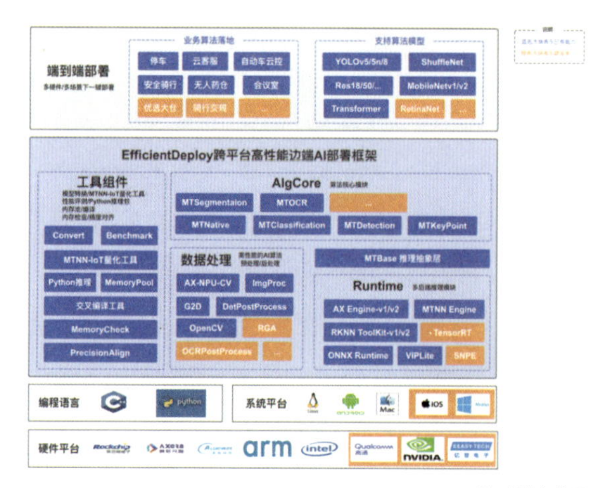

图2 整体架构图

前面我们所说的对边端部署框架的四点期望是如何实现的呢?

■ 屏蔽硬件推理库接口的差异，在MTBase推理抽样层，将底层硬件推理库和上层算法实现完全屏蔽开。

■ 统一整合硬件量化工具，通过MTNN-IoT量化工具实现。

■ 简化精度对齐流程，通过Python推理包实现。图1的边端硬件算法部署流程中提到，精度验证需要基于厂商的推理库去开发对应的C++程序跑测试集的精度，而现在我们通过一个Python推理包就可以完成这项工作。

■ 最后是无损配置各类硬件性能相关的超参。

接下来我们详细来看各模块的具体实现。首先是业务算法如何屏蔽底层硬件差异，我们采用如图3所示的三层结构。底层是各类硬件厂商的推理库，通过MTBase推理抽象层屏蔽硬件差异。在核心算法层包括分类、检测、分割、关键点等任务，基于MTBase开发，天然地与底层硬件无关。由于MTBase只包含基础推理的一些功能，结合数据处理就能够组合出分类、检测、分割算法。业务SDK层基于算法核心模块开发，关注业务逻辑。这三层是解耦开的，每一层的模块都能够独立扩展，MTBase新增新硬件后端，AlgCore新增算法任务，业务SDK新增业务。

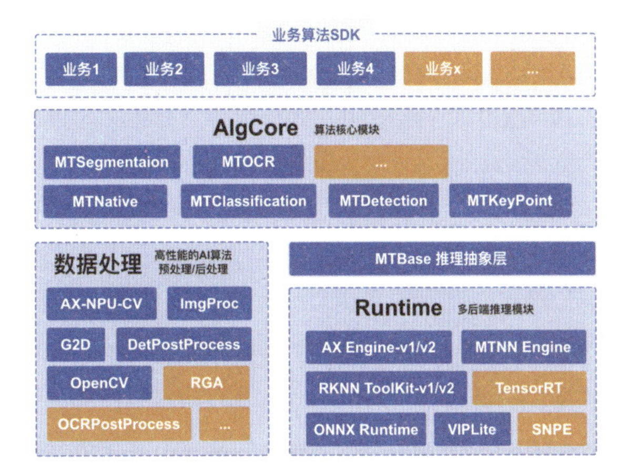

图3 业务算法三层架构

接着我们来看一下具体设计，如图4所示，在MTBase接口层，通过实现MTBase接口屏蔽硬件差异，新增硬件后端简单高效。接着在基础算法模块AlgCore层，基于MTBase接口串联算法逻辑，接口类似，包括load model、inference、destroy等。不同算法任务后处理有细微差异，通过新增对应的子实例支持。上层业务接口一致，方便业务算法层调用。到业务层，基于这些基础的算法模块，只需要关注自身的业务逻辑，无须关注算法任务底层的实现逻辑。

为什么我们需要MTBase接口？我们有大量的接口主要是为了方便基础算法层获取模型信息，适配不同硬件模

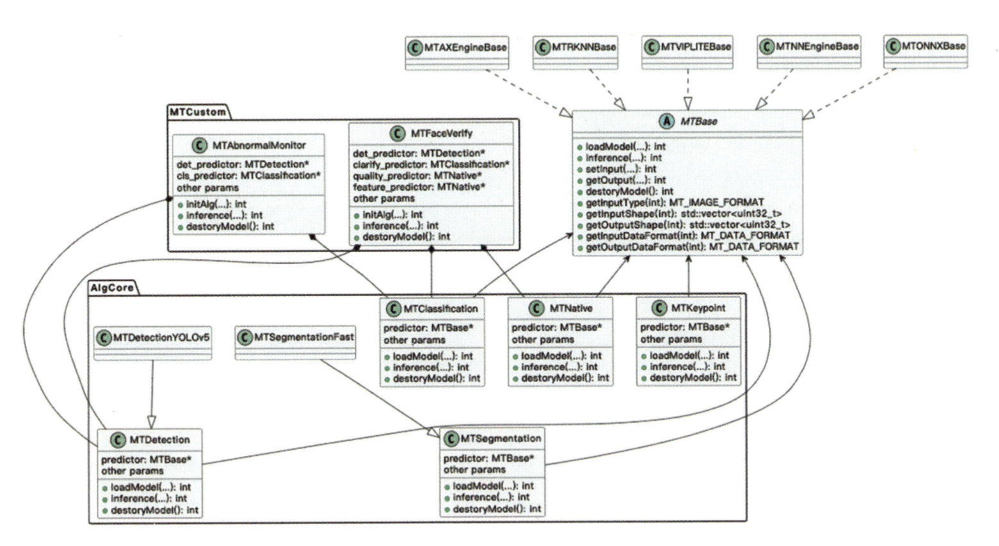

图4 具体设计

型差异，比如瑞芯微、爱芯、全志等的硬件类型、数据排布、输入图像格式、输出数据类型等都有差异。对于基础算法层拿到底层硬件给的Tensor后，如何正确地进行解析？就需要通过这些接口拿到对应的信息，从而完成解析工作。

在AlgCore基础算法模块方面，具体实例包括：

- MTNative：适用于无后处理模型，如特征提取。
- MTDetection：适用于各类YOLO模型，包括YOLOv5、YOLOv8、YOLOX系列模型。
- MTClassification：适用于任意单输出分类模型。
- MTSegmentation：适用于单输出的分割模型，这里有两个子实例：SegNormal，基于浮点输出upsample到图像的模型输入的尺寸，再逐像素地做ArcMax；SegFast，基于INT8输出直接分割，不做upsample，分割的精度指标可能会掉一点。

各类子实例对外接口相同，上层业务只需要基于不同模型的性能考虑，选择最优任务子实例实现业务逻辑的串联即可。

在数据处理层面，主要包括如图3所示的7个部分。ImgProc是我们维护的一套C++源码库，包含图像格式转换、缩放等基本操作，给各类硬件提供基础的图像处理功能；AX-NPU-CV（爱芯）、G2D（全志）、RGA（瑞芯微）是对应的硬件厂商提供的图像处理单元；裁剪后的开源OpenCV库支持多平台；DetPostProcess是我们整合的各类检测算法相关的后处理，包括NMS、generate-proposals、数据格式转换等；OCRPostProcess是文字识别算法相关的后处理实现。

需要特别说明的是，ImgProc支持全平台，当我们新增硬件实现在MTBase里，结合ImgProc就可以把上层所有算法一键部署到新硬件上来，非常高效。但当你追求极致性能同时希望降低CPU利用率时，ImgProc就不太适用，这时可以替换成对应硬件厂家特有的图像处理单元，代替ImgProc进行图像处理。在某些存储和内存受限的极低端的设备上，可能会受设备存储、内存限制，无法引入第三方库，比如即使是经过裁剪后的OpenCV库可能也有大几十兆，在一些比较低端的芯片上，由于成本考虑是不允许被引入的，这就要求我们对相关的实现都自行去实现对应的一些前处理后处理的逻辑，所以在整个库里许多传统的图像处理算法都是自己用C++实现的。

硬件性能如何充分发挥？一个原则是基于EfficientDeploy开发的算法性能，要与基于原生推理库开发的算法性能基本一致。这就要求我们能够无损配置各类硬件性能相关的超参。比如，瑞芯微RK3588、爱芯AX650N的NPU是多核结构，那么影响它们性能相关的因素就是NPU核数，可以配置模型跑几个NPU核或者跑在哪个NPU核上。由美团内部维护的推理引擎MTNN-Engine支持CPU、OpenCL、DSP，同样也需要能进行对应配置。ONNXRuntime的可配置参数是CPU线程数，我们通过Engine Config就能配置相关超参。

在编译工具链方面，不同硬件有不同的硬件架构、系统平台、编译工具链。由于需要整合这些差异，我们自行开发了一套交叉编译工具。如图5的第一个示例，编译云客服算法到RV1126上，只需要指定系统平台、推理后端及算法，就可以一键编译。

```
# 以下指令表示：基于RV1126平台编译云客服算法SDK和相关测试程序。
./script/build.sh --platform=armlinux --engine=rk --alg_type=custom --build_examples=true

# 以下指令表示：基于AX620U平台编译云客服算法SDK。
./script/build.sh --platform=armlinux --engine=ax --alg_type=custom

# 以下指令表示：基于x86linux平台和ONNX Runtime后端编译停车摄像头算法SDK和相关测试程序。
./script/build.sh --platform=x86linux --engine=ort --alg_type=parking --build_examples=true
```

图5 编译示例

模型生产和对齐

在模型生产和对齐方面，首先是MTNN-IoT模型量化工具，如图6所示，前面我们提到不同硬件厂商的量化工具、使用方式都不一样，这必然导致学习成本和生产模型成本成倍增加。其次，虽然工具不同，但量化原理和输入信息类似，比如都需要输入量化配置，告诉工具是需要做对称还是非对称，INT8还是INT16，还有量化数据集。通过整合不同硬件的量化工具，统一输入格式，从而在模型生产阶段，达到了一次配置就能生产任意硬件模型的效果。

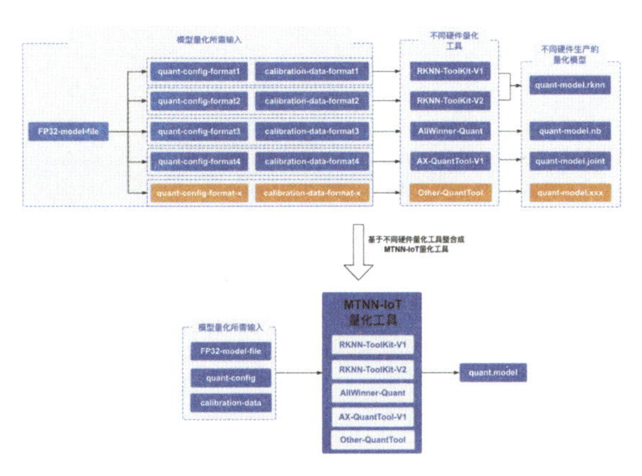

图6 MTNN-IoT模型量化工具逻辑

量化模型需进行精度验证，难点在于算法同学没有IoT/C++开发经验，开发测试程序难度大，而推理部署同学对算法了解不够，无法自行评测各类算法精度指标。为此，我们开发了一个Python推理包PyKit，方便算法同学在Python层将量化模型跑在对应硬件上。

参见图7的PyKit示意图，右边是我们部署在各类硬件上的服务器，能响应各类算法任务，算法同学在客户端通过一些简单的API就能将量化模型以及图片数据网络传输到对应服务器，服务器完成推理将结果返回。这样做的好处包括：开发工作量小，在AlgCore基础上只需要增加网络响应代码就能搭建出服务器；一次开发，支持任意硬件部署；算法同学可复用Python评测代码。

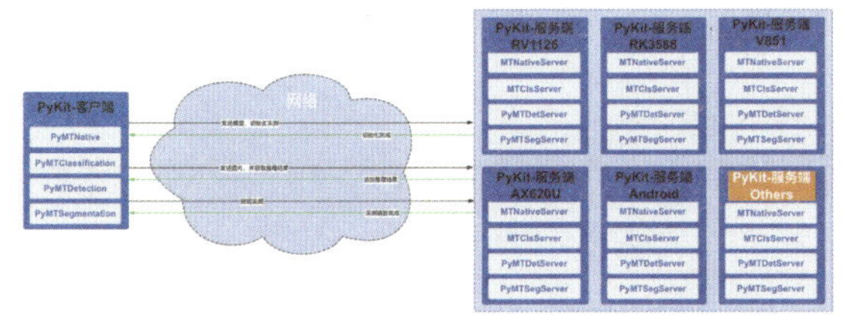

图7 PyKit示意图

PyKit里有5个主要实例，分别是：评测任意模型推理性能的benchModel，支持AlgCore中Native实例推理的Native，支持AlgCore中Classification实例推理的Classification，支持AlgCore中所有Detection子实例推理的Detection，支持AlgCore中所有Segmentation子实例推理的Segmentation。

在此以一个具体的检测算法实例来看，包括加载模型、初始化连接、推理和销毁，图8的代码是一个具体的Demo，通过检测算法的类型得到一个检测算法的实例，连接远程的硬件后加载模型，就可以读取图片、推理得到对应结果，继而做对应的精度指标的计算或可视化，最后对实例进行销毁。

```
# 根据算法类型获取对应推理实例
instance = MTKit.MTPyDetect(Detection_type)

# 连接远程硬件设备
if instance.initRuntime(remoteIP, port) < 0:
    print("{}:{} socket connect failed".format(remoteIP, port))
    exit(-1)

# 加载模型初始化
if instance.loadModel(model_path, strides, anchors, \
                      len(CLASSES), SCORE_THRESH, NMS_THRESH, MEAN, STD, \
                       Picture_Process_Type, Picture_rotation_Angle) < 0:
    print("load model failed")
    exit(-1)

# 读取图片
src_img = cv2.imread(IMG_PATH)
img = cv2.cvtColor(src_img, cv2.COLOR_BGR2RGB)

# 基于图片数据和其他超参进行推理，得到对应结果
result = instance.inference(img.flatten().tolist(), img.shape[0], img.shape[1], \
                            Picture_Type, isObjConfidence, nmsPerCls)

# 销毁推理实例
instance.destroyModel()
```

图8 PyKit实例

在量化模型生产过程中，我们也遇到了一些非常棘手的问题。最主要的就是算法同学提供的原始模型，很多是无法直接量化的，一是算子不支持，因为硬件厂商的工具链完备性没办法和TensorRT相比，必然存在一些小众的算子不支持。二是存在精度掉点的问题，可能是工具链存在Bug或算子本身不适合量化导致的。对此，我们的解决方案是对模型进行裁剪，有一些关键逻辑我们在C++中自行实现即可。

性能优化

性能优化首先是对硬件预处理的优化，表2列举了我们在全志V851和爱芯AX620U上的一些性能优化数据，可以看到在不同的预处理方式下，用CPU预处理和用硬件预处理的性能耗时基本都是减半的状态，并且CPU利用率显著降低。因此在对性能有极致要求的情况下，我们就可以用对应厂商提供的硬件预处理来提升整体的推

理性能，但其劣势在于不同厂商的硬件预处理不同，导致我们需要针对不同的硬件厂商各自优化，开发成本相较而言会更高。

硬件平台	预处理方式	输入尺寸	输出尺寸	CPU预处理		硬件预处理	
				预处理耗时（ms）	CPU利用率（%）	预处理耗时（ms）	CPU利用率（%）
V851	letterbox	480*800	256*256	8.88	36.1	5.24	13.3
	resize	720*1280	288*512	13.23	38.6	7.04	12.9
AX620U	resize	720*1280	192*320	8.54	20.1	4.79	16.9
	resize	144*120	224*224	3.03	16.9	1.97	11.3

表2 硬件预处理性能优化数据

第二点是RK3588多核推理，RK3588是多核结构，有三个核，每个核有两T的算力，总共算力有6T。表3展示了我们的实验数据，我们的一个算法模型跑在一个NPU核上，它的推理耗时是32.581ms，NPU利用率为44%。当我们把一个算法模型跑在3个NPU核上时，性能反而降低很多。这就说明RK3588单模型跑在多核上性能是明显下降的，而单模型跑单核的性能是最优的，那么如何充分地利用它的多核能力？很自然的想法是起三个实例分别跑在对应的NPU核上，每个实例的耗时与单实例跑一个核类似，吞吐量就能提升三倍。由此验证，通过多实例跑多核，可在不影响时延情况下，显著提升推理吞吐量。后来经过我们再实验发现，NPU利用率其实还是没有打满，主要是因为模型较小，这种情况下，一个核上跑多个实例性能也能成倍提升，同时也不影响推理耗时。即NPU利用率如果没有达到90%以上的话，完全可以把多个实例跑在一个NPU核上。

推理实例数	NPU core配置	单实例推理耗时（ms）	性能提升（%）	NPU利用率
1	NPU0	32.581	-	Core0: 44%, Core1: 0%, Core2: 0%
1	NPU0&1&2	86.234	-164.6	Core0: 29%, Core1: 22%, Core2: 22%
3	NPU0&1&2	30.764	316.7	Core0: 40%, Core1: 44%, Core2: 44%

表3 RK3588多核推理数据

第三是多模型共享内存的优化，其原理是多模型复用推理过程中的临时buff，如计算buff、输入输出buff等。表4是我们在V851上的一些实验数据，比如我们需要跑5个模型，单独跑的话总内存占用为39.3MB，而通过共享模式跑的话内存占用就变成了33.4MB，整体降低15%左右。为什么我们要通过共享内存的方式？核心在于V851设备较为低端，总内存仅为64MB，要跑5个模型必须要做这样的优化。

模型名	单模型内存占用（MB）	总内存占用（MB）	共享模式总内存占用（MB）	内存减小
1-detect	22.98	39.3	33.4	15.01%
2-cls	0.86			
3-cls	0.77			
4-seg	13.46			
5-cls	1.25			

表4 模型内存占用数据

总结与展望

EfficientDeploy是一款跨平台高性能边端AI推理部署框架，最大的亮点就在于一次开发一键部署任意硬件平台，将底层硬件、算法任务、业务逻辑解耦，使得各模块可以独立扩展。在模型生产阶段，统一了不同硬件的量化工具，简化了模型精度验证的工作。在工具链方面，提供统一的跨平台交叉编译工具，并对不同硬件进行针对性的优化。

目前EfficientDeploy主要聚焦于视觉CNN算法，下一步我们将拓展到包括语音识别在内的NLP算法，以及LLM和VLM模型的推理部署。

陈晓涛

美团端侧AI推理优化高级工程师。研究生毕业于国防科技大学计算机学院，长期从事AI推理、量化、训练优化等工作。曾在Intel、图森未来工作和实习，目前在美团从事端侧AI推理优化相关工作。研究生阶段主要研究分布式深度学习系统，对低比特通信、Parameter Server、Horovod、MXNet等框架有深入了解和开发；工作后主要从事AI推理部署优化，包括推理引擎开发、模型量化、图优化、算子优化等；以及部署框架开发：架构设计、工具开发等。